▶▶ 二维码教学视频使用方法

本套丛书提供书中案例操作的二维码教学视频，读者可以使用手机微信、QQ 以及浏览器中的"扫一扫"功能，扫描本书前言中的二维码图标，即可打开本书对应的同步教学视频界面。

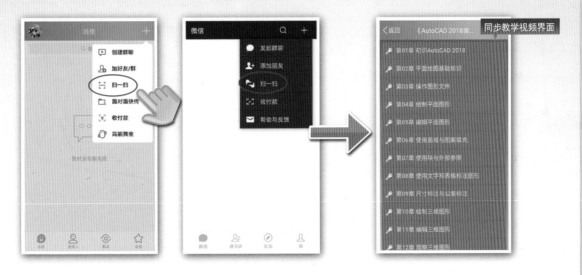

在教学视频界面中点击需要学习的章名，此时在弹出的下拉列表中显示该章的所有视频教学案例，点击任一个案例名称，即可进入该案例的视频教学界面。

点击案例视频播放界面右下角的 🖵 按钮，可以打开视频教学的横屏观看模式。

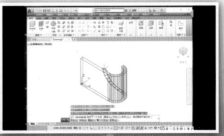

[配套资源使用说明]

▶▶ 电脑端资源使用方法

　　本套丛书配套的素材文件、电子课件、扩展教学视频以及云视频教学平台等资源，可通过在电脑端的浏览器中下载后使用。读者可以登录本丛书的信息支持网站（http://www.tupwk.com.cn/teaching）下载图书对应的相关资源。

　　读者下载配套资源压缩包后，可在电脑中对该文件解压缩，然后双击名为 Play 的可执行文件进行播放。

▶▶ 扩展教学视频&素材文件

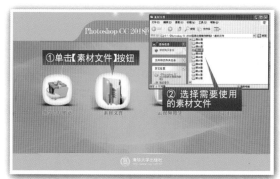

▶▶ 云视频教学平台

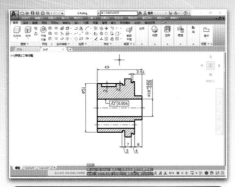

▶ 标注图形

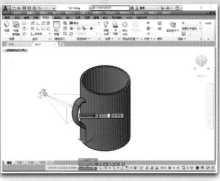

▶ 创建并设置相机

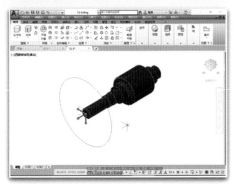

▶ 创建运动动画

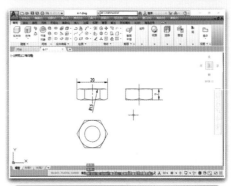

▶ 绘制螺帽

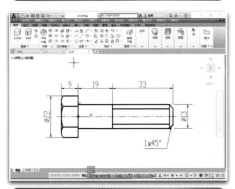

▶ 调整图形

▶ 绘制三通模型

▶ 绘制深沟球轴承模型

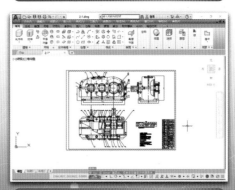

▶ 创建图形

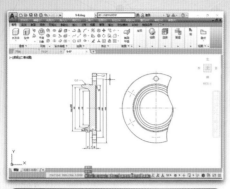

▶ 绘制并标注图形

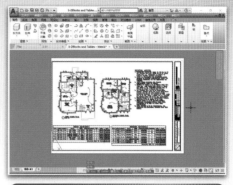

▶ 更改视图

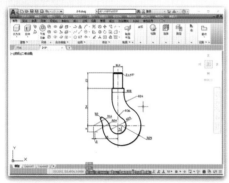

▶ 绘制零件

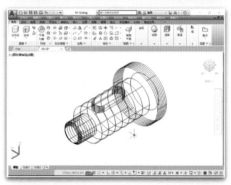

▶ 绘制三维模型

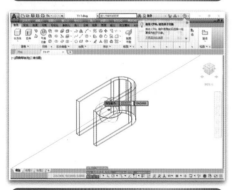

▶ 三维旋转

▶ 使用图纸空间

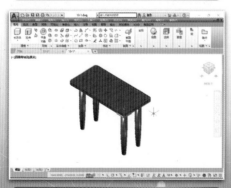

▶ 设置材质

▶ 输入文本

计算机应用案例教程系列

AutoCAD 2018
案例教程

张立坤 陈笑◎编著

清华大学出版社

北 京

内 容 简 介

本书以通俗易懂的语言、翔实生动的案例，全面介绍 AutoCAD 2018 软件的使用技巧和相关知识。全书共分 15 章，内容涵盖了初识 AutoCAD 2018，平面绘图基础知识，操作图形文件，绘制平面图形，编辑平面图形，使用面域与图案填充，使用块与外部参照，使用文字和表格标注图形，尺寸标注与公差标注，绘制三维图形，编辑三维图形，观察三维图形，设置光源、材质和渲染，输出与共享图形以及使用模型空间、图纸空间和图纸集等。

书中同步的案例操作二维码教学视频可供读者随时扫码学习。本书还提供配套的素材文件、与内容相关的扩展教学视频以及云视频教学平台等资源的电脑端下载地址，方便读者扩展学习。本书具有很强的实用性和可操作性，是一本适合于高等院校及各类社会培训学校的优秀教材，也是广大初中级计算机用户的首选参考书。

本书对应的电子课件及其他配套资源可以到 http://www.tupwk.com.cn/teaching 网站下载。

图书在版编目(CIP)数据

AutoCAD 2018 案例教程 / 张立坤，陈笑 编著. —北京：清华大学出版社，2018
(计算机应用案例教程系列)
ISBN 978-7-302-51203-5

Ⅰ.①A … Ⅱ.①张… ②陈… Ⅲ. ①AutoCAD 软件—教材 Ⅳ. ①TP391.72

中国版本图书馆 CIP 数据核字(2018)第 211512 号

责任编辑：胡辰浩　袁建华
装帧设计：孔祥峰
责任校对：牛艳敏
责任印制：刘海龙

出版发行：清华大学出版社
　　　网　　　址：http://www.tup.com.cn，http://www.wqbook.com
　　　地　　　址：北京清华大学学研大厦 A 座　　邮　　编：100084
　　　社 总 机：010-62770175　　　　　邮　　购：010-62786544
　　　投稿与读者服务：010-62776969，c-service@tup.tsinghua.edu.cn
　　　质 量 反 馈：010-62772015，zhiliang@tup.tsinghua.edu.cn
印 装 者：清华大学印刷厂
经　　销：全国新华书店
开　　本：185mm×260mm　　印　　张：18.75　　彩　插：2　　字　数：480 千字
版　　次：2018 年 11 月第 1 版　　印　　次：2018 年 11 月第 1 次印刷
定　　价：58.00 元

产品编号：076374-01

前 言

　　熟练使用计算机已经成为当今社会不同年龄层次的人群必须掌握的一门技能。为了使读者在短时间内轻松掌握计算机各方面应用的基本知识，并快速解决生活和工作中遇到的各种问题，清华大学出版社组织了一批教学精英和业内专家特别为计算机学习用户量身定制了这套《计算机应用案例教程系列》丛书。

丛书、二维码教学视频和配套资源

➤ 选题新颖，结构合理，内容精炼实用，为计算机教学量身打造

　　本套丛书注重理论知识与实践操作的紧密结合，同时贯彻"理论+实例+实战"3 阶段教学模式，在内容选择、结构安排上更加符合读者的认知习惯，从而达到老师易教、学生易学的目的。丛书采用双栏紧排的格式，合理安排图与文字的占用空间，在有限的篇幅内为读者奉献更多的计算机知识和实战案例。丛书完全以高等院校、职业学校及各类社会培训学校的教学需要为出发点，紧密结合学科的教学特点，由浅入深地安排章节内容，循序渐进地完成各种复杂知识的讲解，使学生能够一学就会、即学即用。

➤ 教学视频，一扫就看，配套资源丰富，全方位扩展知识能力

　　本套丛书提供书中案例操作的二维码教学视频，读者可以使用手机微信、QQ 以及浏览器中的"扫一扫"功能，扫描下方的二维码，即可观看本书对应的同步教学视频。此外，本书配套的素材文件、与本书内容相关的扩展教学视频以及云视频教学平台等资源，可通过在电脑端的浏览器中下载后使用。

　　(1) 本书配套素材和扩展教学视频文件的下载地址。

http://www.tupwk.com.cn/teaching

　　(2) 本书同步教学视频的二维码。

扫一扫，看视频

本书微信服务号

➤ 在线服务，疑难解答，贴心周到，方便老师定制教学教案

　　本套丛书精心创建的技术交流 QQ 群(101617400、2463548)为读者提供 24 小时便捷的在线交流服务和免费教学资源。便捷的教材专用通道(QQ：22800898)为老师量身定制实用的教学课件。老师也可以登录本丛书的信息支持网站(http://www.tupwk.com.cn/teaching)下载图书对应的电子课件。

本书内容介绍

《AutoCAD 2018 案例教程》是这套丛书中的一本，该书从读者的学习兴趣和实际需求出发，合理安排知识结构，由浅入深、循序渐进，通过图文并茂的方式讲解 AutoCAD 2018 软件的各种使用方法和技巧。全书共分 15 章，主要内容如下。

第 1、2 章：介绍 AutoCAD 2018 入门知识和绘图基础知识。

第 3、4 章：介绍文件基本操作和各种绘图命令的使用方法。

第 5 章：介绍使用夹点和对象编辑工具编辑平面图形的常用方法。

第 6 章：介绍在图形中创建与使用面域和图案填充的方法。

第 7 章：介绍在图形中使用块与外部参照的方法。

第 8 章：介绍在图形中使用单行、多行文字与表格的方法。

第 9 章：介绍标注图形的方法。

第 10 章：介绍绘制三维图形的基础知识和绘制基本三维对象的方法。

第 11 章：介绍对三维对象进行移动、复制、镜像、旋转、对齐、阵列以及编辑实体、编辑面和边等操作。

第 12 章：介绍围绕三维模型进行动态观察、漫游和飞行，设置相机等。

第 13 章：介绍对三维对象使用光源和材质，并渲染三维图形的方法。

第 14 章：介绍打印 AutoCAD 中绘制的图形，并将其输出为其他图形文件的方法。

第 15 章：介绍在 AutoCAD 中使用模型空间、图纸空间和图纸集的方法。

读者定位和售后服务

本套丛书为所有从事计算机教学的老师和自学人员而编写，是一套适合于高等院校及各类社会培训学校的优秀教材，也可作为计算机初中级用户的首选参考书。

如果您在阅读图书或使用电脑的过程中有疑惑或需要帮助，可以登录本丛书的信息支持网站(http://www.tupwk.com.cn/teaching)或通过 E-mail(wkservice@vip.163.com)联系，本丛书的作者或技术人员会提供相应的技术支持。

本书分为 15 章，其中黑龙江东方学院的张立坤编写了第 1~8 章，南京工业大学的陈笑编写了第 9~15 章。另外，参与本书编写的人员还有孔祥亮、杜思明、高娟妮、熊晓磊、曹汉鸣、何美英、陈宏波、潘洪荣、王燕、谢李君、李珍珍、王华健、柳松洋、陈彬、刘芸、高维杰、张素英、洪妍、方峻、邱培强、顾永湘、王璐、管兆昶、颜灵佳、曹晓松等。由于作者水平所限，本书难免有不足之处，欢迎广大读者批评指正。我们的邮箱是huchenhao@263.net，电话是 010-62796045。

《计算机应用案例教程系列》丛书编委会
2018 年 8 月

目录

第 1 章　初识 AutoCAD 2018 ················ 1
- 1.1　应用领域 ······································ 2
- 1.2　常用功能 ······································ 2
- 1.3　工作空间 ······································ 4
  - 1.3.1　工作空间的组成 ················· 5
  - 1.3.2　切换至 AutoCAD 经典界面 ··· 6
  - 1.3.3　自定义工作空间 ················· 6
  - 1.3.4　管理工作空间 ····················· 7
- 1.4　绘图空间 ······································ 8
- 1.5　绘图环境 ······································ 9
  - 1.5.1　设置图形界限 ····················· 10
  - 1.5.2　设置绘图单位 ····················· 10
  - 1.5.3　设置鼠标右键功能 ············· 11
  - 1.5.4　设置命令行显示 ················· 11
- 1.6　案例演练 ······································ 12

第 2 章　平面绘图基础知识 ················ 15
- 2.1　调用命令 ······································ 16
  - 2.1.1　使用鼠标操作执行命令 ······· 16
  - 2.1.2　使用键盘输入命令 ············· 16
  - 2.1.3　使用命令行 ························· 16
  - 2.1.4　使用系统变量 ····················· 17
  - 2.1.5　命令的重复、终止与撤销 ····· 17
- 2.2　绘图方法 ······································ 18
  - 2.2.1　使用菜单栏 ························· 18
  - 2.2.2　使用【菜单浏览器】按钮 ····· 18
  - 2.2.3　使用功能区选项板 ············· 18
- 2.3　控制图形显示 ······························ 19
  - 2.3.1　重画与重生成图形 ············· 19
  - 2.3.2　缩放视图 ···························· 19
  - 2.3.3　平移视图 ···························· 22
  - 2.3.4　使用命名视图 ····················· 23
  - 2.3.5　使用平铺视口 ····················· 25
  - 2.3.6　使用 ShowMotion ··············· 26
- 2.4　设置对象特性 ······························ 27
  - 2.4.1　对象特性概述 ····················· 27
  - 2.4.2　控制对象的显示特性 ··········· 28

  - 2.4.3　使用与管理图层 ················· 29
- 2.5　使用精确绘图工具 ······················ 37
  - 2.5.1　使用坐标与坐标系 ············· 37
  - 2.5.2　使用动态输入 ····················· 40
  - 2.5.3　使用捕捉、栅格和正交功能··· 41
  - 2.5.4　使用对象捕捉功能 ············· 43
  - 2.5.5　使用自动追踪功能 ············· 44
  - 2.5.6　显示快捷特性 ····················· 45
  - 2.5.7　提取对象上的几何信息 ······· 46
  - 2.5.8　使用【快速计算器】选项板··· 49
  - 2.5.9　使用 CAL 命令计算值和点··· 50
- 2.6　案例演练 ······································ 53

第 3 章　操作图形文件 ······················ 55
- 3.1　创建图形 ······································ 56
  - 3.1.1　使用样板文件创建图形 ······· 56
  - 3.1.2　使用向导创建图形 ············· 56
- 3.2　打开图形 ······································ 58
  - 3.2.1　局部打开图形 ····················· 58
  - 3.2.2　以只读方式打开图形 ··········· 59
  - 3.2.3　以只读方式局部打开图形 ····· 59
- 3.3　保存图形 ······································ 59
- 3.4　修复图形 ······································ 60
- 3.5　恢复图形 ······································ 60
- 3.6　输出图形 ······································ 62
- 3.7　打印图形 ······································ 62
  - 3.7.1　选择打印设备 ····················· 63
  - 3.7.2　指定打印样式表 ················· 63
  - 3.7.3　选择图纸 ···························· 63
  - 3.7.4　控制出图比例 ····················· 64
  - 3.7.5　设置打印区域 ····················· 64
  - 3.7.6　设置图形打印方向 ············· 64
  - 3.7.7　设置打印偏移 ····················· 65
  - 3.7.8　设置着色视口选项 ············· 65
  - 3.7.9　打印预览 ···························· 65
  - 3.7.10　执行打印 ·························· 65
  - 3.7.11　保存与调用打印设置 ··········· 65

3.8　发布图形 ································· 66
　　3.8.1　输出 DWF 文件 ················ 66
　　3.8.2　使用浏览器浏览 DWF 文件····· 67
3.9　维护图形中的标准················· 67
　　3.9.1　创建 CAD 标准文件 ········· 67
　　3.9.2　关联标准文件 ················ 67
　　3.9.3　检查标准文件 ················ 68
3.10　案例演练 ························· 68

第 4 章　绘制平面图形 ·············· 71
4.1　绘制点 ···························· 72
　　4.1.1　绘制单点 ····················· 73
　　4.1.2　绘制多点 ····················· 73
　　4.1.3　绘制定数等分点 ············· 73
　　4.1.4　绘制定距等分点 ············· 74
4.2　绘制射线和构造线············· 74
　　4.2.1　绘制射线 ····················· 74
　　4.2.2　绘制构造线 ·················· 75
4.3　绘制线性对象 ··················· 76
　　4.3.1　绘制直线 ····················· 76
　　4.3.2　绘制矩形 ····················· 77
　　4.3.3　绘制正多边形 ··············· 79
4.4　绘制曲线对象 ··················· 79
　　4.4.1　绘制圆 ························· 79
　　4.4.2　绘制圆弧 ····················· 81
　　4.4.3　绘制椭圆 ····················· 82
　　4.4.4　绘制椭圆弧 ·················· 82
　　4.4.5　绘制与编辑样条曲线······· 83
4.5　绘制与编辑多线··············· 85
　　4.5.1　绘制多线 ····················· 85
　　4.5.2　使用【多线样式】对话框····· 86
　　4.5.3　创建和修改多线样式······· 86
　　4.5.4　编辑多线 ····················· 87
4.6　绘制与编辑多段线············· 88
　　4.6.1　绘制多段线 ·················· 88
　　4.6.2　编辑多段线 ·················· 90
4.7　案例演练 ························· 91

第 5 章　编辑平面图形 ·············· 101
5.1　选择对象 ························· 102
　　5.1.1　快速选择对象 ··············· 103

5.1.2　过滤选择对象 ··············· 103
　　5.1.3　编组图形对象 ··············· 105
5.2　使用夹点编辑图形············· 106
　　5.2.1　拉伸对象 ····················· 107
　　5.2.2　移动对象 ····················· 108
　　5.2.3　旋转对象 ····················· 108
　　5.2.4　缩放对象 ····················· 108
　　5.2.5　镜像对象 ····················· 109
5.3　更正错误与删除对象·········· 110
　　5.3.1　撤销操作 ····················· 110
　　5.3.2　删除对象 ····················· 110
5.4　移动、旋转和对齐对象······· 111
　　5.4.1　移动对象 ····················· 111
　　5.4.2　旋转对象 ····················· 111
　　5.4.3　对齐对象 ····················· 112
5.5　复制、阵列、偏移和
　　　镜像对象 ························· 113
　　5.5.1　复制对象 ····················· 113
　　5.5.2　阵列对象 ····················· 114
　　5.5.3　偏移对象 ····················· 115
　　5.5.4　镜像对象 ····················· 117
5.6　修改对象的大小和形状······· 117
　　5.6.1　修剪对象 ····················· 118
　　5.6.2　延伸对象 ····················· 118
　　5.6.3　缩放对象 ····················· 119
　　5.6.4　拉伸对象 ····················· 119
　　5.6.5　拉长对象 ····················· 120
5.7　倒角、圆角、打断和
　　　合并对象 ························· 120
　　5.7.1　倒角对象 ····················· 120
　　5.7.2　圆角对象 ····················· 121
　　5.7.3　打断命令 ····················· 122
　　5.7.4　合并对象 ····················· 123
5.8　案例演练 ························· 124

第 6 章　使用面域与图案填充·········· 131
6.1　使用图案填充 ··················· 132
　　6.1.1　创建图案填充 ··············· 132
　　6.1.2　设置孤岛 ····················· 134
　　6.1.3　使用渐变色填充图形······· 134

6.1.4 编辑图案填充 ·············· 135

6.1.5 控制图案填充的可见性 ······ 135

6.2 将图形转换为面域 ············ 136

6.2.1 创建面域 ················ 136

6.2.2 对面域进行布尔运算 ······ 136

6.2.3 从面域中提取数据 ········ 138

6.3 绘制圆环与宽线 ·············· 138

6.3.1 绘制圆环 ················ 138

6.3.2 绘制宽线 ················ 138

6.4 案例演练 ···················· 139

第 7 章 使用块与外部参照 ············ 141

7.1 使用块 ······················ 142

7.1.1 创建内部图块 ············ 142

7.1.2 创建外部图块 ············ 143

7.1.3 插入图块 ················ 143

7.1.4 分解图块 ················ 144

7.1.5 重定义图块 ·············· 144

7.2 设置块 ······················ 145

7.2.1 设置带属性的块 ·········· 145

7.2.2 插入带属性的块 ·········· 146

7.2.3 编辑图块属性 ············ 147

7.2.4 使用块属性管理器 ········ 148

7.2.5 使用 ATTEXT 命令 ········ 148

7.2.6 使用【数据提取】向导 ···· 149

7.3 创建动态图块 ················ 151

7.4 使用外部参照 ················ 151

7.4.1 附着 DWG 参照 ·········· 152

7.4.2 附着图像参照 ············ 152

7.4.3 附着 DWF 参考底图 ······ 153

7.4.4 附着 DGN 文件 ·········· 153

7.4.5 附着 PDF 文件 ·········· 154

7.5 管理外部参照 ················ 154

7.5.1 编辑外部参照 ············ 154

7.5.2 剪裁外部参照 ············ 155

7.5.3 拆离外部参照 ············ 155

7.5.4 卸载外部参照 ············ 156

7.5.5 重载外部参照 ············ 156

7.5.6 绑定外部参照 ············ 156

7.6 案例演练 ···················· 157

第 8 章 使用文字和表格标注图形 ······· 159

8.1 设置文字 ···················· 160

8.1.1 设置文字样式 ············ 160

8.1.2 设置文字字体 ············ 160

8.1.3 设置文字效果 ············ 161

8.2 使用单行文字 ················ 161

8.2.1 创建单行文字 ············ 162

8.2.2 输入特殊字符 ············ 162

8.2.3 编辑单行文字 ············ 162

8.2.4 设置单行文字缩放比例 ···· 163

8.2.5 设置单行文字对正方式 ···· 163

8.3 使用多行文字 ················ 164

8.3.1 创建多行文字 ············ 165

8.3.2 创建堆叠文字 ············ 165

8.3.3 编辑多行文字 ············ 165

8.3.4 控制文字显示 ············ 166

8.4 使用表格 ···················· 166

8.4.1 创建表格样式 ············ 166

8.4.2 绘制表格 ················ 167

8.4.3 输入表格内容 ············ 168

8.4.4 编辑表格 ················ 168

8.5 使用注释 ···················· 171

8.5.1 设置注释比例 ············ 171

8.5.2 创建注释性对象 ·········· 171

8.5.3 设置注释性对象的比例 ···· 172

8.6 案例演练 ···················· 173

第 9 章 尺寸标注与公差标注 ·········· 175

9.1 尺寸标注的规则与组成 ········ 176

9.1.1 尺寸标注的组成 ·········· 176

9.1.2 尺寸标注的规则 ·········· 176

9.1.3 尺寸标注的类型 ·········· 176

9.1.4 尺寸标注的创建步骤 ······ 177

9.2 创建与设置标注样式 ·········· 177

9.2.1 新建标注样式 ············ 177

9.2.2 设置线 ·················· 177

9.2.3 设置符号和箭头 ·········· 178

9.2.4 设置标注文字样式 ········ 179

9.2.5 设置调整样式 ············ 181

9.2.6 设置主单位 ·············· 182

9.2.7　设置单位换算 ·········· 182

9.2.8　设置公差 ·············· 183

9.3　长度型尺寸标注 ············ 184

9.3.1　线性标注 ·············· 184

9.3.2　对齐标注 ·············· 185

9.3.3　弧长标注 ·············· 186

9.3.4　连续标注 ·············· 187

9.3.5　基线标注 ·············· 188

9.4　半径、直径和圆心标注 ······ 188

9.4.1　半径标注 ·············· 188

9.4.2　折弯标注 ·············· 189

9.4.3　直径标注 ·············· 189

9.4.4　圆心标注 ·············· 190

9.5　角度标注与其他类型标注 ···· 190

9.5.1　角度标注 ·············· 190

9.5.2　折弯线性标注 ·········· 191

9.5.3　坐标标注 ·············· 192

9.5.4　快速标注 ·············· 192

9.5.5　多重引线标注 ·········· 193

9.5.6　标注间距 ·············· 194

9.5.7　标注打断 ·············· 194

9.6　标注形位公差 ·············· 195

9.7　案例演练 ·················· 195

第 10 章　绘制三维图形 ········· 199

10.1　三维绘图的基本术语 ········ 200

10.2　认识用户坐标系 ············ 200

10.3　设置视点 ················· 200

10.3.1　使用【视点预设】

对话框 ············· 201

10.3.2　使用罗盘确定视点 ···· 201

10.3.3　使用【三维视图】菜单···· 201

10.4　绘制三维点和线 ············ 202

10.4.1　绘制三维点 ·········· 202

10.4.2　绘制三维直线和多段线···· 202

10.4.3　绘制三维样条曲线和

螺旋线 ············· 203

10.5　绘制三维网格 ·············· 204

10.5.1　绘制三维面和多边

三维面 ············· 204

10.5.2　设置三维面的边的

可见性 ············· 205

10.5.3　绘制三维网格 ········ 205

10.5.4　绘制旋转网格 ········ 205

10.5.5　绘制平移网格 ········ 206

10.5.6　绘制直纹网格 ········ 206

10.5.7　绘制边界网格 ········ 207

10.6　绘制三维实体 ·············· 207

10.6.1　绘制多段体 ·········· 207

10.6.2　绘制长方体 ·········· 208

10.6.3　绘制楔体 ············ 210

10.6.4　绘制圆柱体或椭圆柱体··· 210

10.6.5　绘制圆锥体或椭圆椎体··· 211

10.6.6　绘制球体 ············ 212

10.6.7　绘制圆环体 ·········· 212

10.6.8　绘制棱锥体 ·········· 212

10.7　通过二维对象创建

三维对象 ················ 213

10.7.1　创建拉伸实体 ········ 213

10.7.2　创建旋转实体 ········ 214

10.7.3　创建扫掠实体 ········ 215

10.7.4　创建放样实体 ········ 215

10.7.5　根据标高和厚度

创建实体 ··········· 216

10.8　案例演练 ················· 218

第 11 章　编辑三维图形 ········· 227

11.1　编辑三维对象 ·············· 228

11.1.1　三维移动 ············ 228

11.1.2　三维旋转 ············ 228

11.1.3　三维镜像 ············ 229

11.1.4　三维阵列 ············ 229

11.1.5　对齐位置 ············ 231

11.2　编辑三维实体 ·············· 231

11.2.1　并集运算 ············ 231

11.2.2　差集运算 ············ 232

11.2.3　交集运算 ············ 232

11.2.4　干涉检查 ············ 232

11.3　编辑三维实体的边 ·········· 233

11.3.1　提取边 ·············· 233

11.3.2　压印边 ·········· 234
11.3.3　着色边 ·········· 234
11.3.4　复制边 ·········· 234
11.4　编辑三维实体的面 ·········· 234
11.4.1　拉伸面 ·········· 235
11.4.2　移动面 ·········· 235
11.4.3　偏移面 ·········· 235
11.4.4　删除面 ·········· 235
11.4.5　旋转面 ·········· 235
11.4.6　着色面 ·········· 236
11.4.7　倾斜面 ·········· 236
11.4.8　复制面 ·········· 236
11.5　分割、清除、抽壳和检查
　　　三维实体 ·········· 236
11.5.1　分割 ·········· 237
11.5.2　清除 ·········· 237
11.5.3　抽壳 ·········· 237
11.5.4　检查 ·········· 237
11.6　剖切实体 ·········· 237
11.7　加厚实体 ·········· 238
11.8　转换为实体和曲面 ·········· 239
11.8.1　转换为实体 ·········· 239
11.8.2　转换为曲面 ·········· 239
11.9　对实体修倒角和圆角 ·········· 239
11.10　分解三维对象 ·········· 240
11.11　标注三维对象 ·········· 241
11.12　案例演练 ·········· 241

第 12 章　观察三维图形 ·········· 249
12.1　动态观察 ·········· 250
12.1.1　受约束的动态观察 ·········· 250
12.1.2　自由动态观察 ·········· 250
12.1.3　连续动态观察 ·········· 250
12.2　使用相机 ·········· 251
12.2.1　创建相机 ·········· 251
12.2.2　修改相机特性 ·········· 251
12.2.3　调整视距 ·········· 252
12.2.4　回旋 ·········· 252
12.3　运动路径动画 ·········· 253
12.3.1　控制相机运动路径动画 ···· 253

12.3.2　设置运动路径动画参数 ···· 253
12.3.3　创建运动路径动画 ·········· 254
12.3.4　漫游与飞行 ·········· 255
12.4　查看三维图形效果 ·········· 256
12.4.1　消隐图形 ·········· 256
12.4.2　改变三维图形曲面
　　　　轮廓素线 ·········· 256
12.4.3　以线框形式显示
　　　　实体轮廓 ·········· 256
12.4.4　改变实体表面的平滑度 ···· 256
12.5　视觉样式 ·········· 257
12.5.1　应用视觉样式 ·········· 257
12.5.2　管理视觉样式 ·········· 257
12.6　控制三维投影样式 ·········· 258
12.6.1　创建平行投影 ·········· 258
12.6.2　创建透视投影 ·········· 258
12.6.3　更改 XY 平面的视图 ···· 259
12.7　使用 ViewCube 和
　　　SteeringWheel ·········· 259
12.7.1　使用 ViewCube ·········· 259
12.7.2　使用 SteeringWheel ·········· 260
12.8　案例演练 ·········· 261

第 13 章　设置光源、材质和渲染 ·········· 263
13.1　使用光源 ·········· 264
13.1.1　使用常用光源 ·········· 264
13.1.2　查看光源列表 ·········· 265
13.1.3　阳光与天光模拟 ·········· 265
13.2　使用材质 ·········· 266
13.2.1　创建与编辑材质 ·········· 267
13.2.2　为对象指定材质 ·········· 267
13.3　使用贴图 ·········· 267
13.3.1　添加贴图 ·········· 267
13.3.2　调整贴图 ·········· 268
13.4　渲染对象 ·········· 269
13.4.1　高级渲染设置 ·········· 269
13.4.2　控制渲染 ·········· 269
13.4.3　渲染并保存图像 ·········· 269
13.5　案例演练 ·········· 269

第 14 章　输出与共享图形 ················· 271

14.1　输入与输出图形 ·················272

14.1.1　输入图形 ·················272

14.1.2　输入与输出 DXF 文件 ······272

14.1.3　插入 OLE 对象 ·············273

14.1.4　输出图形 ·················273

14.2　在图形中添加超链接 ·········273

14.3　在 Internet 上使用图形文件 ···274

14.3.1　标准的文件选择对话框 ····274

14.3.2　使用【浏览 Web】
对话框 ···············275

14.3.3　处理 Internet 外部参照 ·····275

14.4　使用电子传递 ·················276

14.5　使用网上向导创建 Web 页 ·····277

14.6　案例演练 ·····················279

第 15 章　使用模型空间、图纸空间
和图纸集 ·············281

15.1　使用模型空间 ·················282

15.2　使用图纸空间 ·················282

15.2.1　切换模型空间与
图纸空间 ···········283

15.2.2　创建和修改布局视口 ·······283

15.2.3　控制布局视口中的视图 ·····284

15.3　创建与管理图纸集 ···········286

15.3.1　打开图纸 ·················286

15.3.2　组织图纸 ·················286

15.3.3　图纸集特性 ···············287

15.3.4　锁定图纸集 ···············287

15.3.5　归档图纸集 ···············287

15.3.6　创建图纸集 ···············288

15.4　案例演练 ·····················289

第1章

初识 AutoCAD 2018

AutoCAD 是一款拥有全球最领先技术的平面设计软件。AutoCAD 2018 是 Autodesk 公司专门为当前最新的操作系统推出的版本，支持 Windows 7/8/10 等系统，具有演示图形、渲染工具、绘图与三维打印等功能，被广泛应用于机械、电子、建筑、航天等领域。

本章作为全书的开端，将详细介绍 AutoCAD 2018 的工作空间、基础操作以及绘图前的基本设置等入门知识，为后面的学习打下坚实的基础。

 **本章对应视频**

例 1-1 切换至 AutoCAD 经典界面　　例 1-7 自定义 AutoCAD 工具栏

例 1-2 自定义工作空间　　　　　　　例 1-8 设置模型空间的背景颜色

例 1-3 使用样板文件创建图纸空间　　例 1-9 锁定工具栏和选项板

例 1-4 设置 AutoCAD 绘图界限　　　 例 1-10 自定义工具选项板

例 1-5 设置鼠标右键功能　　　　　　例 1-11 保存并导入用户自定义界面

例 1-6 设置命令行显示字体

1.1 应用领域

AutoCAD 的应用非常广泛，几乎遍及社会生产的各个领域，如建筑、机械、室内装潢、电气设计、服装设计、园林设计等。

▶ 机械制图：AutoCAD 在机械制图方面的应用非常普遍，但凡与机械相关的人员，如机械设计师、模具设计师、工业产品设计师，一般都要求其能够熟练掌握并使用 AutoCAD 设计相关行业的图纸。

▶ 建筑装潢：AutoCAD 是建筑装潢中最常用的计算机绘图软件，使用它可以边设计边修改，完成例如室内平面图、立面图、建筑施工图等不同类型图纸的绘制，再利用设备出图，从而在设计过程中不再需要绘制许多不必要的草图，大大提高了设计的质量和工作效率。

▶ 电气设计：目前，电气行业已经成为高新技术产业的重要组成部分，在工业、农业、国防等领域发挥着越来越重要的作用。使用 AutoCAD 绘制各种电气设计图，是电气设计师应必备的技能。

▶ 服装设计：使用 AutoCAD 可以将服装以二维、三维的方式进行设计、制版、放码和排料等操作。特别在设计服装款式时，AutoCAD 有着手绘无法比拟的方便与精准优势。

▶ 园林设计：园林行业的设计主要是进行园林景观规划设计、园林绿化规划设计、室外空间环境创造和景观资源保护设计等。使用 AutoCAD 可以满足各种园林设计图纸的制作需要，具体包括国土、区域、乡村、城市等一系列公共与私密的人居环境、风景景观、园林绿地的绘制与标注。

1.2 常用功能

AutoCAD 自 1982 年问世以来，其每一次升级，在功能上都得到了一定程度上的增强，且日趋完善。目前，该软件已经成为工程设计领域中应用最为广泛的计算机辅助绘图与设计软件之一。

1. 绘制与编辑图形

AutoCAD 的【功能区】选项板中的【默认】选项卡包含着丰富的绘图命令，使用该命令可以绘制直线、构造线、多段线、圆、矩形、多边形、椭圆等基本图形，也可以将绘制的图形转换为面域，对其进行填充。如果再借助于【默认】选项卡中的【修改】面板中的各种命令，还可以绘制出各种各样的二维图形。

对于有些二维图形，通过拉伸、设置标高和厚度等操作就可以轻松地转换为三维图形。在快速访问工具栏中选择【显示菜单栏】命令，在弹出的菜单中选择【绘图】|【建模】命令中的子命令，可以很方便地绘制圆柱体、球体、长方体等基本实体。同样在弹出的菜单中选择【修改】菜单中的相关命令，还可以绘制出各种各样的复杂三维图形。

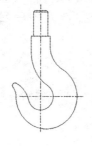

在工程设计中，也经常使用轴测图来描

述物体的特征。轴测图是一种以二维绘图技术模拟三维对象沿特定视点产生的三维平行投影效果，但在绘制方法上不同于二维图形的绘制。因此，轴测图看似是三维图形，但实际上是二维图形。当切换到 AutoCAD 的轴测模式下时，就可以方便地绘制出轴测图。此时直线将绘制成与坐标轴成30°、90°、150°等角度，圆将被绘制成椭圆形。

2. 标注图形尺寸

尺寸标注是向图形中添加测量注释的过程，是整个绘图过程中不可缺少的一个步骤。使用 AutoCAD【功能区】选项板中的【注释】选项卡的【标注】面板中的命令，就可以在图形的各个方向上创建各种类型的标注，也可以方便、快速地以一定格式创建符合行业或项目标准的标注。

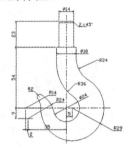

标注显示了对象的测量值，对象之间的距离、角度，或特征与指定原点的距离。在 AutoCAD 中提供了线性、半径和角度这 3 种基本的标注类型，可以进行水平、垂直、对齐、旋转、坐标、基线或连续等标注。此外，还可以进行引线标注、公差标注，以及自定义粗糙度标注。标注的对象可以是二维图形或三维图形。

3. 控制图形显示

在 AutoCAD 中，可以方便地以多种方式放大或缩小所绘图形。对于三维图形，可以改变其观察视点，从不同观看方向显示图形，也可以将绘图窗口分成多个视口，从而能够在各个视口中以不同方位显示同一图形。

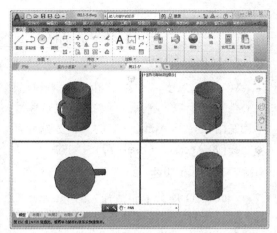

此外，AutoCAD 还提供三维动态观察器，利用它可以动态地观察三维图形。

4. 渲染三维图形

在 AutoCAD 中，可以运用雾化、光源和材质，将模型渲染为具有真实感的图像。如果是为了演示，可以渲染全部对象；如果时间有限，或显示设备和图形设备不能提供足够的灰度等级和颜色，就不必精细渲染；如果只需快速查看设计的整体效果，则可以简单消隐或者设置视觉样式。

5. 绘图实用工具

在 AutoCAD 中，用户可以方便地设置图形元素的图层、线型、线宽、颜色，以及尺寸标注样式、文字标注样式，也可以对所标注的文字进行拼写检查。通过各种形式的绘图辅助工具设置绘图方式，提高绘图的效率与准确性。使用特性窗口可以方便地编辑所选择对象的特性。使用标准文件功能，可以对图层、文字样式、线型之类的命名对象定义标准的设置，以保证同一单位、部门、行业或合作伙伴间在所绘制图形中对这些命名对象设置的一致性。使用图层转换器可以将当前图形图层的名称和特性转换成已有图形或标准文件对图层的设置，将不符合本单位图层设置要求的图形进行快速转换。

此外，AutoCAD 设计中心还提供一个直观、高效并且与 Windows 资源管理器类似的工具。使用该工具，可以对图形文件进行浏览、查找以及管理有关设计内容等方面的操作。

6. 数据库管理功能

在 AutoCAD 中，用户可以将图形对象与外部数据库中的数据进行关联，而这些数据库是由独立于 AutoCAD 的其他数据库管理系统(如 Access、Oracle 等)建立的。

7. Internet 功能

AutoCAD 提供了非常强大的 Internet 工具，使设计者之间能够共享资源和信息，同步进行设计、讨论、演示、发布消息，即时获得业界新闻，得到有关帮助。

即使用户不熟悉 HTML 编码，使用 AutoCAD 的网上发布向导也可以方便、迅速地创建格式化的 Web 页。利用联机会议功能能够实现 AutoCAD 用户之间的图形共享，即：当一个人在计算机上编辑 AutoCAD 图形时，其他人可以在自己的计算机上观看、修改；可以使工程设计人员为众多用户在他们的计算机桌面上演示新产品的功能；可以实现联机修改设计、联机解答问题，而所有这些操作均与参与者的工作地点无关。

使用 AutoCAD 的电子传递功能，可以把 AutoCAD 图形及其相关文件压缩成 ZIP 文件或自解压的可执行文件，然后将其以单个数据包的形式传送给客户、工作组成员或其他有关人员。使用超链接功能，可以将 AutoCAD 图形对象与其他对象(如文档、数据表格、动画、声音等)建立链接关系。

此外，AutoCAD 还提供一种安全、适于在 Internet 上发布的文件格式——DWF 格式。使用 Autodesk 公司提供的 WHIP! 插件便可以在浏览器上浏览这种格式的图形。

1.3 工作空间

启动 AutoCAD 2018 后，将打开如下图所示的工作空间，默认显示【草图与注释】工作空间，在该空间中可以使用绘图、修改、图层、标注、文字、表格等功能区面板方便地绘制二维图形。用户可以通过单击【工作空间】下拉按钮，从弹出的命令列表中选择切换系统自带的【三维基础】或【三维建模】工作空间模式。

【工作空间】按钮

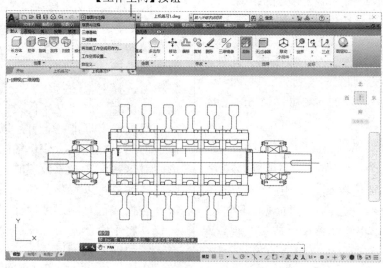

启动 AutoCAD 后默认显示的【草图与注释】工作空间

工作空间是经过分组和组织的菜单、工具栏、工具选项和控制面板的集合，不同工作空间可以使用户在不同地点面向任务的绘图环境中工作。例如，切换至【三维基础】工作空间后，AutoCAD 将显示下图所示与三维操作任务相关的功能区面板，可以帮助用户更加方便地在三维空间中绘制图形。

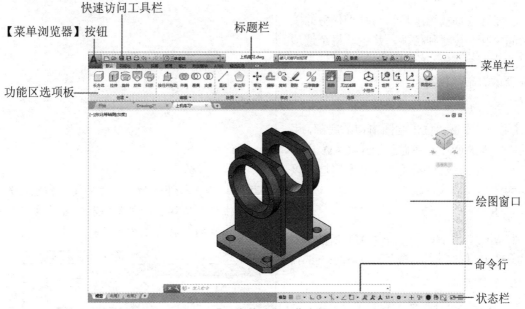

【三维基础】工作空间

对于 AutoCAD 而言，二维和三维之间并没有什么区别。但对于大多数 AutoCAD 用户来说，二维和三维两者之间的操作有着很大的不同，其主要体现在：在三维工作空间中，所创建对象除了有长度和宽度以外，还有另外一个绘图方向，即所创建的对象具有高度。

1.3.1　工作空间的组成

AutoCAD 的各种工作空间都包含【菜单浏览器】按钮、快速访问工具栏、标题栏、绘图窗口、命令行、状态栏和功能区选项板等元素，其各自的功能说明如下。

1.【菜单浏览器】按钮

单击【菜单浏览器】按钮，将弹出 AutoCAD 菜单。其中包含了 AutoCAD 大部分常用的功能和命令，如新建、打开、保存、输入、发布、打印等。

2. 快速访问工具栏

快速访问工具栏包含最常用操作的快捷按钮，如新建、打开、保存、另存为、打印、放弃和重做等。

3. 菜单栏

菜单栏通常位于标题栏的下方，其中显示了可以使用的菜单命令。单击快速访问工具栏右侧的【自定义快速访问工具栏】按钮，在弹出的列表中选择【显示菜单栏】或【隐藏菜单栏】选项，可以在 AutoCAD 界面中显示或隐藏菜单栏。

自定义快速访问工具栏

4. 标题栏

标题栏位于应用程序窗口的最上面,用于显示当前正在运行的程序名及文件名等信息。

5. 功能区选项板

功能区选项板用于显示与基于任务的工作空间关联的按钮和控件。其中,每个选项卡包含若干个面板,每个面板又包含许多由图标表示的命令按钮。

6. 命令行

【命令行】窗口位于绘图窗口的底部,用于接收输入的命令,并显示 AutoCAD 提示信息。在 AutoCAD 中,【命令行】窗口可以拖动为浮动窗口。

7. 状态栏

状态栏是用于显示 AutoCAD 当前状态的,如当前光标的坐标、命令和按钮的说明等。

8. 绘图窗口

在 AutoCAD 中,绘图窗口就是绘图工作区域,所有的绘图结果都反映在这个窗口中。

1.3.2 切换至AutoCAD经典界面

自从 AutoCAD 2015 开始,软件默认没有经典模式,这对于习惯于使用 AutoCAD 传统界面的用户来说,非常不方便。下面将介绍一种在 AutoCAD 2018 中切换至经典界面模式的方法。

【例 1-1】在 AutoCAD 2018 中将默认界面切换为经典界面。🔴视频

step 1 单击快速访问工具栏右侧的【自定义快速访问工具栏】按钮▼,在弹出的列表中选择【显示菜单栏】命令,显示菜单栏。

step 2 选择【工具】|【选项板】|【功能区】命令,将功能区选项板隐藏。

step 3 选择【工具】|【工具栏】|AutoCAD命令,从弹出的子菜单中,依次选中开启【CAD 标准】、【样式】、【特性】、【绘图】、【修改】等命令。

step 4 单击软件界面左上角的【工作空间】下拉按钮,从弹出的命令列表中选择【将当前工作空间另存为】命令。

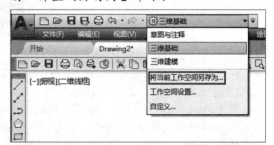

step 5 打开【保存工作空间】对话框,在【名称】文本框中输入"AutoCAD 经典",然后单击【保存】按钮,将工作空间保存。

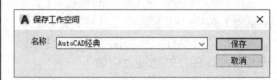

step 6 此后,当需要切换至经典界面时,单击【工作空间】下拉按钮,从弹出的命令列表中选择【AutoCAD 经典】命令即可。

1.3.3 自定义工作空间

通过自定义工作空间,用户不仅可以恢复例 1-1 所介绍的 AutoCAD 经典界面,还可以管理工作空间。例如,创建一个名为"我的空间"的新工作空间,在该空间的功能区选项板中只显示常用的【常用-二维】和【管

理】这两个选项。

【例 1-2】在 AutoCAD 2018 中自定义一个名为"我的空间"的工作空间。●⊙视频

step ① 单击软件界面左上角的【工作空间】下拉按钮，从弹出的命令列表中选择【自定义】命令。

step ② 打开【自定义用户界面】对话框，右击【工作空间】选项，在弹出的菜单中选择【新建工作空间】命令。

step ③ 在【工作空间】选项下创建一个新的工作空间，将其名称更改为"我的空间"，单击对话框右侧的【自定义工作空间】按钮。

step ④ 单击【功能区】选项左侧的+按钮，在显示的列表中单击【选项卡】选项左侧的+选项，展开该选项，选中【常用-二维】和【管理】复选框。

step ⑤ 单击对话框右侧的【完成】按钮，完成工作空间内容的设置，然后单击【确定】按钮，完成工作空间的自定义操作。

step ⑥ 单击软件界面左上角的【工作空间】下拉按钮，在弹出的命令列表中选择【我的空间】命令，将显示如下图所示的工作空间。该工作空间中只显示【默认】和【管理】两个功能区选项板。

只显示两个选项板

1.3.4 管理工作空间

单击 AutoCAD 界面左上角的【工作空间】下拉按钮，在弹出的命令列表中选择【工作空间设置】命令，将打开【工作空间设置】对话框。在该对话框中的【我的工作空间】

下拉列表中可以选择 AutoCAD 软件默认使用的工作空间模式；在【菜单显示及顺序】列表框中，选择相应的工作空间名称并通过右边的【上移】和【下移】按钮可以调整其排列顺序；在【切换工作空间时】选项区域中，通过选择不同的单选按钮，可以设置切换空间时是否保存空间的修改。

1.4 绘图空间

AutoCAD 为用户提供了模型空间与图纸空间两种绘图空间(其中图纸空间又被称为"布局空间")。在这两种空间中都可以对图像进行绘制与编辑。当打开一个新图形文件时，软件默认自动进入下图所示的模型空间。

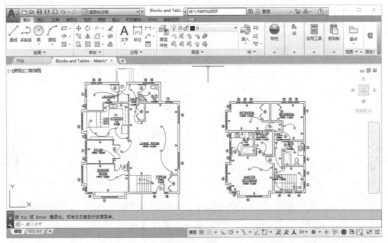

模型空间

在模型空间中绘制完成图纸后，若需要打印输出，单击绘图区左下角的【布局 1】选项卡，可以切换至下图所示的图纸空间，对图纸打印输出效果进行调整。

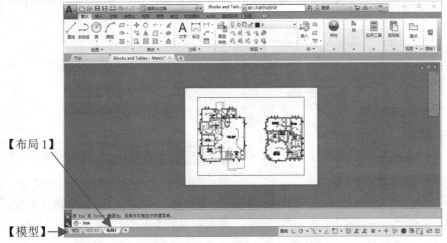

图纸空间

完成图纸打印效果的设置后，单击上图所示的【模型】选项卡，则可以返回模型空间。

模型空间和图纸空间在绘图中的作用说明如下。

▶ 模型空间：当用户需要创建具有一个视图的二维图形时，则可以在模型空间中完整创建图形及注释。这是使用 AutoCAD 创建图形的传统方法，该方法虽然操作简单，但是有很多局限。例如，仅适用于二维图形；不支持多视图并依赖视图的图层设置；缩放注释和标题栏需要计算，除非用户使用注释性对象。

▶ 图纸空间：该空间是图纸布局环境，用户可以在该空间中指定图纸的大小、添加标题栏、显示模型的多个视图以及创建图形标注和注释。

在 AutoCAD 中，软件默认提供一个模型空间和两个图纸空间，用户可以根据需要创建新的图纸空间，在具体操作时，可以创建默认图纸空间，也可以根据样板文件来创建新的图纸空间。下面用一个实例来详细介绍具体的操作方法。

【例 1-3】使用 Tutorial-iMfg 样板文件创建一个图纸空间。 ●视频

step❶ 右击软件界面左下角的【模型】选项卡，在弹出的菜单中选择【从样板】命令。

step❷ 打开【从文件选择样板】对话框，选择 Tutorial-iMfg 样板文件，然后单击【打开】按钮。

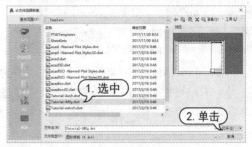

step❸ 打开【插入布局】对话框，单击【确定】按钮，确定图纸空间的名称。

step❹ 选择界面左下角的【D-尺寸布局】选项卡，图纸空间的效果将如下图所示。

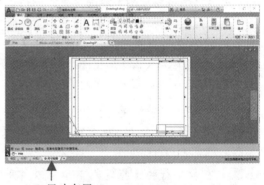

D-尺寸布局

若用户要删除创建的图纸空间，在界面左下角右击图纸空间选项卡，在弹出的菜单中选择【删除】命令，然后在打开的提示对话框单击【确定】按钮即可。

1.5　绘图环境

AutoCAD 的绘图区域与绘图纸一样。平常人们在绘图时首先会考虑用纸的大小，是 A3 还是 A4，还会考虑纸张是横放还是竖放；以及选择用几号的笔，用什么样子的尺子和圆规。这些都属于制图前的准备工作。对于 CAD 制图来说，同样也需要进行类似的准备，即设置绘图环境。

AutoCAD 为用户提供了很多设置绘图环境的功能，包括设置绘图单位、界限、选项对话框等。下面将通过实例操作详细介绍。

1.5.1 设置图形界限

在 AutoCAD 中，软件默认绘图边界无限大，用户可以使用以下两种方法设置绘图的界限，指定在确定的图纸空间大小中进行绘制。

> 选择【格式】|【图形界限】命令；
> 在命令行执行 LIMITS 命令。

执行以上命令后，命令行中将提示：

指定左下角点或 [开(ON)/关(OFF)] <0.0000,0.0000>:

在以上提示中，选择【开(ON)】或【关(OFF)】选项可以决定能否在图形界限之外指定一点。如果选择【开(ON)】选项，那么将打开图形界限检查，就不能在图形界限之外结束一个对象，也不能使用【移动】或【复制】命令将图形移到图形界限之外，但可以指定两个点(中心和圆周上的点)来画圆，圆的一部分可能在界限之外；如果选择【关(OFF)】选项，AutoCAD 禁止图形界限检查，用户就可以在图形界限之外画对象或指定点。

【例 1-4】设置 AutoCAD 绘图界限。 ● 视频

step 1 在菜单栏中选择【格式】|【图形界限】命令，发出 LIMITS 命令。

step 2 在命令行的【指定左下角点或 [开(ON)/关(OFF)] <0.0000,0.0000>:】提示下，按 Enter 键，保持默认设置。

step 3 在命令行的【指定右上角点 <12.0000,9.0000>:】提示下，输入绘图图限的右上角点(20,10)。

step 4 输入完成后，按下 Enter 键，完成图形界限的设置。

执行以上命令设置图形界限后，一般情况下建议用户在设置的图形界限中绘图，但也不是不能在图形界限以外绘图。实际上，设置图形界限后，对用户绘制图形并没有任何影响。这里需要注意以下几点。

> 图形界限会影响栅格的显示。
> 使用【缩放】命令缩放图形时，最大能放大到图形界限设置的大小。
> 图形界限一般用在实际绘制工程图时，此时可以把图形界限设置为工程图图纸的大小。

1.5.2 设置绘图单位

在 AutoCAD 中创建的所有对象都是根据图形单位进行测量的。在开始绘图之前，用户必须要基于所绘制图形确定一个图形单位代表实际大小，然后依据此创建实际大小的图形。

使用以下几种命令之一，即可设置绘图单位。

> 选择【格式】|【单位】命令。
> 在命令行执行 DDUNITS 命令。
> 在命令行执行 UNITS 命令。

在执行以上命令之后，将打开下图所示的【图形单位】对话框。

其中各个选项区域的功能说明如下。

> 【长度】选项区域用于设置测量的当

前单位以及当前单位的精度。

▶ 【角度】选项区域用于设置当前角度的格式和当前角度显示的精度。

▶ 【插入时的缩放单位】用于控制插入到当前图形中的块和图形的测量单位。如果块或图形创建时使用的单位与该选项指定的单位不同，则在插入这些块或图形时，将对其按比例缩放。插入比例是源块或图形使用的单位与目标图形使用的单位之比。如果插入块时不按指定单位缩放，可以在这里选择【无单位】选项。

▶ 【方向】按钮用于设置起始角度的方向。在 AutoCAD 的默认设置中，起始方向是指正东的方向，逆时针方向为角度增加的正方向。这个设置影响很多与角度有关的操作。单击【方向】按钮后，将打开下图所示的【方向控制】对话框。在该对话框中，用户可以选择东南西北任何一项作为起始方向，也可以选择【其他】单选按钮，并单击【拾取】按钮，在绘图区域中拾取两个点通过两点的连线方向来确定起始方向。

1.5.3 设置鼠标右键功能

AutoCAD 在绘制图形时，在不同的绘图阶段可以调出不同的快捷菜单命令，以帮助用户提高绘图效率。用户可以根据自己的使用习惯关闭鼠标右键功能，这样右击时将执行快捷菜单的第一项命令。

【例 1-5】将 AutoCAD 右键菜单的功能设置为"确认"。 📀 视频

step① 在绘图窗口中右击，从弹出的菜单中选择【选项】命令，打开【选项】对话框。选择【用户系统配置】选项卡，在【Windows

标准操作】选项区域中单击【自定义右键单击】按钮。

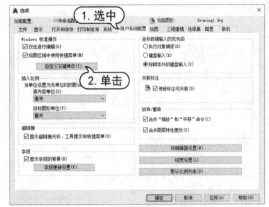

step② 打开【自定义右键单击】对话框，在其中的【命令模式】选项区域中选中【确认】单选按钮，然后单击【应用并关闭】按钮。

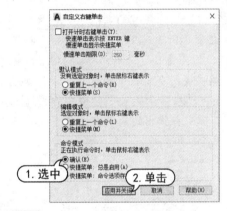

step③ 返回【选项】对话框，单击【确定】按钮。

1.5.4 设置命令行显示

AutoCAD 默认的命令行提示行数为 3 行，字体为 Courier New，用户可以根据自己的喜好更改命令行的提示行数和字体。

【例 1-6】自定义 AutoCAD 命令行提示说明文字的字体和字号。 📀 视频

step① 右击绘图窗口，在弹出的菜单中选择【选项】命令，打开【选项】对话框，选择【显示】选项卡。

step② 在【窗口元素】选项区域中单击【字体】按钮。

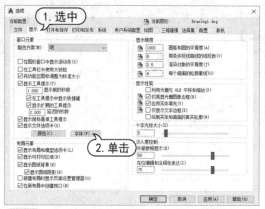

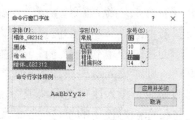

【字体】、【字形】和【字号】列表中分别选择合适的字体、字形和字号后，单击【应用并关闭】按钮。

step④ 返回【选项】对话框，单击【确定】按钮。

step③ 打开【命令行窗口字体】对话框，在

1.6 案例演练

本章的案例演练部分将通过设置 AutoCAD 的工作界面与绘图环境，帮助用户进一步了解软件的基础知识，并巩固所学的内容。

【例 1-7】自定义 AutoCAD 工具栏。📹视频

step① 在命令行输入 TOOLBAR 命令，按下 Enter 键，打开【自定义用户界面】对话框。

step② 单击【所有文件中的自定义设置】选项右侧的☒，在显示的选项区域中右击【工具栏】选项，在弹出的菜单中选择【新建工具栏】命令。

step③ 系统自动新建一个工具栏，将其命名为"常用工具栏"，然后单击【帮助】按钮右侧的◉按钮。展开【工具栏预览】区域。

step④ 将【命令列表】区域中的命令拖动至【常用工具栏】之下。

step⑤ 单击【确定】按钮，关闭【自定义用户界面】对话框。选择【工具】|【工具栏】| AutoCAD |【常用工具栏】命令，即可显示创建的自定义工具栏。

【例 1-8】设置模型空间的背景颜色。📹视频

step① 单击 AutoCAD 界面左上角的【菜单浏览器】按钮🅰，在弹出的菜单中单击【选项】按钮。

step② 打开【选项】对话框，选择【显示】选项卡，在【窗口元素】选项区域中单击【颜色】按钮。

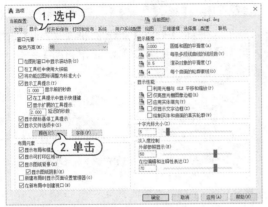

step③ 打开【图形窗口颜色】对话框，在【上下文】列表框中选中【二维模型空间】选项，在【界面元素】下拉列表框中选择【统一背景】选项。

step④ 单击【颜色】按钮，在弹出的下拉列表中选择【白】选项，然后单击【应用并关闭】按钮即可。

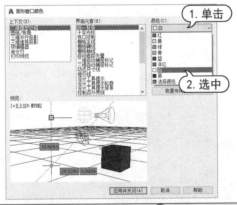

【例1-9】锁定工具栏和选项板。 视频

step① 单击状态栏右侧的【自定义】按钮≡，在弹出的菜单中选择【锁定用户界面】选项，在工具栏中显示【锁定用户界面】图标。

step② 单击【锁定用户界面】图标，在弹出的菜单中选择需要锁定的对象。

　　　　　　浮动工具栏/面板
　　　　　　固定工具栏/面板
　　　　　　浮动窗口
　　　　　　固定窗口
　　　－ + ☐ ▾ ⅋ ⊙ ☐ ≡

step③ 锁定对象后，状态栏上的【锁定】图

标变为 ☐。

【例1-10】自定义工具选项板。 ✏️ 视频

step① 选择【工具】|【选项板】|【工具选项板】命令，显示【工具选项板】选项板后，右击标签名称，在弹出的菜单中选择【新建选项板】命令，然后输入自定义的名称。

step② 打开一个素材图形文档后，选中绘图区域中的图形，按下 Ctrl+1 组合键，打开【特性】面板，确认选中的对象是否为图块(如果不是需将对象转换为图块)。

step③ 选中块对象，选择【编辑】|【复制】命令，然后在【工具选项板】上右击，在弹出的菜单中选择【粘贴】命令。

step 4 此时，即可将复制的块粘贴至选项板中，重复操作，即可在创建的自定义工具选项板中添加自己需要的素材。

step 5 需要使用素材时，在【工具选项板】中直接单击素材，即可将其插入绘图区域。

【例 1-11】保存并导入用户自定义界面。 ◎ 视频

step 1 选择【工具】|【选项】命令，打开【选项】对话框，选择【配置】选项卡，单击【输出】选项。

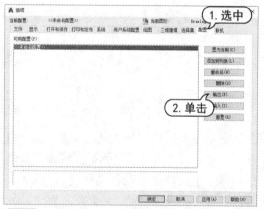

step 2 打开【输出配置】对话框，设置配置文件的保存路径后，单击【保存】按钮。

step 3 当需要使用配置文件恢复用户自定义界面时，再次打开【选项】对话框的【配置】选项卡，单击【输入】按钮。

step 4 打开【输入配置】对话框，选中配置文件后，单击【打开】按钮，在打开的【输入配置】对话框中单击【应用并关闭】按钮。

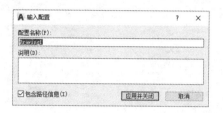

step 5 返回【配置】选项卡，选中输入的配置名称，单击【置为当前】按钮。

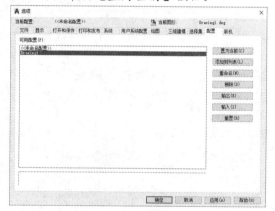

第2章

平面绘图基础知识

　　一般情况下，成功安装 AutoCAD 2018 软件后就可以在其默认状态下绘制平面图形了。但为了规范绘图，提高绘图效率，绘图者还应熟悉绘图的基础知识，如系统参数的设置、AutoCAD 绘图方法、使用命令与系统变量等。

 本章对应视频

例 2-1　放大图形中的一部分

例 2-2　创建命名视图

例 2-3　恢复命名视图

例 2-4　创建上下三层的平铺视口

例 2-5　创建图层

例 2-6　设置图层状态

例 2-7　通过多种方式绘制图形

例 2-8　显示当前点坐标值

例 2-9　查询图形对象的状态

例 2-10　用 CAL 命令计算表达式

例 2-11　绘制半径为 20/7 的圆

例 2-12　求两点的中点坐标

例 2-13　计算两个圆心的中点坐标

例 2-14　以两圆圆心间的中点为圆心绘制圆

例 2-15　绘制六角螺栓

例 2-16　绘制窗户图形

2.1 调用命令

在 AutoCAD 中，菜单命令、工具按钮、命令和系统变量都是相互对应的。可以选择某一菜单命令，或单击某个工具按钮，或在命令行中输入命令和系统变量来执行相应命令。可以说，命令是 AutoCAD 绘制与编辑图形的核心。

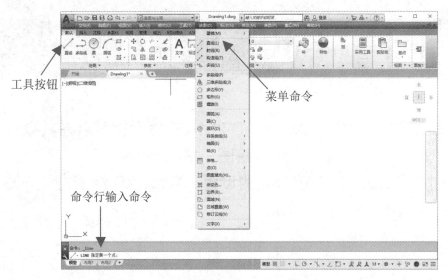

AutoCAD 中的各种命令

2.1.1 使用鼠标操作执行命令

在绘图窗口中，光标通常显示为十字线形式。当光标移至菜单选项、工具或对话框中时，将会变成一个箭头。无论光标是十字线形式还是箭头形式，当单击或右击时，都会执行相应的命令或动作。在 AutoCAD 中，鼠标键是按照下述规则定义的。

▶ 拾取键：通常指鼠标左键，用于指定屏幕上的点，也可以用于选择 Windows 对象、AutoCAD 对象、工具按钮和菜单命令等。

▶ 回车键：指鼠标右键，相当于 Enter 键，用于结束当前使用的命令。此时系统将根据当前绘图状态而弹出不同的快捷菜单。

▶ 弹出菜单：当使用 Shift 键和鼠标右键的组合时，系统将弹出一个快捷菜单，用于设置捕捉点的方法。对于 3 键鼠标，弹出按钮通常是鼠标的中间按钮。

2.1.2 使用键盘输入命令

在 AutoCAD 中，大部分的绘图、编辑功能都需要通过键盘输入完成。通过键盘可以输入命令和系统变量。此外，键盘还是输入文本对象、数值参数、点的坐标或进行参数选择的唯一方法。

2.1.3 使用命令行

在 AutoCAD 中，默认情况下【命令行】是一个可固定的窗口，可以在当前命令行提示下输入命令、对象参数等内容。对于大多数命令，在【命令行】中可以显示执行完成的两条命令提示(也叫命令历史)。而对于一些输出命令，如 TIME、LIST 命令，需要在放大的【命令行】或【AutoCAD 文本窗口】中显示。

在【命令行】窗口中右击，AutoCAD 将显示一个快捷菜单，如下图所示。在该菜单中可以启用自动完成功能，剪切和复制选定的文字，复制全部命令历史，粘贴文字或粘贴到命令行，以及打开【选项】对话框。

此外，在命令行中，用户还可以使用Backspace 或 Delete 键删除命令行中的文字；也可以选中命令历史，并执行【粘贴到命令行】命令，将其粘贴到命令行中。

如果在命令行中显示【输入变量名或[?]:】时，可以直接按键盘上的 Enter 键，系统将列出所有的系统变量，此时可以查找并设置相应的系统变量。

2.1.4 使用系统变量

在 AutoCAD 中，系统变量用于控制某些功能和设计环境、命令的工作方式，可以打开或关闭捕捉、栅格或正交等绘图模式，设置默认的填充图案，或存储当前图形和 AutoCAD 配置的有关信息。

系统变量通常是 6~10 个字符长的缩写名称。许多系统变量有简单的开关设置。例如，GRIDMODE 系统变量用于显示或关闭栅格，当在命令行的【输入 GRIDMODE 的新值 <1>:】提示下输入 0 时，可以关闭栅格显示。

输入变量 0

输入 1 时，可以打开栅格显示。

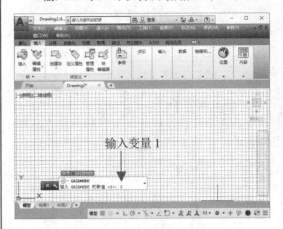

输入变量 1

有些系统变量则用来存储数值或文字。例如，DATE 系统变量用来存储当前日期。

可以在对话框中修改系统变量，也可以直接在命令行中修改系统变量。例如，使用ISOLINES系统变量修改曲面的线框密度，可在命令行提示下输入该系统变量名称并按Enter键，然后输入新的系统变量值并按Enter键即可。详细操作如下。

命令: ISOLINES　(输入系统变量名称)
输入 ISOLINES 的新值 <4>: 32　(输入系统变量的新值)

2.1.5 命令的重复、终止与撤销

在 AutoCAD 中，可以方便地重复执行同一条命令，终止执行任何命令，或撤销前面执行的一条或多条命令。此外，撤销前面执行的命令后，还可以通过重做来恢复前面执行的命令。

1. 重复命令

可以使用多种方法来重复执行 AutoCAD 命令。例如，要重复执行上一个命令，可以按 Enter 键或空格键；或在绘图区域中右击，在弹出的快捷菜单中选择【重复】命令。若要重复执行最近使用的 6 个命令中的某一个命令，可以在命令窗口或文本窗口中右击，在弹出的快捷菜单中选择【最近使用的命令】的 6 个子命令之一。若要多次重复执行同一

个命令，可以在命令提示下输入 MULTIPLE 命令。然后在命令行的【输入要重复的命令名:】提示下输入需要重复执行的命令，这样，AutoCAD 将重复执行该命令，直到按 Esc 键为止。

2. 终止命令

在命令执行过程中，可以随时按 Esc 键终止执行任何命令，因为 Esc 键是 Windows 程序用于取消操作的标准键。

3. 撤销命令

AutoCAD 有多种方法可以放弃最近一个或多个操作，最简单的方法就是使用 UNDO 命令来放弃单个操作，也可以一次撤销前面进行的多步操作。这时可在命令提示行中输入 UNDO 命令，然后在命令行中输入需要放弃的操作数目。例如，若要放弃最近的 5 个操作，应输入 5。AutoCAD 将显示放弃的命令或系统变量设置。

执行 UNDO 命令，命令提示行显示如下信息。

> 输入要放弃的操作数目或 [自动(A)/控制(C)/开始(BE)/结束(E)/标记(M)/后退(B)] <1>:

此时，可以使用【标记(M)】选项来标记一个操作，然后再使用【后退(B)】选项放弃在标记的操作之后执行的所有操作；也可以使用【开始(BE)】选项和【结束(E)】选项来放弃一组预先定义的操作。

如果需要重做使用 UNDO 命令放弃的最后一个操作，可以使用 REDO 命令或在菜单栏中选择【编辑】|【重做】命令也可以在快速访问工具栏中单击【重做】按钮➡。

2.2　绘图方法

为了满足不同用户的需要，使操作更加灵活方便，AutoCAD提供了多种方法来实现相同的功能。例如，可以使用菜单栏、【菜单浏览器】按钮和功能区选项板等方法来绘制图形对象。

2.2.1　使用菜单栏

绘制图形时，最常用的菜单是【绘图】菜单和【修改】菜单。这两种菜单的具体功能说明如下。

▶ 【绘图】菜单是绘制图形最基本、最常用的菜单。其中包含了 AutoCAD 2018 的大部分绘图命令。选择该菜单中的命令或子命令，即可绘制出相应的二维图形。

▶ 【修改】菜单用于编辑图形，创建复杂的图形对象。其中包含了 AutoCAD 2018 的大部分编辑命令，通过选择该菜单中的命令或子命令，即可完成对图形的所有编辑操作。

2.2.2　使用【菜单浏览器】按钮

单击【菜单浏览器】按钮，在弹出的

菜单中选择相应的命令，同样可以执行相应的绘图命令。

菜单浏览器

2.2.3　使用功能区选项板

功能区选项板包含【默认】、【插入】、【注释】、【参数化】、【绘图】、【管理】、【输出】、

【附加模块】和 A360 等多个选项卡。在这些选项卡的面板中单击任意按钮即可执行相应的图形绘制或编辑操作。

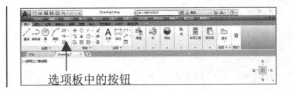

选项板中的按钮

2.3 控制图形显示

AutoCAD 的图形显示控制功能在工程设计和绘图领域中的应用极其广泛。如何控制图形的显示，是设计人员必须掌握的技术。在二维图形中，经常用到三视图，即主视图、侧视图和俯视图，同时还用到轴测图。在三维图形中，图形的显示控制就显得更加重要。

2.3.1 重画与重生成图形

在绘图和编辑过程中，屏幕上常常会留下对象的拾取标记。这些临时标记并不是图形中的对象，有时会使当前图形画面显得混乱。这时就可以使用 AutoCAD 的重画与重生成图形功能清除这些临时标记。

1. 重画图形

在 AutoCAD 绘图过程中，屏幕上会出现一些杂乱的标记符号，这是在删除拾取的对象时留下的临时标记。这些标记符号实际上是不存在的，只是残留的重叠图像。因为 AutoCAD 使用背景色重画被删除的对象所在的区域遗漏了一些区域。这时就可以使用【重画】命令，来更新屏幕，消除临时标记。

在 AutoCAD 中，用户可以通过以下两种方法来重画图形。

➢ 选择【视图】|【重画】命令。

➢ 在命令行中执行 REDRAWALL 命令。

2. 重生成图形

重生成与重画在本质上是不同的。在 AutoCAD 中使用【重生成】命令可以重生成屏幕。此时系统从磁盘中调用当前图形的数据，比【重画】命令执行速度慢，更新屏幕花费时间较长。在 AutoCAD 中，某些操作只有在使用【重生成】命令后才生效，如改变点的格式。如果一直使用某个命令修改编辑图形，但该图形似乎看不出什么变化，可以使用【重生成】命令更新屏幕显示。

【重生成】命令有以下两种执行方法。

➢ 在快速访问工具栏中选择【显示菜单栏】命令，在弹出的菜单中选择【视图】|【重生成】命令(REGEN)可以更新当前视图区。

➢ 在快速访问工具栏中选择【显示菜单栏】命令，在弹出的菜单中选择【视图】|【全部重生成】命令(REGENALL)，可以同时更新多个视口。

重生成图形的具体操作步骤如下。

step 1 打开图形文件，单击【菜单浏览器】按钮，在弹出的列表中单击【选项】按钮，打开【选项】对话框。

step 2 选择【显示】选项卡，选中【应用实体填充】复选框，单击【确定】按钮。

step 3 在命令行中输入 REGEN 命令，按下 Enter 键确认即可。

2.3.2 缩放视图

在 AutoCAD 中按一定比例、观察位置和角度显示的图形称为视图。用户可以通过缩放视图来观察图形对象。缩放视图可以增加或减少图形对象的屏幕显示尺寸，但对象的真实尺寸保持不变。通过改变显示区域和图形对象的大小，可以更准确、更详细地绘图。

1. 使用【缩放】菜单和工具按钮

在 AutoCAD 2018 中，在快速访问工具栏中选择【显示菜单栏】命令，在弹出的菜单中选择【视图】|【缩放】命令中的子命令；或在命令行中使用 ZOOM 命令，都可以缩放视图。

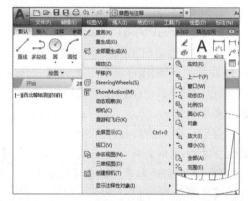

通常，在绘制图形的局部细节时，需要使用缩放工具放大绘图区域。当绘制完成后，再使用缩放工具缩小图形来观察图形的整体效果。

2. 实时缩放视图

在 AutoCAD 中，用户可以通过以下几种方法实现实时缩放视图。

➢ 选择【视图】|【缩放】|【实时】命令。

➢ 在命令行中执行 ZOOM 命令。

➢ 单击 AutoCAD 工作界面右侧导航面板中【范围缩放】按钮下方的三角按钮，在弹出的列表中选择【实时缩放】选项。

执行【实时缩放】命令后，鼠标指针将呈形状。若用户向上拖动光标，可以放大整个图形；向下拖动光标，则可以缩小整个图形，释放鼠标后将停止缩放。

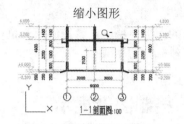

缩小图形

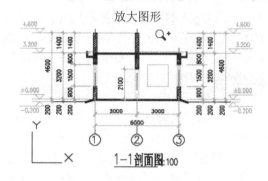

放大图形

1-1 剖面图 1:100

3. 窗口缩放视图

在 AutoCAD 中，用户可以通过以下几种方法实现窗口缩放视图。

➢ 选择【视图】|【缩放】|【窗口】命令。

➢ 在命令行中执行 ZOOM 命令，按下 Enter 键，在命令行的提示下输入 W。

➢ 单击 AutoCAD 工作界面右侧导航面板中【范围缩放】按钮下方的三角按钮，在弹出的列表中选择【窗口缩放】选项。

执行窗口缩放后，可以在屏幕上拾取两个对角点以确定一个矩形窗口。之后，系统将矩形范围内的图形放大至整个屏幕。

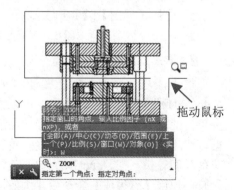

拖动鼠标

在使用窗口缩放时，若系统变量 REGENAUTO 设置为关闭状态，则与当前显示设置的界限相比，拾取区域显得过小。系统提示将重新生成图形，并询问用户是否继续下去。此时，应回答 No，并重新选择较大的窗口区域。

4. 动态缩放视图

在快速访问工具栏中选择【显示菜单栏】命令，在弹出的菜单中选择【视图】|【缩放】|【动态】命令，可以动态缩放视图。当进入动态缩放模式时，在屏幕中将显示一个带叉号(×)的矩形方框。单击鼠标左键，此时选择窗口中心的叉号(×)消失，显示一个位于右边框的方向箭头。拖动鼠标可以改变选择窗口的大小，以确定选择区域大小。最后按下 Enter 键，即可缩放图形。

【例 2-1】放大图形中的一部分内容。

📹 视频+素材 (素材文件\第 02 章\例 2-1)

step ❶ 在快速访问工具栏中选择【显示菜单栏】命令，在弹出的菜单中选择【视图】|【缩放】|【动态】命令。此时，在绘图窗口中将显示图形范围。

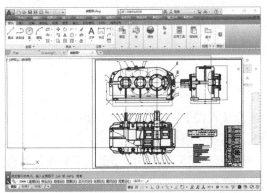

step ❷ 当视图框包含一个叉号(×)时，在屏幕上拖动视图框以平移到不同的区域。

step ❸ 要缩放到不同的大小，可进行单击。这时视图框中的叉号(×)将变成一个箭头，如图所示。左右移动指针可以调整视图框尺寸，上下移动光标可以调整视图框位置。如果视图框较大，则显示出的图像较小；如果视图框较小，则显示出的图像较大。

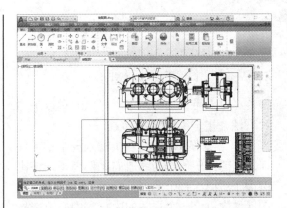

step ❹ 图形调整完毕后，再次单击鼠标左键。如果当前视图框指定的区域正是用户想查看的区域，按下 Enter 键确认，则视图框所包围的图像就成为当前视图。

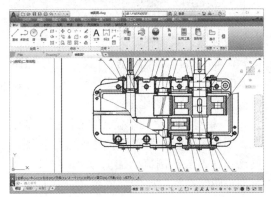

5. 显示上一个视图

在图形中进行局部特写时，可能经常需要将图形缩小以观察总体布局，然后又希望重新显示前面的视图。这时在快速访问工具栏中选择【显示菜单栏】命令，在弹出的菜单中选择【视图】|【缩放】|【上一个】命令，使用系统提供的显示上一个视图功能，快速回到前面的一个视图。

如果正处于实时缩放模式，可以右击，在弹出的菜单中选择【缩放为原窗口】命令，返回到最初的使用实时缩放过的缩放视图。

6. 按比例缩放视图

在快速访问工具栏中选择【显示菜单栏】命令，在弹出的菜单中选择【视图】|【缩放】|【比例】命令，可以按一定的比例来缩

放视图。此时命令行将显示如下所示的提示信息。

ZOOM 输入比例因子(nX 或 nXP):

在以上命令的提示下，可以通过以下 3 种方法来指定缩放比例。

➤ 相对图形界限：直接输入一个不带任何后缀的比例值作为缩放的比例因子，该比例因子适用于整个图形。输入 1 时可以在绘图区域中以上一个视图的中点为中心点来显示尽可能大的图形界限。要放大或缩小，只需输入一个大一点或小一点的数字。例如，输入 2 表示以完全尺寸的两倍显示图像；输入 0.5 则表示以完全尺寸的一半显示图像。

➤ 相对当前视图：要相对当前视图按比例缩放视图，只需在输入的比例值后加X。例如，输入2X，以两倍的尺寸显示当前视图；输入0.5X，则以一半的尺寸显示当前视图；而输入1X则没有变化。

➤ 相对图纸空间单位：当工作在布局中时，要相对图纸空间单位按比例缩放视图，只需在输入的比例值后加上 XP。它指定相对当前图纸空间按比例缩放视图，并且它还可以用来在打印前缩放视口。

7. 设置视图中心点

在快速访问工具栏中选择【显示菜单栏】命令，在弹出的菜单中选择【视图】|【缩放】|【圆心】命令。在图形中指定一点，然后指定一个缩放比例因子或者指定高度值来显示一个新视图，而选择的点将作为该新视图的中心点。如果输入的数值比默认值小，则会增大图形。如果输入的数值比默认值大，则会缩小图形。

要指定相对的显示比例，可输入带 X 的比例因子数值。例如，输入 2X 将显示当前视图两倍的视图。如果正在使用浮动视口，则可以输入 XP 来相对于图纸空间进行比例缩放。

8. 其他缩放命令

选择【视图】|【缩放】命令后，在弹出的子菜单中还包括以下几个命令，其各自的说明如下。

➤ 【对象】命令：显示图形文件中的某一个部分，选择该模式后，单击图形中的某个部分，该部分将显示在整个图形窗口中。

➤ 【放大】命令：选择该命令一次，系统将整个视图放大 1 倍。其默认比例因子为 2。

➤ 【缩小】命令：选择该命令一次，系统将整个图形缩小 1/2。其默认比例因子为 0.5。

➤ 【全部】命令：显示整个图形中的所有对象。在平面视图中，它以图形界限或当前图形范围为显示边界。在具体情况下，范围最大的将作为显示边界。如果图形延伸到图形界限以外，则仍将显示图形中的所有对象，此时的显示边界是图形范围。

➤ 【范围】命令：在屏幕上尽可能大地显示所有图形对象。与全部缩放模式不同的是，范围缩放使用的显示边界只是图形范围而不是图形界限。

2.3.3 平移视图

通过平移视图，可以重新定位图形，以便清楚地观察图形的其他部分。在菜单栏中选择【视图】|【平移】命令(PAN)中的子命令，不仅可以向左、右、上、下这 4 个方向平移视图，还可以使用【实时】和【点】命令平移视图。

1. 实时平移

在 AutoCAD 中，用户可以通过以下几种方法在窗口中实现实时平移视图。

➤ 选择【视图】|【平移】|【实时】命令。

➤ 在命令行中执行 PAN 命令。

➤ 导航面板：单击 AutoCAD 工作界面右侧导航面板中的【平移】按钮。

执行实时平移命令后，光标指针将变成一只小手的形状。此时进行拖动，窗口内的图形就可以按照移动的方向移动。释放鼠标,可返回到平移等待状态。按下 Esc 或 Enter键可以退出实时平移模式。

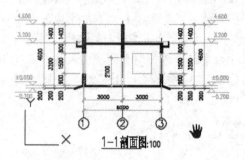

2. 定点平移

在 AutoCAD 中,用户可以通过以下两种方法来定点平移视图。

> 选择【视图】|【平移】|【点】命令。
> 在命令行中执行 PAN 命令。

执行定点平移命令后,可以通过指定基点和位移点来平移视图。

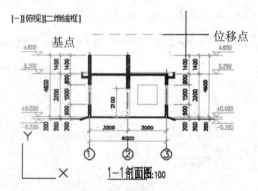

2.3.4　使用命名视图

在一张工程图纸上可以创建多个视图。当需要查看、修改图纸上的某一部分视图时,只需将该视图恢复出来即可。

1. 命名视图

在 AutoCAD 中,用户可以通过以下几种方法执行【命名视图】命令,为绘图区中的任意视图指定名称。

> 选择【视图】|【命名视图】命令。
> 在命令行中执行 VIEW 命令。

【例2-2】创建命名视图。 📹视频

step 1　打开图形后,在命令行中输入 VIEW命令,按下 Enter 键。

step 2　打开【视图管理器】对话框,单击【新建】按钮。

step 3　打开【新建视图/快照特性】对话框,在【视图名称】文本框中输入"模型",其余保持默认设置。

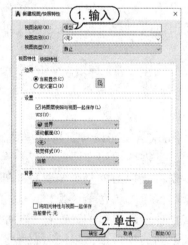

step 4　单击【确定】按钮,返回到【视图管理器】对话框,此时,在【查看】列表框中将显示【模型】命名视图,单击【确定】按钮,即可创建并保持命名视图。

在【视图管理器】对话框中,主要选项的功能说明如下。

> 【查看】列表框:列出了已命名的视图和可作为当前视图的类别。例如,可选择正交视图和等轴测视图作为当前视图。

▶【视图】选项区域：显示相机的 X、Y、Z 坐标，目标的 X、Y、Z 坐标，摆动角度和高度参数，以及透视是否启用等信息。

▶【置为当前】按钮：将选中的命名视图设置为当前视图。

▶【新建】按钮：创建新的命名视图。单击该按钮，将打开【新建视图/快照特性】对话框。可以在【视图名称】文本框中设置视图名称；在【视图类别】下拉列表框中为命名视图选择或输入一个类别；在【边界】选项区域中通过选中【当前显示】或【定义窗口】单选按钮来创建视图的边界区域；在【设置】选项区域中，可以设置是否【将图层快照与视图一起保存】。并可以通过 UCS 下拉列表框设置命名视图的 UCS；在【背景】选项区域中，可以选择新的背景来替代默认的背景，且可以预览效果。

▶【更新图层】按钮：单击该按钮，可以使用选中的命名视图中保存的图层信息更新当前模型空间或布局视图中的图层信息。

▶【编辑边界】按钮：单击该按钮，切换到绘图窗口中，可以重新定义视图的边界。

2. 恢复命名视图

在 AutoCAD 2018 中，可以一次命名多个视图。当需要重新使用一个已命名视图时，只需将该视图恢复至当前视口即可。如果绘图窗口中包含多个视口，也可以将视图恢复至活动视口中，或将不同的视图恢复到不同的视口中，以同时显示模型的多个视图。

恢复视图时可以恢复视口的中点、查看方向、缩放比例因子和透视图(镜头长度)等。如果在命名视图时将当前的 UCS 随视图一起保存起来，则当恢复视图时也可以恢复 UCS。

【例 2-3】在图形中创建一个命名视图，并在当前视口中恢复命名视图。

视频+素材 (素材文件\第 02 章\例 2-3)

step 1 在快速访问工具栏选择【显示菜单栏】命令，在弹出的菜单中选择【视图】|【命名视图】命令，打开【视图管理器】对话框。然后在该对话框中单击【新建】按钮。

step 2 在打开的【新建视图/快照特性】对话框中的【视图名称】文本框中输入"新命名视图"，然后单击【确定】按钮。创建一个名称为【新命名视图】的视图，显示在【视图管理器】对话框的【模型视图】选项节点中。

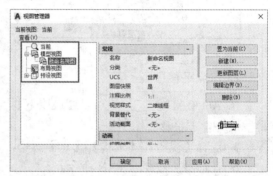

step 3 选择【视图】|【视图】|【三个视口】命令，将视图分割成 3 个视口。此时，左边的视口被设置为当前视口。

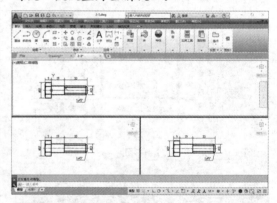

step 4 选择【视图】|【命名视图】命令。打开【视图管理器】对话框，展开【模型视图】节点，选择已命名的视图【新命名视图】。单击【置为当前】按钮，然后单击【确定】按钮，将其设置为当前视图。

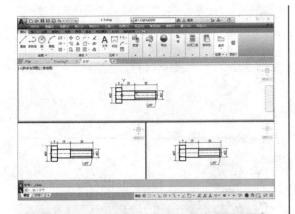

2.3.5 使用平铺视口

在 AutoCAD 2018 中，为了便于编辑图形，通常需要将图形的局部进行放大，以显示其细节。当需要观察图形的整体效果时，仅使用单一的绘图视口已无法满足需要。此时，可使用 AutoCAD 的平铺视口功能，将绘图窗口划分为若干视口。

1. 平铺视口的特点

平铺视口是指把绘图窗口分成多个矩形区域，从而创建多个不同的绘图区域，其中每一个区域都可用来查看图形的不同部分。在 AutoCAD 中，可以同时打开多达 32 000 个视口，屏幕上还可保留菜单栏和命令提示窗口。

在 AutoCAD 2018 的菜单栏中选择【视图】|【视口】子菜单中的命令；或在功能区选项板中选择【视图】选项卡，在【模型视口】面板中单击【视口配置】下拉列表按钮，在弹出的下拉列表中选择相应的按钮，都可以在模型空间创建和管理平铺视口。

在 AutoCAD 中，平铺视口具有以下几个特点。

▶ 每个视口都可以平移和缩放，设置捕捉、栅格和用户坐标系等，且每个视口都可以有独立的坐标系统。

▶ 在命令执行期间，可以切换视口以便在不同的视口中绘图。

▶ 可以命名视口的配置，以便在模型空间中恢复视口或者应用到布局。

▶ 只能在当前视口里工作。要将某个视口设置为当前视口，只需单击视口的任意位置。此时，当前视口的边框将加粗显示。

▶ 只有在当前视口中，指针才能显示为十字形状，指针移出当前视口后就变为箭头形状。

▶ 当在平铺视口中工作时，可全局控制所有视口中的图层的可见性。如果在某一个视口中关闭了某一个图层，系统将关闭所有视口中的相应图层。

2. 创建平铺视口

在 AutoCAD 中，用户可以通过以下两种方法创建平铺视口。

▶ 选择【视图】|【视口】|【新建视口】命令。

▶ 在命令行中执行 VPORTS 命令。

【例 2-4】创建上下三层的平铺视口。

🎥视频+素材 (素材文件\第 02 章\例 2-4)

step 1 打开图形后在命令行中输入 VPORTS。

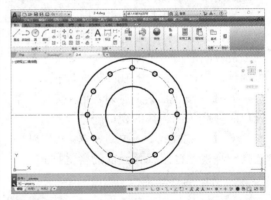

step 2 按下 Enter 键确认，打开【视口】对话框，在【新名称】文本框中输入视口的名称"平铺"，在【标准视口】列表中选择【三个：水平】选项。此时，在对话框右侧的【预览】区域中将显示平铺视口的预览效果。

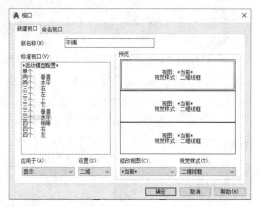

step 3 单击【确定】按钮后，即可创建上下三层的视口对象。

在【视口】对话框中，上面实例没有提到的几个选项的功能说明如下。

▶【应用于】下拉列表框：设置所选的视口配置用于整个显示屏幕还是当前视口，包括【显示】和【当前视口】这两个选项。其中，【显示】选项用于设置将所选的视口配置用于模型空间中的整个显示区域，为默认选项；【当前视口】选项用于设置将所选的视口配置用于当前视口。

▶【设置】下拉列表框：指定二维或三维设置。如果选择二维选项，则使用视口中的当前视图来初始化视口配置；如果选择三维选项，则使用正交的视图来配置视口。

▶【修改视图】下拉列表框：选择一个视口配置代替已选择的视口配置。

▶【视觉样式】下拉列表框：可以从中选择一种视觉样式代替当前的视觉样式。

3. 分割与合并视口

在 AutoCAD 2018 的菜单栏中选择【视图】|【视口】子菜单中的命令，可以在不改变视口显示的情况下，分割或合并当前视口。例如，选择【视图】|【视口】|【一个视口】命令，可以将当前视口扩大到充满整个绘图窗口；选择【视图】|【视口】|【两个视口】、【三个视口】或【四个视口】命令，则可以将当前视口分割为 2 个、3 个或 4 个视口。例如，将绘图窗口分割为 4 个视口，效果如下图所示。

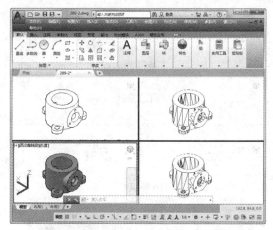

选择【视图】|【视口】|【合并】命令，系统要求选定一个视口作为主视口，然后再选择一个相邻视口，并将该视口与主视口合并。例如，将上图所示图形的右边两个视口合并为一个视口，其效果如下图所示。

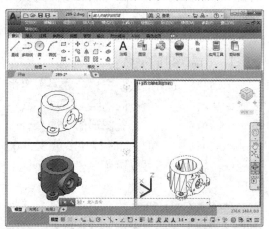

2.3.6 使用 ShowMotion

在 AutoCAD 2018 中，可以通过创建视图的快照来观察图形。在快速访问工具栏选择【显示菜单栏】命令，在弹出的菜单中选择【视图】| ShowMotion 命令，或在状态栏中单击 ShowMotion 按钮，都可以打开 ShowMotion 面板。

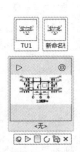

单击【新建快照】按钮，打开【新建视图/快照特性】对话框，使用该对话框中的【快照特性】选项卡可以新建快照。各选项的功能如下所示。

▷ 【视图名称】文本框：用于输入视图的名称。

▷ 【视图类别】下拉列表框：可以输入新的视图类别，也可以从中选择已有的视图类别。系统将根据视图所属的类别来组织各个活动视图。

▷ 【视图类型】下拉列表框：可以从中选择视图类型，主要包括 3 种类型：电影式、静止和已记录的漫游。视图类型将决定视图的活动情况。

▷ 【转场类型】选项区域：用于设置视图的转场类型和转场持续时间。

▷ 【运动】选项区域：用于设置视图的移动类型，移动的持续时间、距离和位置等。

▷ 【预览】按钮：单击该按钮，可以预览视图中图形的运动情况。

▷ 【循环】复选框：选择该复选框，可以循环观察视图中图形的运动情况。

成功创建快照后，在 ShowMotion 面板上方将以缩略图的形式显示各个视图中图形的活动情况。单击绘图区中的某个缩略图，将显示图形的活动情况，用于观察图形。

2.4　设置对象特性

使用 AutoCAD 绘制图形时，每个图形对象都有特性，通过修改图形的特性(如图层、线型、颜色、线宽和打印样式)，可以组织图形中的对象并控制它们的显示和打印方式。

2.4.1　对象特性概述

在 AutoCAD 中，绘制的每个对象都有特性，有的特性是基本特性，适用于大多数对象，如图层、颜色、线型和打印样式等；有的特性是专用于某个对象的特性，如圆的特性包括半径和面积。

1. 显示和修改对象特性

在 AutoCAD 中，用户可以使用多种方法来显示和修改对象特性。

▷ 在快速访问工具栏中选择【显示菜单栏】命令。在弹出的菜单中选择【工具】|

【选项板】|【特性】命令，打开【特性】选项板，可以查看和修改对象所有特性的设置。

➤ 在【功能区】选项板中选择【默认】选项卡,在【图层】和【特性】面板中可以查看和修改对象的颜色、线型、线宽等特性。

➤ 在命令行中输入 LIST,并选择对象,将打开文本窗口显示对象的特性。

➤ 在命令行中输入 ID,并单击某个位置,就可以在命令行中显示该位置的坐标值。

2. 在对象之间复制特性

在 AutoCAD 中,可以将一个对象的某些或所有特性复制到其他对象上。可以复制的特性类型包括颜色、图层、线型、线型比例、线宽、厚度、打印样式、标注、文字、填充图案、视口、多段线、表格、材质和多重引线等。

在快速访问工具栏选择【显示菜单栏】命令,在弹出的菜单中选择【修改】|【特性匹配】命令,并选择要复制其特征的对象,此时将提示如下图所示的信息。

默认情况下,所有可应用的特性都自动地从选定的第一个对象复制到目标对象。如果不希望复制特定的特性,可以单击命令行中的【设置 S】选项,打开【特性设置】对话框,取消选择禁止复制的特性即可。

2.4.2 控制对象的显示特性

在 AutoCAD 中,用户可以对重叠对象和其他某些对象的显示和打印进行控制,从而提高系统的性能。

1. 打开或关闭可见元素

当宽多段线、实体填充多边形(二维填充)、图案填充、渐变填充和文字以简化格式显示时,显示性能和打印的速度都将得到提高。

(1) 打开或关闭填充

使用 FILL 变量可以打开或关闭宽线、宽多段线和实体填充。当关闭填充时,可以提高 AutoCAD 的显示处理速度。

Fill=ON   Fill=OFF

当实体填充模式关闭时,填充不可打印。但是,改变填充模式的设置并不影响显示具有线宽的对象。当修改了实体填充模式后,在快速访问工具栏选择【显示菜单栏】命令,在弹出的菜单中选择【视图】|【重生成】命令可以查看效果且新对象将自动显示新的设置。

(2) 打开或关闭线宽显示

当在模型空间或图纸空间中工作时,为了提高 AutoCAD 的显示处理速度,可以关闭线宽显示。单击状态栏上的【隐藏线宽】按钮 或使用【线宽设置】对话框,可以切换显示的开和关。线宽以实际尺寸打印,但在模型选项卡中与像素成比例显示,任何线宽的宽度如果超过了一个像素就有可能降低 AutoCAD 的显示处理速度。如果要使 AutoCAD 的显示性能最优,则在图形中工作时应该把线宽显示关闭。

(3) 打开或关闭文字快速显示

在 AutoCAD 中,可以通过设置系统变量 QTEXT 打开或关闭【快速文字】模式。快速文字模式打开时,只显示定义文字的框架。

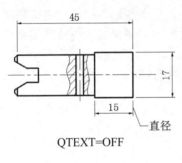

QTEXT=OFF

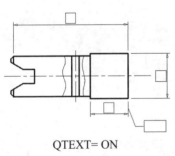

QTEXT= ON

与填充模式一样,关闭文字显示可以提高 AutoCAD 的显示处理速度。打印快速文字时,则只打印文字框而不打印文字。无论何时修改了快速文字模式,都可以在快速访问工具栏选择【显示菜单】命令,在弹出的菜单中选择【视图】|【重生成】命令,查看现有文字上的改动效果,且新的文字自动反映新的设置。

2. 控制重叠对象的显示

通常情况下,重叠对象(如文字、宽多段线和实体填充多边形)按其创建的次序显示,新创建的对象在现有对象的前面。要改变对象的绘图次序,可以在快速访问工具栏选择【显示菜单栏】命令,在弹出的菜单中选择【工具】|【绘图次序】命令中的子命令(DRAWORDER),并选择需要改变次序的对象,此时命令行显示如下信息。

输入对象排序选项 [对象上(A) / 对象下(U) / 最前(F) / 最后(B)]<最后>:

该命令行提示中各选项的含义如下所示。

▶ 【对象上】选项:将选定的对象移动到指定参照对象的上面。

▶ 【对象下】选项:将选定的对象移动到指定参照对象的下面。

▶ 【最前】选项:将选定对象移动到图形中对象顺序的顶部。

▶ 【最后】选项:将选定对象移动到图形中对象顺序的底部。

更改多个对象的绘图顺序(显示顺序和打印顺序)时,将保持选定对象之间的相对绘图顺序不变。默认情况下,从现有对象创建新对象(例如,使用 FILLET 或 PEDIT 命令)时,将为新对象指定首先选定的原始对象的绘图顺序。默认情况下,编辑对象(例如,使用 MOVE 或 STRETCH 命令)时,该对象将显示在图形中所有其他对象的前面。完成编辑后,将重生成部分图形,以根据对象的正确绘图顺序显示对象。这可能会导致某些编辑操作耗时较长。

不能在模型空间和图纸空间之间控制重叠的对象,而只能在同一空间内控制它们。另外,使用 TEXTTOFRONT 命令可以修改图形中所有文字和标注的绘图次序。

2.4.3 使用与管理图层

在 AutoCAD 中,图形中通常包含多个图层,每个图层都表明了一种图形对象的特性,其中包括颜色、线型和线宽等属性。在绘图过程中,使用不同的图层和图形显示控制功能能够方便地控制对象的显示和编辑,从而提高绘图效率。

1. 创建与设置图层

在一个复杂的图形中，有许多不同类型的图形对象。为了方便区分和管理，可以通过创建多个图层，将特性相似的对象绘制在同一个图层中。例如，将图形的所有尺寸标注绘制在标注图层中。

(1) 图层的特点

在 AutoCAD 中，图层具有以下特点。

➤ 在一幅图形中可以指定任意数量的图层。系统对图层数量没有限制，对每一图层中的对象数量也没有任何限制。

➤ 为了加以区别，每个图层都会有一个名称。当开始绘制新图时，AutoCAD 自动创建名为 0 的图层，这是 AutoCAD 的默认图层，其他图层则需要自定义。

➤ 一般情况下，相同图层中的对象应该具有相同的线型、颜色。用户可以改变各图层的线型、颜色和状态。

➤ AutoCAD 允许建立多个图层，但只能在当前图层中绘图。

➤ 各图层具有相同的坐标系、绘图界限及显示时的缩放倍数。用户可以对位于不同图层中的对象同时进行编辑操作。

➤ 可以对各图层进行打开、关闭、冻结、解冻、锁定与解锁等操作，以决定各图层的可见性与可操作性。

每个图形都包括名为 0 的图层，该图层不能删除或者重命名。该图层有两个用途：第一，确保每个图形中至少包括一个图层；第二，提供与块中的控制颜色相关的特殊图层。

(2) 创建新图层

默认情况下，图层 0 将被指定使用 7 号颜色(白色或黑色，由背景色决定)、Continuous 线型、【默认】线宽及 NORMAL 打印样式。在绘图过程中，如果需要使用更多的图层组织图形，就需要先创建新图层。

在菜单栏中选择【格式】|【图层】命令，或在【功能区】选项板中选择【默认】选项卡，然后在【图层】面板中单击【图层特性】按钮，打开【图层特性管理器】选项板。单击【新建图层】按钮 ，在图层列表中将出现一个名称为【图层 1】的新图层。默认情况下，新建图层与当前图层的状态、颜色、线型及线宽等设置相同；单击【被冻结的新图层】按钮 ，也可以创建一个新图层，只是该图层在所有的视口中都被冻结了。

当创建图层后，图层的名称将显示在图层列表框中。如果需要更改图层名称，单击该图层名，然后输入一个新的图层名并按 Enter 键确认即可。

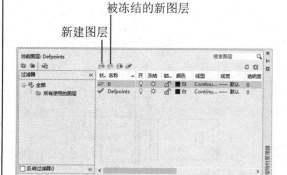

(3) 设置图层的颜色

颜色在图形中具有非常重要的作用，可以用来表示不同的组件、功能和区域。图层的颜色实际上是图层中图形对象的颜色。每个图层都拥有自己的颜色，对不同的图层可以设置相同的颜色，也可以设置不同的颜色。绘制复杂图形时就可以很容易区分图形的各部分。

新建图层后，若要改变图层的颜色，可在【图层特性管理器】选项板中单击图层的【颜色】列对应的图标，打开【选择颜色】对话框。

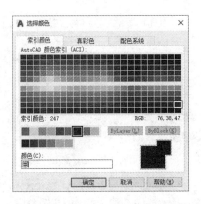

在【选择颜色】对话框中，可以使用【索引颜色】、【真彩色】和【配色系统】3 个选项卡为图层设置颜色，其各自的具体功能如下。

▶ 【索引颜色】选项卡：可以使用 AutoCAD 的标准颜色(ACI 颜色)。在 ACI 颜色表中，每一种颜色用一个 ACI 编号(1~255 之间的整数)标识。【索引颜色】选项卡实际上是一张包含 256 种颜色的颜色表。

▶ 【真彩色】选项卡：使用 24 位颜色代码定义显示 16M 色(真彩色)。指定真彩色时，可以使用 RGB 或 HSL 颜色模式。如果使用 RGB 颜色模式，则可以指定颜色的红、绿、蓝组合；如果使用 HSL 颜色模式，则可以指定颜色的色调、饱和度和亮度等元素。在这两种颜色模式下，可以得到同一种所需的颜色，只是组合颜色的方式不同。

▶ 【配色系统】选项卡：使用标准 Pantone 配色系统设置图层的颜色。

在菜单栏中选择【工具】|【选项】命令，打开【选项】对话框，然后在【文件】选项卡的【搜索路径、文件名和文件位置】列表中展开【配色系统位置】选项，单击【添加】按钮，在打开的文本框中输入配色系统文件的路径即可在系统中安装配色系统。

(4) 使用与管理线型

线型是指图形基本元素中线条的组成和显示方式，如虚线和实线等。在 AutoCAD 中既有简单线型，也有由一些特殊符号组成的复杂线型，以满足不同国家或行业标准的使用要求。

▶ **设置图层线型**

在绘制图形时若要使用线型来区分图形元素，这就需要对线型进行设置。默认情况下，图层的线型为 Continuous。若要改变线型，可在图层列表中单击【线型】列的 Continuous，打开【选择线型】对话框，在【已加载的线型】列表框中选择一种线型即可将其应用到图层中。

▶ **加载线型**

默认情况下，在【选择线型】对话框的【已加载的线型】列表框中只有 Continuous 一种线型，如果需要使用其他线型，必须将其添加到【已加载的线型】列表框中。单击【加载】按钮打开【加载或重载线型】对话框，从当前线型库中选择需要加载的线型，然后单击【确定】按钮即可加载更多的线型。

AutoCAD 中的线型包含在线型库定义文件 acad.lin 和 acadiso.lin 中。通常在英制测量系统下，使用线型库定义文件 acad.lin；在公制测量系统下，使用线型库定义文件 acadiso.lin。用户可以根据需要，单击【加载或重载线型】对话框中的【文件】按钮，打开【选择线型文件】对话框，选择合适的线型库定义文件。

▶ 设置线型比例

在菜单栏中选择【格式】|【线型】命令，打开【线型管理器】对话框，即可设置图形中的线型比例，从而改变非连续线型的外观。

【线型管理器】对话框显示了当前使用的线型和可选择的其他线型。若在线型列表中选择了某一线型后，并且单击【显示细节】按钮，可以在【详细信息】选项区域中设置线型的【全局比例因子】和【当前对象缩放比例】。其中，【全局比例因子】用于设置图形中所有线型的比例；【当前对象缩放比例】用于设置当前选中线型的比例。

(5) 设置图层线宽

设置线宽就是改变线条的宽度。在AutoCAD中，使用不同宽度的线条表示对象的大小或类型，可以提高图形的表达能力和可读性。

若要设置图层的线宽，可以在【图层特性管理器】选项板的【线宽】列中单击该图层对应的线宽【——默认】，打开【线宽】对话框，其中包含20多种线宽可供选择。

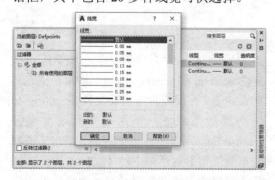

也可以在菜单栏中选择【格式】|【线宽】命令，打开【线宽设置】对话框，通过调整线宽比例，使图形中的线宽显示得更宽或更窄。

【例2-5】创建图层【参考线层】，要求该图层颜色为【红】，线型为ACAD_IS004W100，线宽为0.30毫米。 视频

step① 在菜单栏中选择【格式】|【图层】命令，打开【图层特性管理器】选项板。

step② 单击选项板上方的【新建图层】按钮，创建一个新图层，并在【名称】列对应的文本框中输入"参考线层"。

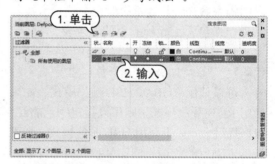

step③ 在【图层特性管理器】选项板中单击【颜色】列的图标，打开【选择颜色】对话框，然后在标准颜色区中单击红色。

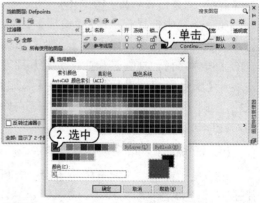

step④ 此时【颜色】文本框中将显示颜色的名称【红】，单击【确定】按钮。

step⑤ 在【图层特性管理器】选项板中单击

【线型】列上的 Continuous，打开【选择线型】对话框，单击【加载】按钮。

step 6 打开【加载或重载线型】对话框，在【可用线型】列表框中选择线型 ACAD_IS004W100，然后单击【确定】按钮。

step 7 返回【选择线型】对话框，单击【确定】按钮。

step 8 在【图层特性管理器】选项板中单击【线宽】列上【参考线层】的线宽，打开【线宽】对话框。选中【0.30mm】选项，单击【确定】按钮。

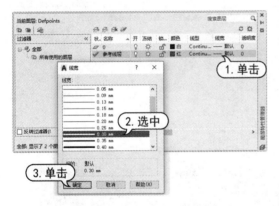

2. 管理图层

在 AutoCAD 中，建立图层后，需要对其进行管理，包括图层的切换、重命名、删除及图层的显示控制等。

(1) 设置图层特性

使用图层绘制图形时，新对象的各种特性将默认为随层，由当前图层的默认设置决定。也可以单独设置对象的特性，新设置的特性将覆盖原来随层的特性。在【图层特性管理器】选项板中，每个图层都包含状态、名称、打开/关闭、冻结/解冻、锁定/解锁、线型、颜色、线宽和打印样式等特性。

在 AutoCAD 中，图层的各列属性可以显示或隐藏，只需右击图层列表的标题栏，在弹出的快捷菜单中选择或取消相应的命令即可。

➢ **状态**：显示图层和过滤器的状态。其中，被删除的图层标识为 ✖，当前图层标识为 ✔。

➢ **名称**：即图层的名字，是图层的唯一标识。默认情况下，图层的名称按图层 0、图层 1、图层 2……的编号依次递增，用户可以根据需要为图层定义能够表达用途的名称。

➢ **开关状态**：单击【开】列对应的小灯泡图标 ♀，可以打开或关闭图层。在开状态下，灯泡的颜色为黄色，图层中的图形可以显示，也可以在输出设备上打印；在关状态下，灯泡的颜色为灰色，图层中的图形不能显示，也不能打印输出。当关闭当前图层时，系统将打开一个消息对话框，提示正在关闭当前层。

➢ **冻结**：单击图层【冻结】列对应的太阳 ☀ 或雪花 ❆ 图标，可以冻结或解冻图层。图层被冻结时显示雪花 ❆ 图标，此时图层中的图形对象不能被显示、打印输出和编辑修改。图层被解冻时显示太阳 ☀ 图标，此时图层中的图形对象能够被显示、打印输出和编辑。

➢ **锁定**：单击【锁定】列对应的关闭 🔒 或打开 🔓 图标，可以锁定或解锁图层。图层在锁定状态下并不影响图形对象的显示，不能对该图层中已有图形对象进行编辑，但可以绘制新图形对象。此外，在锁定的图层中可以使用查询命令和对象捕捉功能。

➢ **颜色**：单击【颜色】列对应的图标，可以打开【选择颜色】对话框来设置图层的颜色。

➢ **线型**：单击【线型】列显示的线型名称，可以使用打开的【选择线型】对话框来选择所需要的线型。

➢ **线宽**：单击【线宽】列显示的线宽值，可以使用打开的【线宽】对话框来选择所需要的线宽。

▶ 打印样式：通过【打印样式】列确定各图层的打印样式，如果使用的是彩色绘图仪，则不能改变这些打印样式。

▶ 打印：单击【打印】列对应的打印机图标，可以设置图层是否能够被打印，在保持图形显示可见性不变的前提下控制图形的打印特性。打印功能只对没有冻结和关闭的图层起作用。

▶ 说明：单击【说明】列两次，可以为图层或组过滤器添加必要的说明信息。

(2) 置为当前层

在【图层特性管理器】选项板的图层列表中，选择某一图层后，单击【置为当前】按钮；或在【功能区】选项板中选择【默认】选项卡，在【图层】面板的【图层】下拉列表框中选择某一图层，即可将该层设置为当前层。在【功能区】选项板中选择【默认】选项卡，然后在【图层】面板中单击【置为当前】按钮，选择需要更改到当前图层的对象，并按 Enter 键，即可将选定对象所在图层更改为当前图层。

(3) 保存与恢复图层状态

图层设置包括图层状态和图层特性。图层状态包括图层是否打开、冻结、锁定、打印和在新视口中自动冻结。图层特性包括颜色、线型、线宽和打印样式。用户可以选择需要保存的图层状态和图层特性。例如，可以选择只保存图形中图层的【冻结/解冻】设置，忽略所有其他设置。恢复图层状态时，除了设置每个图层的冻结或解冻以外，其他设置仍保持当前设置。

▶ **保存图形状态**

若要保存图层状态，可在【图层特性管理器】选项板的图层列表中右击需要保存的图层，在弹出的快捷菜单中选择【保存图层状态】命令，打开【要保存的新图层状态】对话框。在【新图层状态名】文本框中输入图层状态的名称，在【说明】文本框中输入相关的图层说明文字，然后单击【确定】按

钮即可。

▶ **恢复图形状态**

如果改变了图层的显示等状态，还可以恢复以前保存的图层设置。在【图层特性管理器】选项板的图层列表中右击需要恢复的图层，然后在弹出的快捷菜单中选择【恢复图层状态】命令，打开【图层状态管理器】对话框。选择需要恢复的图层状态后，单击【恢复】按钮即可。

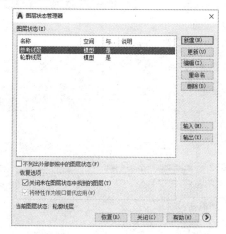

(4) 转换图层

使用【图层转换器】，用户可以转换图层，实现图形的标准化和规范化。【图层转换器】能够转换当前图形中的图层，使之与其他图形的图层结构或 CAD 标准文件相匹配。例如，如果打开一个与本单位图层结构不一致的图形时，可以使用【图层转换器】转换图层名称和属性，以达到符合本公司的图形标准。

在菜单栏中选择【工具】|【CAD标准】|【图层转换器】命令，打开【图层转换器】对话框。

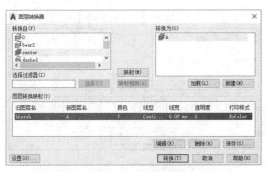

该对话框主要选项的功能如下。

▶ 【转换自】选项区域：显示当前图形中即将被转换的图层结构，可以在列表框中选择，也可以通过【选择过滤器】进行选择。

▶ 【转换为】选项区域：显示可以将当前图形的图层转换为的图层名称。单击【加载】按钮，打开【选择图形文件】对话框，可以从中选择作为图层标准的图形文件，并将该图层结构显示在【转换为】列表框中。单击【新建】按钮，打开【新图层】对话框，可以从中创建新的图层作为转换匹配图层。新建的图层将会显示在【转换为】列表框中。

▶ 【映射】按钮：可以将【转换自】列表框中选中的图层映射到【转换为】列表框中，并且当图层被映射后，将从【转换自】列表框中删除。

▶ 【映射相同】按钮：可以将【转换自】列表框中和【转换为】列表框中名称相同的图层进行转换映射。

▶ 【图层转换映射】选项区域：显示已经映射的图层名称和相关的特性值。当选中一个图层后，单击【编辑】按钮，将打开【编辑图层】对话框，可以在该对话框中修改转换后的图层特性。单击【删除】按钮，可以取消该图层的转换映射，该图层将重新显示

在【转换自】选项区域中。单击【保存】按钮，将打开【保存图层映射】对话框，可以将图层转换关系保存到一个标准配置文件*.dws 中。

▶ 【设置】按钮：单击该按钮，将打开【设置】对话框，可以设置图层的转换规则。

▶ 【转换】按钮：单击该按钮，将开始转换图层并关闭【图层转换器】对话框。

(5) 使用图层工具管理图层

在 AutoCAD 中，使用图层管理工具能够更加方便地管理图层。用户可以在菜单栏中选择【格式】|【图层工具】命令中的子命令；或者在【功能区】选项板中选择【默认】选项卡，然后在【图层】面板中单击相应的按钮。

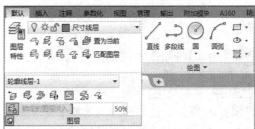

【图层】面板中的各个按钮与【图层工具】子命令中的功能相互对应，各主要按钮的功能如下。

➤ 【隔离】按钮：单击该按钮，可以将选定对象的图层隔离。

➤ 【取消隔离】按钮：单击该按钮，恢复由【隔离】命令隔离的图层。

➤ 【关】按钮：单击该按钮，将选定对象的图层关闭。

➤ 【冻结】按钮：单击该按钮，将选定对象的图层冻结。

➤ 【匹配图层】按钮：单击该按钮，将选定对象的图层更改为选定目标对象的图层。

➤ 【上一个】按钮：单击该按钮，恢复上一个图层设置。

➤ 【锁定】按钮：单击该按钮，锁定选定对象的图层。

➤ 【解锁】按钮：单击该按钮，将选定对象的图层解锁。

➤ 【打开所有图层】按钮：单击该按钮，打开图形中的所有图层。

➤ 【解冻所有图层】按钮：单击该按钮，解冻图形中的所有图层。

➤ 【更改为当前图层】按钮：单击该按钮，将选定对象的图层更改为当前图层。

➤ 【图层漫游】按钮：单击该按钮，可以动态显示在【图层】列表中选择的图层上的对象。

➤ 【冻结当前视口以外的所有视口】按钮：单击该按钮，冻结除当前视口外的其他所有布局视口中的选定图层。

➤ 【合并】按钮：单击该按钮，合并两个图层，并从图形中删除第一个图层。

➤ 【删除】按钮：单击该按钮，从图形中永久删除图层。

【例2-6】不显示图形中的【标注】图层，并要求确定填充图案所在的图层。

视频+素材 （素材文件\第02章\例2-6）

step① 在快速访问工具栏中选择【显示菜单栏】命令，在弹出的菜单中选择【文件】|

【打开】命令，打开【选择文件】对话框。选择如下图所示的图形文件，并将其打开。

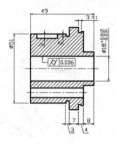

step② 在【功能区】选项板中选择【默认】选项卡，然后在【图层】面板中单击【关】按钮。

step③ 在命令行的【选择要关闭的图层上的对象或 [设置(S)/放弃(U)]:】提示下，选择任意一个标注对象。

选中标注——
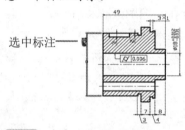

step④ 在命令行的【图层 dim 为当前图层，是否关闭它？[是(Y)/否(N)] <否(N)>:】提示下，输入 y，并按 Enter 键，关闭标注层。此时，绘图窗口中将不显示【标注层】图层。

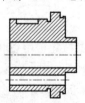

step⑤ 在【功能区】选项板中选择【默认】选项卡，单击【图层】面板中的【图层漫游】按钮，打开【图层漫游】对话框。

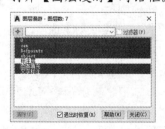

step⑥ 在【图层漫游】对话框中单击【选择

对象】按钮。在绘图窗口选择左上角的填充图案。

step ⑦ 按 Enter 键返回【图层漫游】对话框。

此时，填充图案只会在其所在的图层上亮显。用户即可确定其所在的图层，即填充图案在轮廓层。

2.5 使用精确绘图工具

在 AutoCAD 中绘制图形时，如果对图形尺寸比例要求不太严格，用户可以输入图像的大致尺寸，使用鼠标在图形区域中直接拾取和输入。但是，有些图形对尺寸的要求比较严格，要求绘图者必须按给定的尺寸绘图。这时可以通过精确绘图工具来绘制图形，如指定点的坐标；或者使用系统提供的对象捕捉、自动追踪等功能，在不输入坐标的情况下，精确地绘制图形。

2.5.1 使用坐标与坐标系

在绘图过程中常常需要使用某个坐标系作为参照，拾取点的位置来精确定位某个对象。AutoCAD 提供的坐标系就可以用来准确地设计并绘制图形。

1. 认识世界坐标系与用户坐标系

在 AutoCAD 2018 中，坐标系分为世界坐标系(WCS)和用户坐标系(UCS)。这两种坐标系都可以通过坐标(x,y)定位点。

默认情况下，在开始绘制新图形时，当前坐标系为世界坐标系，即 WCS，其包括 X 轴和 Y 轴(如果在三维空间工作，还有一个 Z 轴)。WCS 坐标轴的坐标原点并不在坐标系的交汇点，而位于图形窗口的左下角，所有的位移都是相对于原点计算的，并且沿 X 轴正向及 Y 轴正向的位移规定为正方向。

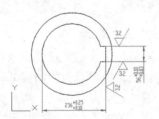

在 AutoCAD 中，为了能够更好地辅助绘图，经常需要修改坐标系的原点和方向，此时世界坐标系将变为用户坐标系，即 UCS。UCS 的原点以及 X 轴、Y 轴、Z 轴方向都可以移动及旋转，甚至可以依赖于图形中某个特定的对象。尽管用户坐标系中 3 个轴之间仍然互相垂直，但是在方向和位置上却都更灵活。

若要设置 UCS 坐标系，可在菜单栏中选择【工具】菜单中的【命名 UCS】和【新建 UCS】命令及其子命令。

例如，在菜单栏中选择【工具】|【新建 UCS】|【原点】命令；然后在下图中单击圆心 O，此时世界坐标系变为用户坐标系并移动至 O 点，O 点也就成了新坐标系的原点。

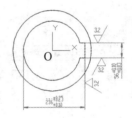

2. 坐标的表示方法

在 AutoCAD 中，点的坐标可以使用绝对直角坐标、绝对极坐标、相对直角坐标和相对极坐标 4 种方法表示，其特点如下。

▶ 绝对直角坐标：是从点(0,0)或(0,0,0)出发的位移，可以使用分数、小数或科学记数等形式表示点的 X、Y、Z 坐标值，坐标间用逗号隔开，如点(8.3,5.8)和(3.0,5.2,8.8)等。

▶ 绝对极坐标：是从点(0,0)或(0,0,0)出发的位移，但给定的是距离和角度值。其中距离和角度用 "<" 分开，且规定 X 轴正向为 0°，Y 轴正向为 90°，如点(4.27<60)、(34<30)等。

▶ 相对直角坐标和相对极坐标：相对坐标是指相对于某一点的 X 轴和 Y 轴位移，或距离和角度。表示方法是在绝对坐标表达方式前加上@号，如((@-13,8)和(@11<24))。其中，相对极坐标中的角度是新点和上一点连线与 X 轴的夹角。

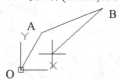

step 1 使用绝对直角坐标。在【功能区】选项板中选择【默认】选项卡，在【绘图】面板中单击【直线】按钮，或在命令行中输入 LINE 命令。

step 2 在【指定第一点:】提示下输入点 O 的坐标(0,0)。

step 3 在【指定下一点或[放弃(U)]:】提示下输入点 A 的坐标(53.17,93.04)。

step 4 在【指定下一点或[放弃(U)]:】提示下输入点 B 的坐标(211.3,155.86)。

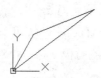

step 5 在【指定下一点或[闭合(C)/放弃(U)]:】提示下输入 C，然后按下 Enter 键，即可创建封闭的三角形。

step 6 使用绝对极坐标。在【功能区】选项板中选择【默认】选项卡，在【绘图】面板中单击【直线】按钮，或在命令行中输入 LINE 命令。

step 7 在【指定第一点:】提示下输入点 O 的坐标(0<0)。

step 8 在【指定下一点或[放弃(U)]:】提示下输入点 A 的坐标(106.35<60)。

step 9 在【指定下一点或[放弃(U)]:】提示下输入点 B 的坐标(262.57<36)。

step 10 在【指定下一点或[闭合(C)/放弃

(U)]:】提示下输入 C，然后按下 Enter 键，即可创建封闭的三角形。

step 11 使用相对直角坐标。在【功能区】选项板中选择【默认】选项卡，在【绘图】面板中单击【直线】按钮，或在命令行中输入 LINE 命令。

step 12 在【指定第一点:】提示下输入点 O 的坐标(0,0)。

step 13 在【指定下一点或[放弃(U)]:】提示下输入点 A 的坐标(@53.17,93.04)。

step 14 在【指定下一点或[放弃(U)]:】提示下输入点 B 的坐标(@158.13,63.77)。

step 15 在【指定下一点或[闭合(C)/放弃(U)]:】提示下输入 C，然后按下 Enter 键，即可创建封闭的三角形。

step 16 使用相对极坐标。在【功能区】选项板中选择【默认】选项卡，在【绘图】面板中单击【直线】按钮，或在命令行中输入 LINE 命令。

step 17 在【指定第一点:】提示下输入点 O 的坐标(0<0)。

step 18 在【指定下一点或[放弃(U)]:】提示下输入点 A 的坐标(@106.35<60)。

step 19 在【指定下一点或[放弃(U)]:】提示下输入点 B 的坐标(@170.5,22)。

step 20 在【指定下一点或[闭合(C)/放弃(U)]:】提示下输入 C，然后按下 Enter 键，即可创建封闭的三角形。

3. 控制坐标的显示

在绘图窗口中移动光标的十字指针时，状态栏上将动态地显示当前指针的坐标。在 AutoCAD 中，坐标显示取决于所选择的模式和程序中运行的命令。

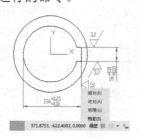

在实际的绘图过程中，可以根据需要随时按下 F6 键、Ctrl + D 组合键，单击状态栏的坐标显示区域或者右击坐标显示区域并选择相应的命令，都可在多种显示方式之间进行切换。

4．创建与显示用户坐标系

在 AutoCAD 2018 中，用户可以很方便地创建和命名用户坐标系。

(1) 创建用户坐标系

在 AutoCAD 2018 的菜单栏中选择【工具】|【新建 UCS】命令的子命令，即可方便地创建 UCS，其具体含义如下。

▶ 【世界】命令：从当前的用户坐标系恢复到世界坐标系。WCS 是所有用户坐标系的基准，不能被重新定义。

▶ 【上一个】命令：从当前的坐标系恢复到上一个坐标系。

▶ 【面】命令：将 UCS 与实体对象的选定面对齐。若要选择一个面，可单击该面边界内或面的边界，被选中的面将亮显，UCS 的 X 轴将与找到的第一个面上的最近的边对齐。

▶ 【视图】命令：以垂直于观察方向(平行于屏幕)的平面为 XY 平面，建立新的坐标系，UCS 原点保持不变。常用于注释当前视图时使文字以平面方式显示。

▶ 【原点】命令：通过移动当前 UCS 的原点，保持其 X 轴、Y 轴和 Z 轴方向不变，从而定义新的 UCS。也可以在任意高度建立坐标系。如果没有给原点指定 Z 轴坐标值，系统将使用当前标高。

▶ 【对象】命令：根据选取的对象快速简单地建立 UCS，使对象位于新的 XY 平面，其中 X 轴和 Y 轴的方向取决于选择的对象类型。该选项不能用于三维实体、三维多段线、三维网格、视口、多线、面域、样条曲线、椭圆、射线、参照线、引线和多行文字等对象。对于非三维面的对象，新 UCS 的 XY 平面与绘制该对象时生效的 XY 平面平行，但 X 轴和 Y 轴可做不同的旋转。

▶ 【Z 轴矢量】命令：使用特定的 Z 轴正半轴定义 UCS。需要选择两点，第一点作为新的坐标系原点，第二点决定 Z 轴的正向，XY 平面垂直于新的 Z 轴。

▶ 【三点】命令：通过在三维空间的任意位置指定 3 点，确定新 UCS 原点及其 X 轴和 Y 轴的正方向，Z 轴由右手定则确定。其中第 1 点定义了坐标系原点，第 2 点定义了 X 轴的正方向，第 3 点定义了 Y 轴的正方向。

▶ X/Y/Z 命令：旋转当前的 UCS 轴来建立新的 UCS。在命令行提示信息中输入正或负的角度以旋转 UCS，用右手定则来确定绕该轴旋转的正方向。

(2) 命名用户坐标系

在菜单栏中选择【工具】|【命名 UCS】命令，打开 UCS 对话框，选择【命名 UCS】选项卡。

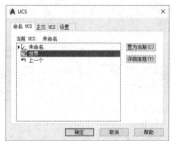

在【当前 UCS】列表中选择【世界】、【上一个】或某个 UCS 选项，然后单击【置为当前】按钮，即可将其置为当前坐标系，此时，在该 UCS 前面将显示 ▶ 标记。也可以单击【详细信息】按钮，在弹出的【UCS 详细信息】对话框中查看坐标系的详细信息。

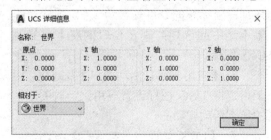

此外，在【当前 UCS】列表中的坐标系选项上右击，将弹出一个快捷菜单，用户可以重命名坐标系、删除坐标系和将坐标系置

为当前坐标系。

(3) 使用正交用户坐标系

在 UCS 对话框中，选择【正交 UCS】选项卡，然后在【当前 UCS】列表中选择需要使用的正交坐标系，如俯视、仰视、左视、右视、前视和后视等。【相对于】下拉列表框用于指定定义正交 UCS 的基准坐标系。

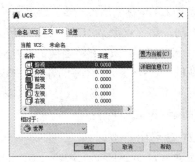

(4) 设置 UCS 的其他选项

使用 UCS 对话框中的【设置】选项卡可以设置 UCS 图标和 UCS。其中主要选项的含义如下。

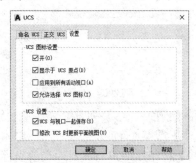

▶【开】复选框：指定显示当前视口的 UCS 图标。

▶【显示于 UCS 原点】复选框：在当前视口坐标系的原点处显示 UCS 图标。如果不选中此选项，则在视口的左下角显示 UCS 图标。

▶【应用到所有活动视口】复选框：用于指定将 USC 图标设置应用到当前图形中的所有活动视口。

▶【UCS 与视口一起保存】复选框：指定将坐标系设置与视口一起保存。

▶【修改 UCS 时更新平面视图】复选

框：指定当修改视口中的坐标系时，更新平面视图。

2.5.2 使用动态输入

在 AutoCAD 中，使用动态输入功能可以在指针位置处显示标注输入和命令提示等信息，从而极大地方便了绘图。

1. 启用指针输入

选择【工具】|【绘图设置】命令，在打开的【草图设置】对话框的【动态输入】选项卡中，选中【启用指针输入】复选框即可启用指针输入功能。

可以在【指针输入】选项区域中单击【设置】按钮，在打开的【指针输入设置】对话框中设置指针的格式和可见性。

2. 启用标注输入

在【草图设置】对话框的【动态输入】选项卡中，选中【可能时启用标注输入】复

选框即可启用标注输入功能。在【标注输入】
选项区域中单击【设置】按钮，打开【标注
输入的设置】对话框，可以设置标注的可
见性。

3. 启用动态提示

在【草图设置】对话框的【动态输入】
选项卡中，选中【动态提示】选项区域中的
【在十字光标附近显示命令提示和命令输入】
复选框，即可在光标附近显示命令提示。

在【草图设置】对话框的【动态输入】
选项卡中，单击【绘图工具提示外观】按钮，
打开【工具提示外观】对话框。在该对话框
中可以设置工具提示外观的颜色、大小和透
明度等参数。

2.5.3　使用捕捉、栅格和正交功能

在绘制图形时，尽管可以通过移动光标
来指定点的位置，但却很难精确指定点的某
一位置。因此，若要精确定位点，必须使用
坐标或捕捉功能。本书前面的章节已经详细
介绍了使用坐标精确定位点的方法，本节将

主要介绍如何使用系统提供的栅格、捕捉和
正交功能来精确定位点。

1. 设置栅格与捕捉

【捕捉】用于设定鼠标光标移动的间距。
【栅格】是一些标定位置的小点，起坐标值的
作用，可以提供直观的距离和位置参照。在
AutoCAD 2018 中，使用【捕捉】和【栅格】
功能，可以提高绘图效率。

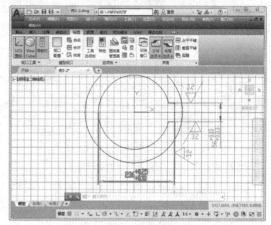

(1) 打开或关闭捕捉和栅格功能

打开或关闭【捕捉】和【栅格】功能有
以下几种方法。

➤　在 AutoCAD 程序窗口的状态栏中，
单击【捕捉模式】和【栅格显示】按钮。

➤　按 F9 键打开或关闭捕捉，按 F7 键
打开或关闭栅格。

➤　在菜单栏中选择【工具】|【绘图设
置】命令，打开【草图设置】对话框，如下图
所示。在【捕捉和栅格】选项卡中选中或取
消选中【启用捕捉】和【启用栅格】复选框。

(2) 设置捕捉和栅格参数

利用【草图设置】对话框中的【捕捉和栅格】选项卡,可以设置捕捉和栅格的相关参数,各选项的功能显示如下。

▶ 【启用捕捉】复选框:打开或关闭捕捉方式。选中该复选框,可以启用捕捉。

▶ 【捕捉间距】选项区域:设置捕捉间距、捕捉角度以及捕捉基点坐标。

▶ 【捕捉类型】选项区域:用于设置捕捉类型和样式,包括【栅格捕捉】和【PolarSnap (极轴捕捉)】两种。【栅格捕捉】单选按钮:选中该单选按钮,可以设置捕捉样式为栅格。当选中【矩形捕捉】单选按钮时,可以将捕捉样式设置为标准矩形捕捉模式,光标可以捕捉一个矩形栅格;当选中【等轴测捕捉】单选按钮时,可以将捕捉样式设置为等轴测捕捉模式,光标将捕捉一个等轴测栅格;在【捕捉间距】和【栅格间距】选项区域中可以设置相关参数。PolarSnap(极轴捕捉)单选按钮:选中该单选按钮,可以设置捕捉样式为极轴捕捉。此时,在启用极轴追踪或对象捕捉追踪的情况下指定点,光标将沿极轴角或对象捕捉追踪角度进行捕捉,这些角度是相对最后指定的点或最后获取的对象捕捉点计算的,并且在【极轴间距】选项区域中的【极轴距离】数值框中可以设置极轴捕捉间距。

矩形捕捉

等轴测捕捉

▶ 【启用栅格】复选框:打开或关闭栅格的显示。选中该复选框,可以启用栅格。

▶ 【栅格间距】选项区域:设置栅格间距。如果栅格的 X 轴和 Y 轴间距值为 0,则栅格采用捕捉 X 轴和 Y 轴间距的值。

▶ 【栅格行为】选项区域:用于设置【视觉样式】下栅格线的显示样式(三维线框除外)。其中【自适应栅格】复选框:用于限制缩放时栅格的密度;【允许以小于栅格间距的

间距再拆分】复选框:用于选择是否能够以小于栅格间距的间距来拆分栅格;【显示超出界限的栅格】复选框:用于确定是否显示图限之外的栅格;【遵循动态 UCS】复选框:遵循动态 UCS 的 XY 平面而改变栅格平面。

2. 使用 GRID 与 SNAP 命令

在 AutoCAD 2018 中,不仅可以通过【草图设置】对话框设置栅格和捕捉参数,还可以通过 GRID 与 SNAP 命令进行设置。

(1) 使用 GRID 命令

执行 GRID 命令时,命令行显示如下提示信息。

> 指定栅格间距(X)或[开(ON)/关(OFF)/捕捉(S)/主(M)/自适应(D)/界限(L)/跟随(F)/纵横向间距(A)]<10.0000>:

默认情况下,需要设置栅格间距值。该间距不能设置得太小,否则将导致图形模糊及屏幕重画太慢,甚至无法显示栅格。该命令行提示中其他选项的功能如下。

▶ 【开(ON)】/【关(OFF)】选项:打开或关闭当前栅格。

▶ 【捕捉(S)】选项:将栅格间距设置为由 SNAP 命令指定的捕捉间距。

▶ 【主(M)】选项:设置每个主栅格线的栅格分块数。

▶ 【自适应(D)】选项:设置是否允许以小于栅格间距的间距拆分栅格。

▶ 【界限(L)】选项:设置是否显示超出界限的栅格。

▶ 【跟随(F)】选项:设置是否跟随动态 UCS 的 XY 平面而改变栅格平面。

▶ 【纵横向间距(A)】选项:设置栅格的 X 轴和 Y 轴间距值。

(2) 使用 SNAP 命令

执行 SNAP 命令时,命令行显示如下提示信息。

指定捕捉间距或 [打开(ON)/关闭(OFF)/纵横向间距(A)/传统(L)/样式(S)/类型(T)] <10.0000>:

默认情况下，需要指定捕捉间距，并使用【打开(ON)】选项，以当前栅格的分辨率、旋转角和样式激活捕捉模式；使用【关闭(OFF)】选项，关闭捕捉模式，但保留当前设置。此外，该命令行提示中其他选项的功能如下。

▶ 【纵横向间距(A)】选项：在 X 和 Y 方向上指定不同的间距。如果当前捕捉模式为等轴测，则不能使用该选项。

▶ 【传统(L)】选项：指定【是】将导致旧行为，光标将始终捕捉到栅格；指定【否】将导致新行为，光标仅在操作正在进行时捕捉到栅格。

▶ 【样式(S)】选项：设置【捕捉】栅格的样式为【标准】或【等轴测】。【标准】样式显示与当前 UCS 的 XY 平面平行的矩形栅格，X 间距与 Y 间距可能不同。【等轴测】样式显示等轴测栅格，栅格点初始化为 30°和 150°角。等轴测捕捉可以旋转，但不能有不同的纵横向间距值。等轴测包括上等轴测平面(30°和 150°角)、左等轴测平面(90°和 150°角)和右等轴测平面(30°和 90°角)。

▶ 【类型(T)】选项：指定捕捉类型为极轴或栅格。

3. 使用正交模式

使用 ORTHO 命令，即可打开正交模式，用于控制是否以正交方式绘图。在正交模式下，可以方便地绘制出与当前 X 轴或 Y 轴平行的线段。打开或关闭正交方式有以下两种方法。

▶ 在 AutoCAD 程序窗口的状态栏中单击【正交模式】按钮。

▶ 按 F8 键打开或关闭正交模式。

打开正交模式功能后，输入的第 1 点是任意的，但当移动光标准备指定第 2 点时，引出的橡皮筋线已不再是这两点之间的连线，而是起点至光标十字线的垂直线中较长的那段线，此时单击，橡皮筋线即变为所绘直线。

2.5.4　使用对象捕捉功能

在绘图过程中，经常需要指定一些已有对象上的点，如端点、圆心和两个对象的交点等。如果只凭观察进行拾取，不可能非常准确地找到这些点。为此，AutoCAD 提供了对象捕捉功能，能够迅速、准确地捕捉到某些特殊点，从而精确地绘制图形。

1. 启用对象捕捉功能

在 AutoCAD 中，可以通过【对象捕捉】工具栏和【草图设置】对话框等方式来设置对象捕捉模式。

(1) 使用【对象捕捉】工具栏

在使用 AutoCAD 绘图时，当要求指定点时，单击【对象捕捉】工具栏中相应的特征点按钮，再把光标移至需要捕捉对象上的特征点附近，即可捕捉到相应的对象特征点。

(2) 使用自动对象捕捉模式

在绘图过程中，使用对象捕捉的频率非常高。为此，AutoCAD 2018 又提供了一种自动对象捕捉模式。

自动捕捉是指当把光标放在一个对象上时，系统自动捕捉到对象上所有符合条件的几何特征点，并显示相应的标记。如果把光标放在捕捉点上多停留一会，系统还会显示捕捉的提示。这样，在选择点之前，就可以方便地预览和确认捕捉点。

若要打开对象捕捉模式，可在【草图设置】对话框的【对象捕捉】选项卡中，选中【启用对象捕捉】复选框，然后在【对象捕捉模式】选项区域中选中相应复选框。

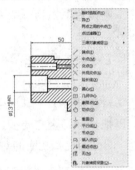

（3）对象捕捉快捷菜单

当要求指定点时，可以按下 Shift 键或者 Ctrl 键，右击，打开对象捕捉快捷菜单。选择需要的命令，再把光标移至需捕捉对象的特征点附近，即可捕捉到相应的对象特征点。

在对象捕捉快捷菜单中，【点过滤器】子命令中的各命令用于捕捉满足指定坐标条件的点。除此之外的其他各项都与【对象捕捉】工具栏中的各种捕捉模式相对应。

2. 运行和覆盖捕捉模式

在 AutoCAD 中，对象捕捉模式又可以分为运行捕捉模式和覆盖捕捉模式两种。

▶ 在【草图设置】对话框的【对象捕捉】选项卡中，将需要设置的对象捕捉模式选中（直到关闭【对象捕捉】功能为止），称为运行捕捉模式。

▶ 如果在点的命令行提示下输入关键字（如 MID、CEN 和 QUA 等），单击【对象捕捉】工具栏中的工具或在对象捕捉快捷菜单中选择相应命令，只临时打开捕捉模式，

称为覆盖捕捉模式，仅对本次捕捉点有效，在命令行中显示一个"于"标记。

若要打开或关闭运行捕捉模式，可以单击状态栏中的【对象捕捉】按钮。设置覆盖捕捉模式后，系统将暂时覆盖运行捕捉模式。

2.5.5　使用自动追踪功能

在 AutoCAD 中，自动追踪可按指定角度绘制对象，或者绘制与其他对象有特定关系的对象。自动追踪功能分为极轴追踪和对象捕捉追踪两种，是非常有用的辅助绘图工具。

1. 极轴追踪与对象捕捉追踪

极轴追踪是按事先给定的角度增量来追踪特征点，而对象捕捉追踪则是按与对象的某种特定关系来追踪，这种特定的关系确定了一个未知角度。也就是说，如果事先知道需要追踪的方向（角度），则使用极轴追踪；如果事先不知道具体的追踪方向（角度），但知道与其他对象的某种关系（如相交），则可以使用对象捕捉追踪。极轴追踪和对象捕捉追踪也可以同时使用。

极轴追踪功能可以在系统要求指定一个点时，按照预先设置的角度增量显示一条无限延伸的辅助线（此处是一条虚线），此时就可以沿辅助线追踪得到光标点。用户可以在【草图设置】对话框的【极轴追踪】选项卡中对极轴追踪和对象捕捉追踪进行设置。

【极轴追踪】选项卡中各选项的功能说明如下。

▶【启用极轴追踪】复选框：选中或取消选中该复选框，可以打开或关闭极轴追踪。也可以使用自动捕捉系统变量或按 F10 键来打开或关闭极轴追踪。

▶【极轴角设置】选项区域：用于设置极轴角度。在【增量角】下拉列表框中可以选择系统预设的角度，如果该下拉列表框中的角度不能满足需要，可以选中【附加角】复选框，然后单击【新建】按钮，在【附加角】列表中增加新角度。

▶【对象捕捉追踪设置】选项区域：用于设置对象捕捉追踪。选中【仅正交追踪】单选按钮，可以在启用对象捕捉追踪时，只显示获取的对象捕捉点的正交(水平/垂直)对象捕捉追踪路径；选中【用所有极轴角设置追踪】单选按钮，可以将极轴追踪设置应用到对象捕捉追踪。使用对象捕捉追踪时，光标将从获取的对象捕捉点起沿极轴对齐角度进行追踪。也可以使用系统变量 POLARMODE 对对象捕捉追踪进行设置。

▶【极轴角测量】选项区域：用于设置极轴追踪对齐角度的测量基准。其中，选中【绝对】单选按钮，可以基于当前用户坐标系(UCS)确定极轴追踪角度；选中【相对上一段】单选按钮，可以基于最后绘制的线段确定极轴追踪角度。

2. 使用临时追踪点和捕捉自功能

在【对象捕捉】工具栏中，还有两个非常有用的对象捕捉工具，即【临时追踪点】和【捕捉自】工具。这两种工具的功能说明如下。

▶【临时追踪点】工具 ⊶：可以在一次操作中创建多条追踪线，并根据这些追踪线确定所要定位的点。

▶【捕捉自】工具 ⌐：在使用相对坐标指定下一个应用点时，【捕捉自】工具可以提示输入基点，并将该点作为临时参照点，这与通过输入前缀@使用最后一个点作为参照点类似。该工具不是对象捕捉模式，但经常

与对象捕捉一起使用。

3. 使用自动追踪功能绘图

使用自动追踪功能能够快速而精确地定位点，在很大程度上提高了绘图效率。在 AutoCAD 2018 中，若要设置自动追踪功能选项，可以打开【选项】对话框，在【绘图】选项卡的【AutoTrack 设置】选项区域中进行设置，其各选项功能如下。

▶【显示极轴追踪矢量】复选框：设置是否显示极轴追踪的矢量数据。

▶【显示全屏追踪矢量】复选框：设置是否显示全屏追踪的矢量数据。

▶【显示自动追踪工具提示】复选框：设置在追踪特征点时是否显示工具栏上的相应按钮的提示文字。

2.5.6　显示快捷特性

AutoCAD 提供快捷特性功能，当用户选择对象时，即可显示快捷特性选项板，方便用户修改对象的属性。

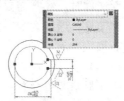

在【草图设置】对话框的【快捷特性】选项卡中，选中【选择时显示快捷特性选项板】复选框可以启用快捷特性功能。

【快捷特性】选项卡中其他各选项的功能如下。

▶ 【选项板显示】选项区域：可以设置显示所有对象的快捷特性选项板或显示已定义快捷特性的对象的快捷特性选项板。

▶ 【选项板位置】选项区域：可以设置快捷特性选项板的位置。选择【由光标位置决定】单选按钮，快捷特性选项板将根据【象限点】和【距离】的值显示在某个位置；选择【固定】单选按钮，快捷特性选项板将显示在上一次关闭时的位置。

▶ 【选项板行为】选项区域：可以设置快捷特性选项板显示的最小行数以及是否自动收拢。

2.5.7 提取对象上的几何信息

在创建图形对象时，系统不仅在屏幕上绘出该对象，同时还建立了关于该对象的一组数据，并将它们保存到图形数据库中。这些数据不仅包含对象的层、颜色和线型等信息，而且还包含对象的 X、Y、Z 坐标值等属性，如圆心或直线端点坐标等。在绘图操作或管理图形文件时，经常需要从各种图形对象获取各种信息。通过查询对象，可以从这些数据中获取大量有用的信息。

在 AutoCAD 中，用户可以在快速访问工具栏中选择【显示菜单栏】命令，在弹出的菜单中选择【工具】|【查询】菜单中的子命令，提取对象上的几何信息。

1. 获取距离和角度

在绘图过程中，如果按严格的尺寸输入，则绘出的图形对象具有严格的尺寸。但当采用在屏幕上拾取点的方式绘制图形时，一般当前图形对象的实际尺寸并不明显地反映出来。为此，AutoCAD 提供了对象上两点之间的距离和角度的查询命令 DIST。当在屏幕上拾取两个点时，DIST 命令返回两点之间的距离和在 XY 平面上的夹角。当用 DIST 命令查询对象的长度时，查询的是三维空间的距离，无论拾取的两个点是否在同一平面上，两点之间的距离总是基于三维空间的。使用 DIST 命令查询的最后一个距离值保存到系统变量中，如果需要查看该系统变量的当前值，可在命令行中输入 DISTANCE 命令。

例如，要查询坐标(100,100)和(200,200)之间的距离，可以在快速访问工具栏选择【显示菜单栏】命令，在弹出的菜单中选择【工具】|【查询】|【距离】命令，然后在命令提示下依次输入第一点坐标(100,100)和第二点坐标(200,200)，系统在命令行显示刚刚输入的两点之间的距离和在 XY 平面的角度。

点(100,100)到(200,200)之间的距离为141.4214，两点的连线与 X 轴正向夹角为45度，与 XY 平面的夹角为 0 度，这两点在 X 轴、Y 轴、Z 轴方向的增量分别为100、100和 0。

2. 获取区域信息

在快速访问工具栏选择【显示菜单栏】命令，在弹出的菜单中选择【工具】|【查询】|【面积】命令(AREA)，可以获取图形的面积和周长。

例如，要查询半径为 20 的圆的面积，可以在快速访问工具栏中选择【显示菜单栏】命令，在弹出的菜单中选择【工具】|【查询】|【面积】命令，然后在【指定第一个角点或[对象(O)/加(A)/减(S)]:】提示下输入 O。

列表显示命令还可以显示厚度未设置为 0 的对象厚度、对象在空间的高度(Z 坐标)和对象在 UCS 坐标中的延伸方向。

对某些类型的对象还增加了特殊信息，如对圆提供了直径、圆周长和面积信息，对直线提供了长度信息及在 XY 平面内的角度信息。为每种对象提供的信息都稍有差别，依具体对象而定。

例如，在(0,0)点绘制一个半径为 10 的圆，在快速访问工具栏中选择【显示菜单栏】命令，在弹出的菜单中选择【工具】|【查询】|【列表】命令，然后选择该圆，按 Enter 键后在【AutoCAD 文本窗口】中将显示相应的信息。

此时选择圆，将获取该圆的面积和周长。

3. 获取面域/质量特性

在 AutoCAD 中，用户还可以在快速访问工具栏选择【显示菜单栏】命令，在弹出的菜单中选择【工具】|【查询】|【面域/质量特性】命令(MASSPROP)，来获取图形的面域和质量特性。

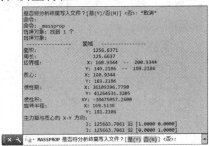

4. 列表显示对象信息

在快速访问工具栏中选择【显示菜单栏】命令，在弹出的菜单中选择【工具】|【查询】|【列表】命令(LIST)，可以显示选定对象的特性数据。该命令可以列出任意 AutoCAD 对象的信息，所返回的信息取决于选择的对象类型，但有些信息是常驻的。对每个对象始终都显示的一般信息包括：对象类型、对象所在的当前层和对象相对于当前用户坐标系(X,Y,Z)的空间位置。当一两个对象尚未设置成【随层】颜色和线型时，从显示信息中可以清楚地看出(若二者都设置为【随层】，则此条目不被记录)。

另外，列表显示命令还增加了特殊信息，

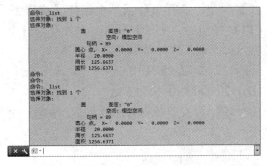

如果一个图形包含多个对象，要获得整个图形的数据信息，可以使用 DVLIST 命令。执行该命令后，系统将在文本窗口中显示当前图形中包含的每个对象的信息。该窗口出现对象信息时，系统将暂停运行。此时按 Enter 键继续输出，按 Esc 键取消。

5. 显示当前点坐标值

在 AutoCAD 中，在快速访问工具栏中选择【显示菜单栏】命令，在弹出的菜单中选择【工具】|【查询】|【点坐标】命令(ID)，可以显示图形中特定点的坐标值，也可以通过指定其坐标值可视化定位一个点。ID 命令的功能是，在屏幕上拾取一点，在命令行中显示拾取点的坐标值。这样可以使 AutoCAD 在系统变量 LASTPOINT 中保持跟踪在图形中拾取的最后一点。当使用 ID 命令拾取点时，该点保存到系统变量

LASTPOINT 中。在后续命令中，只需输入@即可调用该点。

【例2-8】使用 ID 命令显示当前拾取点的坐标值，并以该点为圆心绘制一个半径为 20 的圆。 视频

step 1 在快速访问工具栏中选择【显示菜单栏】命令，在弹出的菜单中选择【工具】|【查询】|【点坐标】命令。

step 2 在命令行提示下用鼠标在屏幕上拾取一个点，此时系统将显示该点的坐标。

step 3 在快速访问工具栏选择【显示菜单栏】命令，在弹出的菜单中选择【绘图】|【圆】|【圆心、半径】命令，并在命令行中输入@，调用刚才拾取的点作为圆心。

step 4 在【指定圆的半径或[直径(D)]<20.0000>:】提示下输入 20，然后按下Enter 键，即可以拾取的点为圆心，绘制一个半径为 20 的圆。

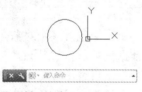

6. 获取时间信息

在快速访问工具栏中选择【显示菜单栏】命令，在弹出的菜单中选择【工具】|【查询】|【时间】命令(TIME)，可以在【AutoCAD文本窗口】中生成一个报告，显示当前日期和时间、图形创建的日期和时间、最后一次更新的日期和时间以及图形在编辑器中的累计时间。

7. 查询对象状态

【状态】是指关于绘图环境及系统状态等各种信息。在 AutoCAD 中，任何图形对象都包含许多信息。例如，图形包含对象的数量、图形名称、图形界限及其状态(开或闭)、图形的插入基点、捕捉和网格设置、操作空

间、当前图层、颜色、线型、标高和厚度、填充、栅格、正交、快速文字、捕捉和数字化仪的状态、对象捕捉模式、可用磁盘空间、内存可用空间、自由交换文件的空间等。了解这些状态数据，对于控制图形的绘制、显示、打印输出等都很有意义。

要了解对象包含的当前信息，可以在快速访问工具栏中选择【显示菜单栏】命令，在弹出的菜单中选择【工具】|【查询】|【状态】命令(STATUS)，这时在【AutoCAD 文本窗口】将显示图形的如下状态信息：

▶ 图形文件的路径、名称和包含的对象数。

▶ 模型空间或图纸空间的绘图界限、已利用的图形范围和显示范围。

▶ 插入基点。

▶ 捕捉间距和栅格点分布间距。

▶ 当前空间(模型或图纸)、当前图层、颜色、线型、线宽、基面标高和延伸厚度。

▶ 填充、栅格、正交、快速文字和数字化仪开关的当前设置。

▶ 对象捕捉的当前设置。

▶ 磁盘空间的使用情况。

【例2-9】查询下图所示图形对象的状态。

视频+素材 (素材文件\第02章\例2-9)

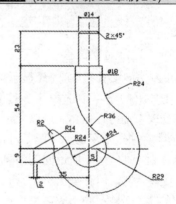

step 1 在快速访问工具栏中选择【显示菜单栏】命令，在弹出的菜单中选择【文件】|【打开】命令，打开图形。

step 2 在快速访问工具栏中选择【显示菜单栏】命令，在弹出的菜单中选择【工具】|【查询】|【状态】命令，系统将自动打开如

下图所示的窗口显示当前图形的状态。

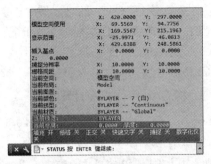

step 3 按下 Enter 键，继续显示文本，阅读完信息后，按下 F2 键返回到图形窗口。

8. 设置变量

在快速访问工具栏中选择【显示菜单栏】命令，在弹出的菜单中选择【工具】|【查询】|【设置变量】命令(SETVAR)，可以观察和修改 AutoCAD 的系统变量。在 AutoCAD 中，系统变量可以实现许多功能。例如，AREA 记录了最后一个面积；SNAPMODE 用于记录捕捉的状态；DWGNAME 用于保存当前文件的名字。

系统变量存储在 AutoCAD 的配置文件或图形文件中，或根本不存储。任何与绘图环境或编辑器相关的变量通常存于配置文件中，其他的变量一部分存于图形文件中，另一部分不存储。如果在配置文件中存储了一个特殊的变量，那么它的设置就会在一幅图中执行之后，在另外的图形中也会得到执行。如果变量存储在图形文件中，则它的当前值仅依赖于当前的图形文件。

2.5.8　使用【快速计算器】选项板

在 AutoCAD 2018 中，快速计算功能具备 CAL 命令的功能，能够进行数字计算、科学计算、单位转换和变量求值。

1. 数字计算器

AutoCAD 的【快速计算器】选项板具有基本计算器的计算功能。单击【菜单浏览器】按钮，在弹出的菜单中选择【工具】|【选项板】|【快速计算器】命令(QUICKCALC)，

或在【功能区】选项板中选择【默认】选项卡，在【实用工具】面板中单击【快速计算器】按钮，打开【快速计算器】选项板，展开【数字键区】和【科学】区域。此时的【快速计算器】选项板实际上就是一个计算器。

例如，要计算 $Sin(2^3-4)$ 的值，可以在表达式输入区域输入该表达式，或直接单击【数字键区】和【科学】区域对应的数字和函数来输入表达式，然后按下 Enter 键，即可得到计算结果。

2. 单位转换

在【快速计算器】选项板中，展开【单位转换】区域，可以对长度、质量和圆形单位进行转换。例如，要计算 2 米为多少英尺，可以在【快速计算器】选项板的【单位转换】区域中选择【单位类型】为长度，【转换自】为米，【转换到】为英尺，【要转换的值】为 2，然后单击【已转换的值】，即可显示转换结果。

3. 变量求值

在【快速计算器】选项板中，展开【变量】区域，可以使用函数对变量求值。例如，可以使用 dee 函数求两个端点之间的距离；使用 ille 函数求由 4 个端点定义的两条直线的交点；使用 mee 函数求两个端点之间的中点；使用 nee 函数求 XY 平面中两个端点的法向单位矢量；使用 vee 函数求两个端点之间的矢量；使用 veel 函数求两个端点之间的单位矢量。

此外，用户还可以单击【变量】标题栏上的【新建变量】按钮，打开【变量定义】对话框来定义变量，或单击【编辑变量】按钮，使用【变量定义】对话框编辑定义好的变量。

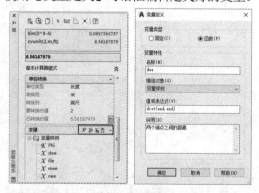

2.5.9 使用 CAL 命令计算值和点

CAL 是一个功能很强的三维计算器，可以完成数学表达式和矢量表达式(点、矢量和数值的组合)的计算。它被集成在绘图编辑器中。它的功能十分强大，除了包含标准的数学函数之外，还包含了一组专门用于计算点、

矢量和 AutoCAD 几何图形的函数。可以透明地在命令行执行 CAL 命令。例如，当用 CIRCLE 命令时会提示输入半径，此时便可以向 CAL 求助，来计算半径，而不用中断 CIRCLE 命令。

1. 将 CAL 用作桌面计算器

在 AutoCAD 中，可以使用 CAL 命令计算关于加、减、乘和除的数学表达式。

【例 2-10】使用CAL命令计算表达式 8/4+7。 视频

step① 在命令行中输入 CAL 命令，然后按下 Enter 键。

step② 在命令行提示下输入 8/4+7。

step③ 按下 Enter 键，即可显示表达式的计算结果。

命令: CAL
>> 表达式: 8/4+7
9

如果在命令行提示下直接输入 CAL 命令，则表达式的值就会显示到屏幕上。如果从某个 AutoCAD 命令中透明地执行 CAL，则所计算的结果将被解释为 AutoCAD 命令的一个输入值。

【例 2-11】绘制一个半径为 20/7(七分之二十)的圆。 视频

step① 在快速访问工具栏中选择【显示菜单栏】命令，在弹出的菜单中选择【圆】|【圆心、半径】命令，然后在命令行【指定圆的圆心或[三点(3P)/两点(2P)/相切、相切、半径(T)]:】提示下输入(0,0)。

step② 在命令行【指定圆的半径[直径(D)]:】提示下输入【'cal】，然后按下 Enter 键。

step③ 在命令行【CAL>>>>表达式:】提示下输入 20/7。

× ⚘ 🖩 - CAL >>>> 表达式: 20/7

step④ 此时，即可显示计算结果，并以该值为半径绘制圆。

CAL支持建立在科学/工程计算器之上的大多数标准函数。

与 AutoLISP 函数不同，CAL 要求按十进制来输入角度，并按此返回角度值。可以输入一个复杂的表达式，并用必要的圆括号结束，CAL 将按 AOS(代数运算体系)规划计算表达式。

2. 使用变量

与桌面计算器相似，可以把用 CAL 计算的结果存储到内存中。可以用数字、字母和其他除 "("、")"、";"、"""、";" 和空格之外的任何符号组合命名变量。

当 CAL 提示通过输入变量名来输入一个表达式时，其后跟上一个等号，然后是计算表达式。此时就建立了一个已命名的内存变量，并在其中输入了一个值。例如，为了在变量FRACTION 中储存7 被12 除的结果，可以使用下面的命令。

```
命令:cal
>>表达式:FRACTION=12/7
```

为了在 CAL 表达式中使用变量的值，可以简单地在表达式中给出变量名。例如，要利用 FRACTION 的值，并将其除以 2，可以使用下面的命令。

```
命令:cal
>>表达式:FRACTION=/2
```

如果要在 AutoCAD 命令提示或某个 AutoCAD 命令的某一项提示下给出变量值，则可以用感叹号【!】作为前缀直接输入变量名。例如，如果要把存于变量 FRACTION 中的值作为一个新圆的半径，则可在 CIRCLE 命令的半径提示下，输入 "!FRACTION"，如下所示。

指定圆的半径或[直径(D)]<2.8571>:!FRACTION

也可以利用变量值计算一个新值并代替原来的值。例如，如果要用 FRACTION 的值，将它用 2 除之后再存到 FRACTION 变量之中，可以使用以下命令。

```
命令:cal
>>表达式:FRACTION= FRACTION /2
```

3. 将 CAL 作为点和矢量计算器

点和矢量的表示都可以使用两个或三个实数的组合来表示(平面空间用两个实数，三维空间用三个实数来表示)。点用于定义空间中的位置，而矢量用于定义空间中的方向或位移。在 CAL 计算过程中，可以在计算表达式中使用点坐标。也可以用任何一种标准的 AutoCAD 格式来指定一个点，如下表所示，其中最普遍应用的是笛卡儿坐标和极坐标。

坐标类型	表示方式
笛卡儿	[X，Y，Z]
极坐标	[距离<角度]
相对坐标	用@作为前缀，如[@距离<角度]

在使用 CAL 时，必须把坐标用 "[ ]" 括起来。CAL 命令可以按如下方式对点进行标准的加、减、乘、除运算，如下表所示。

运算符	含　义
乘	数字×点坐标或点坐标×点坐标
除	点坐标/数字或点坐标/点坐标
加	点坐标+点坐标
减	点坐标-点坐标

包含点坐标的表达式也可以称为矢量表达式。在 AutoCAD 中，还可以通过求 X 和 Y 坐标的平均值来获得空间两点的中点坐标。

【例2-12】求点(5,4)和(2,8)的中点坐标。 视频

step 1 在命令行中输入 CAL 命令，按下 Enter 键。

step 2 在命令行【>>>>表达式:】提示下输入([5,4]+[2,8])/2，并按下 Enter 键。

step 3 此时，即可在命令上方显示如下图所示的中点坐标。

```
命令: CAL
>> 表达式: ([5,4]+[2,8])/2
3.5,6,0
```

4. 在 CAL 命令中使用捕捉模式

在 AutoCAD 中，不仅可以对孤立的点进行运算，还可以使用 AutoCAD 捕捉模式作为算术表达式的一部分。AutoCAD 提示选择对象并返回相应捕捉点的坐标。在算术表达式中使用捕捉模式大大简化了相对其他对象的坐标输入。

【例 2-13】计算下图所示图形中两个圆心的中点坐标。 视频

step 1 在快速访问工具栏中选择【显示菜单栏】命令，在弹出的菜单中选择【文件】|【打开】命令，打开图形。

step 2 在命令行中输入 CAL 命令，然后按下 Enter 键。

step 3 在命令行【>>>>表达式:】提示下输入(cur+cur)/2，然后按下 Enter 键。

step 4 在命令行【>>>>输入点:】提示下输入 cen，并按下 Enter 键。

step 5 在命令行【CAL 于】提示下拾取小圆的圆心，捕捉对象。

step 6 在命令行【>>>>输入点:】提示下输入 cen，并按下 Enter 键。

step 7 在命令行【CAL 于】提示下拾取大圆的圆心，捕捉对象即可显示中点坐标。

也可以通过输入下表所示 CAL 函数(而不是 CUR)，把对象捕捉包含到表达式之中。

CAL 函数	等价的对象捕捉模式
end	Endpoint(端点)
ins	Insert(插入点)
int	Intersection(交点)
mid	Midpoint(中点)
cen	Center(圆心)
nea	Nearest(最近点)
nod	Node(节点)
qua	Quadrant(象限点)
per	Perpendicular(垂足)
tan	Tangent(切点)

下面再用一个实例说明。

【例 2-14】以图形中的两圆心间的中点为圆心，绘制一个半径为 20 的圆。 视频

step 1 在命令行中输入 CIRCLE 命令，然后按下 Enter 键。

step 2 在命令行【指定圆的圆心或[三点(3P)/两点(2P)/相切、相切、半径(T)]:】提示下输入'cal，然后按下 Enter 键。

step 3 在命令行【>>>>表达式:】提示下输入(cen+cen)/2，然后按下 Enter 键。

step 4 在命令行【>>>>选择图元用于 CEN 捕捉:】提示下拾取小圆。

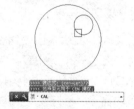

step 5 在命令行【>>>>选择图元用于 CEN 捕捉:】提示下拾取大圆。

step 6 在命令行【指定圆的半径或[直径(D)]<20.0000>:】提示下输入 20，然后按下 Enter 键，即可绘制如下图所示的圆。

5. 使用 CAL 命令获取坐标点

AutoCAD 的 CAL 命令还提供了一系列函数用于获取坐标点，如下所示。

➤ W2u(P1)：将世界坐标系中表示的点 P1 转换到当前用户坐标系中。

➤ U2w(P1)：将当前用户坐标系中表示的点 P1 转换到世界坐标系中。

➤ Ill(P1,P2,P3,P4)：返回由 (P1,P2) 和 (P3,P4) 确定的两条直线的交点。

➤ Ille：返回由 4 个端点定义的两条直线的交点，是 ill(cen,end,cen,end) 的简化形式。

➤ Mee：返回两个端点间的中点。

➤ Pld(P1,P2,DIST)：返回直线 (P1,P2) 上距离 P1 为 DIST 的点。当 DIST=0 时，返回 P1，当 DIST 为负值时，返回的点将位于 P1 之前；如果 DIST 等于 (P1，P2) 间的距离，则返回 P2；如果 DIST 大于 (P1,P2) 间的距离，则返回点落在 P2 之后。

➤ Plt(P1,P2,T)：返回直线 (P1,P2) 上距离 P1 为一个 T 的点。T 是从 P1 到所求点的距离与 P1、P2 间距的比值。当 T=0 时，返回 P1；当 T=1 时，返回 P2；如果 T 为负值，则返回点位于 P1 之前；如果 T 大于 1，则返回点位于 P2 之后。

➤ Rot(P,Origin,Ang)：绕经过点 Origin 的 Z 轴旋转点 P，转角为 Ang。

➤ Rot(P,AxP1,AxP2,Ang)：以直线 (AxP1, AxP2) 为旋转点 P，转角为 Ang。

此外，还可以在表达式中使用 @ 字符来获得 CAL 计算得到的最后一个点的坐标。

2.6　案例演练

本章的案例演练将介绍使用 AutoCAD 绘制一个六角螺栓和窗户图形的方法，用户可以通过实例操作巩固所学的知识。

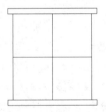

【例 2-15】绘制一个六角螺栓。 视频

step 1 新建一个图形文件，在状态栏中单击【动态输入】按钮，启用动态输入。

动态输入

step 2 在命令行中输入 C，按下 Enter 键。

step 3 在命令行提示下输入 (15,15)，以 (15,15) 为圆心绘制一个半径为 10 的圆。

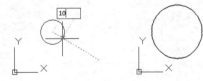

step 4 在命令行提示下输入 POL，按下 Enter 键，执行【多边形】命令，以坐标 (15,15) 为中心点，绘制正六边形 (半径为 10)。

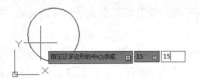

step 5 在命令行中输入 C，按下 Enter 键，捕捉半径为 10 的圆的圆心，绘制一个半径为 5 的圆。

step 6 在命令行中输入 A，按下 Enter 键，执行【圆弧】命令，以坐标(15,15)为圆心，绘制角度为 270° 的圆弧。

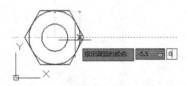

【例 2-16】 绘制一个窗户图形。🔴📹视频

step 1 在命令行输入 REC 后按下 Enter 键，执行【矩形】命令。

step 2 在绘图窗口内单击，指定第一个角点坐标为绘图区内任意一点，然后在命令行中输入第二个角点相对坐标为(@1700,100)。

step 3 选择【工具】|【绘图设置】命令，打开【草图设置】对话框，选中【对象捕捉】选项卡，启动对象捕捉，打开【端点】捕捉。

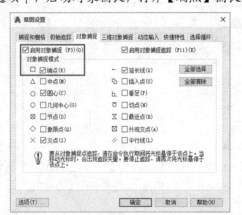

step 4 单击【确定】按钮，关闭【草图设置】对话框。在命令行中输入 REC 后按下 Enter

键继续执行【矩形】命令，使用相对点法确定矩形的第一个角点，在命令行提示下执行以下操作。

命令: _rectang
指定第一个角点或 [倒角(C)/标高(E)/圆角(F)/厚度(T)/宽度(W)]: from
基点:

step 5 在命令行提示下，捕捉下图中的 A 点为基点。在命令行中执行以下操作。

<偏移>: @100,0
指定另一个角点或 [面积(A)/尺寸(D)/旋转(R)]: @750,800

step 6 继续执行【矩形】命令，捕捉下图中的端点 B 为第一个角点，第二个角点相对坐标是((@750,800)，绘制右下窗格。

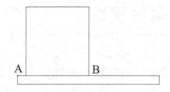

step 7 继续执行【矩形】命令，分别捕捉步骤 6 绘制的矩形的上方左右两个端点为第一个角点，第二个角点相对坐标是((@750,800)，绘制上部分窗格。

step 8 继续执行【矩形】命令，使用相对点法单击确定矩形的第一个角点为端点 C，如下图所示。

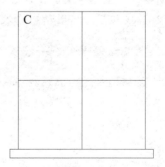

step 9 在命令行中输入相对偏移坐标为((@-100,0)，第二个角点为((@1700,100)，完成窗户的绘制。

第3章

操作图形文件

AutoCAD 与其他程序一样，在进行绘图操作之前，首先需要掌握对图形文件的操作，包括创建、打开和保存图形，修复与恢复可能损坏的图像文件等。

 **本章对应视频**

例 3-1 使用向导创建图形　　　　例 3-4 调用打印设置
例 3-2 以【局部打开】方式打开图形　　例 3-5 创建 DWF 文件
例 3-3 保存打印设置　　　　　　例 3-6 将图形压缩为 ZIP 文件

3.1 创建图形

使用 AutoCAD 创建新图形的方法有很多种，包括从头开始创建图形或使用样板文件创建图形。无论采取哪种方法，都可以设置图形测量单位和其他单位格式。

在快速访问工具栏中单击【新建】按钮，或单击【菜单浏览器】按钮，在弹出的菜单中选择【新建】|【图形】命令，然后在打开的【选择样板】对话框中保持默认设置并单击【打开】按钮，即可创建图形文件。

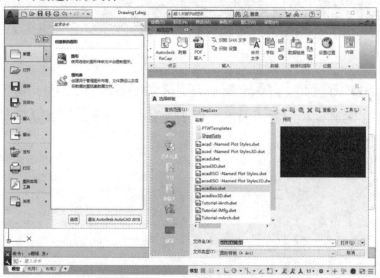

通过菜单浏览器快速创建图形文件

3.1.1 使用样板文件创建图形

样板文件通常除了包含与绘图相关的一些通用设置，如图层、线型、文字样式、尺寸标注样式等以外，还可能包括一些通用图形对象，如标题栏、图幅框等。在上图所示的【选择样板】对话框中利用样板创建新图形，可以避免每当绘制新图形时要进行的有关绘图设置、绘制相同图形对象这样的重复操作，不仅提高了绘图效率，而且还保证了图形的一致性。

在【选择样板】对话框中，可以在样板列表框中选择某一个样板文件，此时在对话框右侧的【预览】框中将显示样板的预览图像，单击【打开】按钮，可以将选中的样板文件作为样板来创建新图形。

样板预览

3.1.2 使用向导创建图形

在 AutoCAD 2018 中，如果需要建立自定义的图形文件，可以利用向导来创建新的图形文件。

【例 3-1】以英制为单位，以小数为测量单位，其精度为 0.0，十进制度数的精度为 0.00。以顺时针为角度的测量方向，以 A1 图纸的幅面作为全比例单位表示的区域，创建一个新图形文件。 🔘视频

step❶　在命令行输入 STARTUP，然后按下 Enter 键。

step❷　在命令行的【输入 STARTUP 的新值 <0>:】提示下输入 1，然后按下 Enter 键。

step❸　在快速访问工具栏中单击【新建】按钮，打开【创建新图形】对话框。选择【英制】单选按钮。

step❹　单击【使用向导】按钮，打开【选择向导】列表框。然后选择【高级设置】选项，并单击【确定】按钮。

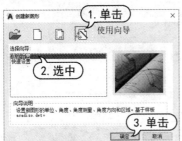

step❺　打开【高级设置】对话框，选择【小数】单选按钮。然后在【精度】下拉列表中选择 0.0。

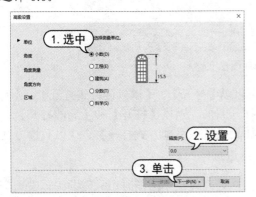

step❻　单击【下一步】按钮，打开【角度】选项区域。选择【十进制度数】单选按钮，并在【精度】下拉列表框中选中 0.00 选项。

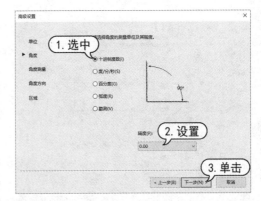

step❼　单击【下一步】按钮，打开【角度测量】选项区域，使用默认设置。

step❽　单击【下一步】按钮，在打开的【角度方向】选项区域中选中【顺时针】单选按钮，设置角度测量的方向。

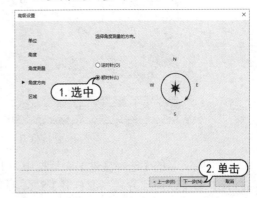

step❾　单击【下一步】按钮，打开【区域】选项区域。在【宽度】数值框中输入 420，在【长度】数值框中输入 297。

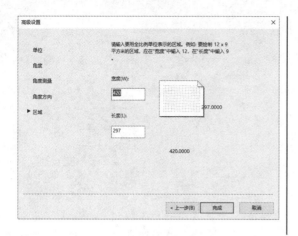

step 10 完成以上设置后，单击【完成】按钮，即可完成创建图形文件的操作。

使用向导创建的图形文件

3.2 打开图形

在 AutoCAD 中，用户可以使用多种方式打开图形。在快速访问工具栏中单击【打开】按钮，或单击【菜单浏览器】按钮，在弹出的菜单中选择【打开】|【图形】命令，此时，将打开如下图所示的【选择文件】对话框。

直接打开 AutoCAD 图形文件

在上图所示的【选择文件】对话框中，用户可以以【打开】、【以只读方式打开】、【局部打开】和【以局部方式局部打开】这 4 种方式打开图形。当以【打开】和【局部打开】方式打开图形时，可以对打开的图形进行编辑，而如果以【以只读方式打开】、【以只读方式局部打开】方式打开图形时，则无法对打开的图形进行编辑。

3.2.1 局部打开图形

在使用较大的图形时，用户可以通过仅打开要使用的视图和图层来提高性能。例

如，处理建筑平面图时，只需要编辑某一个房间内的区域，可以通过指定预定义的视图来加载这个绘图区域。如果只需要编辑房间中的几个测绘数字，那么可以只加载特定图

层上的几何图形。

【例3-2】以"局部打开"方式打开图形中的一部分。

🔵视频+素材　(素材文件\第 03 章\例 3-2)

step 1 在快速访问工具栏中单击【打开】按钮⃗，打开【选择文件】对话框，选中一个图形文件，单击【打开】按钮右侧的倒三角按钮▼，在弹出的列表中选择【局部打开】选项。

单击

step 2 打开【局部打开】对话框，在【要加载几何图形的图层】列表中选择要打开的图层后，单击【打开】按钮即可。

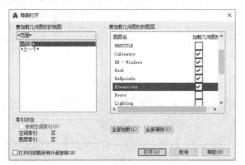

step 3 此时，AutoCAD 将打开指定的图层，并在文件标签上显示"局部打开"字样。

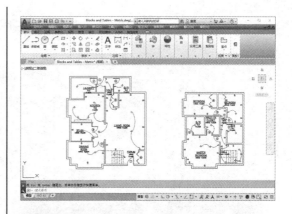

3.2.2　以只读方式打开图形

在【选择文件】对话框中选中一个图形文件，单击【打开】按钮右侧的倒三角按钮▼，在弹出的列表中选择【以只读方式打开】选项，文件将以只读方式打开。此时，虽然可以对图形执行编辑操作，但编辑后的图形不能直接以原文件名保存，可另存为其他名称的图形文件。

3.2.3　以只读方式局部打开图形

在【选择文件】对话框中选中一个图形文件，单击【打开】按钮右侧的倒三角按钮▼，在弹出的列表中选择【以只读方式局部打开】选项，将打开【局部打开】对话框提示用户选择需要打开的图层，并且在图形被局部打开后，无法保存为原文件名，只能另存为其他名称的图形文件。

3.3　保存图形

在 AutoCAD 中，用户可以使用多种方式将所绘图形以文件形式存入磁盘。例如，在快速访问工具栏中单击【保存】按钮🖫，或单击【菜单浏览器】按钮🅰，在弹出的菜单中选择【保存】命令，以当前使用的文件名保存图形；也可以单击【菜单浏览器】按钮🅰，在弹出的菜单中选择【另存为】|【图形】命令，打开如下图所示的【图形另存为】对话框将当前图形以新的名称保存。

打开【图形另存为】对话框保存图形

在 AutoCAD 中第一次保存创建的图形时，系统将打开【图形另存为】对话框。默认情况下，文件以【AutoCAD 2018 图形(*.dwg)】格式保存，也可以在【文件类型】下拉列表框中选择其他格式。

3.4 修复图形

在 AutoCAD 中，文件损坏后，可以通过命令查找并更正错误来修复部分或全部数据。出现错误时，诊断信息将记录在 acad.err 文件中，这样用户就可以使用该文件报告出现的问题。

如果在图形文件中检测到损坏的数据或者用户在程序发生故障后要求保存图形，那么该图形文件将标记为已损坏。如果只是轻微损坏，有时只需打开图形便可以修复它。要修复损坏的文件，可以在快速访问工具栏中选择【显示菜单栏】命令，在弹出的菜单中选择【文件】|【图形实用工具】|【修复】命令，可以打开【选择文件】对话框。从中选择一个需要修复的图形文件，并单击【打开】按钮即可。

此时，AutoCAD 将尝试打开图形文件，并在打开的对话框中显示核查结果。

3.5 恢复图形

备份文件有助于确保图形数据的安全。计算机硬件问题、电源故障或电压波动、用户操作不当或软件问题均会导致图形中出现错误。出现问题时，用户可以恢复图形的备份文件。

在快速访问工具栏中选择【显示菜单栏】命令，在显示的菜单中选择【工具】|【选项】命令(OPTIONS)，打开【选项】对话框。选择【打开和保存】选项卡，在【文件安全措施】选项区域中选择【每次保存时均创建备份副本】复选框，就可以指定在保存图形时创建备份文件。执行此次操作后，每次保存图形时，图形的备份文件将保存为具有相同名称并带有扩展名.bak 的文件。该备份文件与图形文件位于同一个文件夹中。

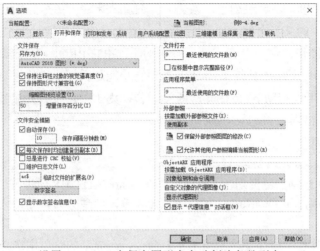

设置 AutoCAD 在保存图形中自动创建备份副本

通过将 Windows 资源管理器中的.bak 文件重命名为带有.dwg 扩展名的文件，可以恢复为备份版本。需要将其复制到另一个文件夹中，以免覆盖原始文件。

如果在【打开和保存】选项卡的【文件安全措施】选项区域中选择了【自动保存】复选框，将以指定的时间间隔保存图形。默认情况下，系统为自动保存的文件临时指定名称为 filename_a_b_nnnn.sv$。

➤ filename 为当前图形文件名。

➤ a 为在同一工作任务中打开同一图形实例的次数。

➤ b 为在不同工作任务中打开同一图形实例的次数。

➤ nnnn 为随机数字。

这些临时文件在图形正常关闭时自动删除。出现程序故障或电压故障时，不会删除这些文件。要从自动保存的文件恢复图形文件，可以通过使用扩展名.dwg 代替扩展名.sv$来重命名文件，然后再关闭程序。

如果由于系统原因(如断电)，而导致程序意外终止时，可以恢复已打开的图形文件。程序出现故障，可以将当前文件保存为其他文件。此文件使用的格式为 DrawingFileName_recover.dwg，其中，DrawingFileName 为当前图形的文件名。

程序或系统出现故障后，【图形修复管理器】选项板将在下次启动 AutoCAD 时打开，并显示所有打开的图形文件列表，包括图形文件(DWG)、图形样板文件(DWT)和图形标准文件(DWS)。

对于每个图形，用户都可以打开并选择以下文件(如果文件存在)：

➤ DrawingFileName_recover.dwg

➤ DrawingFileName_a_b_nnnn.sv$

➤ DrawingFileName.dwg

➤ DrawingFileName.bak

图形文件、备份文件和修复文件将按其

时间戳记(上次保存的时间)顺序列出。双击【备份文件】列表中的某个文件，如果能够修复，将自动修复图形。

另外，程序出现问题并意外关闭后，用户发送错误报告可以帮助 Autodesk 诊断软件出现的问题。错误报告包括出现错误时系统状态的信息。也可以添加其他信息(例如，出现错误时用户需要执行的操作)。REPORTERROR 系统变量用于控制错误报告功能是否打开，其值为 0 可以关闭错误报告，为 1 时可以打开错误报告。

3.6 输出图形

使用 AutoCAD 绘制的图形对象，不仅可以在 AutoCAD 2018 中进行编辑，还可以通过其他图形软件进行处理，如 Photoshop、CorelDRAW 等，但是必须将图形输出为其他软件能够识别的文件格式。

在快速访问工具栏中选择【显示菜单栏】命令，在显示的菜单中选择【文件】|【输出】命令，或者单击【菜单浏览器】按钮A，在弹出的菜单中选择【输出】|【其他格式】命令，将打开下图所示的【输出数据】对话框，在该对话框的【文件类型】下拉列表中选择要输出的文件格式，单击【保存】按钮，即可将图形文件输出为指定的图形文件格式。

将当前图形文件输出为其他图形格式

3.7 打印图形

完成图形的绘制并设置图形的页面输出格式后，用户可以根据需要打印图形。使用打印机打印图形时，首先应选择打印机，然后再设置打印参数，才能更快、更好地打印出满意的图纸。

在快速访问工具栏中单击【打印】按钮，或单击【菜单浏览器】按钮A，在弹出的菜单中选择【文件】|【打印】命令，可以打开如下图所示的【打印-模型】对话框，对打印参数的设置基本上都是在这个对话框中进行的。

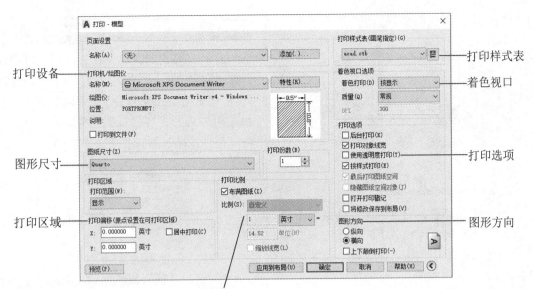

打印样式表

着色视口

打印选项

图形方向

打印设备

图形尺寸

打印区域

打印比例

3.7.1　选择打印设备

　　要将图形打印到图纸上，首先应安装打印机，然后在【打印-模型】对话框的【打印机/绘图仪】选项区域中单击【名称】下拉按钮，在弹出的列表中即可进行打印设备的选择。

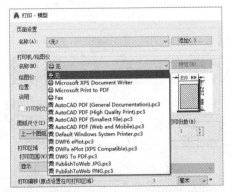

3.7.2　指定打印样式表

　　打印样式表用于修改图形的外观，修改打印样式表可以改变对象输出的颜色、线型或线宽等特性。

　　在【打印-模型】对话框的【打印样式表】选项区域中的下拉列表框中选择要使用的打印样式表，即可指定打印样式表。

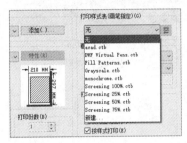

　　在【打印-模型】对话框中单击【打印样式表】选项区域中的【编辑】按钮，可以打开下图所示的【打印样式表编辑器】对话框，从中可以查看或修改当前指定的打印样式表。

3.7.3　选择图纸

　　图纸纸型是指用于打印图形的纸张大小，在【打印-模型】对话框的【图纸大小】

下拉列表中可以选择图纸的纸型。

不同的打印设备支持的图纸纸型也不相同,所以选择的打印设备不同,在该下拉列表框中的选择也不相同,但是,一般都支持 A4 和 B5 等标准纸型。

3.7.4 控制出图比例

在【打印-模型】对话框的【打印比例】选项区域中,可以设置图形输出时的打印比例。

打印比例主要用于控制图形单位与打印单位之间的相对尺寸。【打印比例】选项区域中各个选项的功能说明如下。

▶ 布满图纸:选中该复选框,可以缩放打印图形以布满所选图纸尺寸。

▶ 比例:用于定义打印的比例。

▶ 毫米:指定与单位数等价的英寸数、毫米数或像素数。当前所选图纸尺寸决定单位是英寸、毫米还是像素。

▶ 单位:指定与英寸数、毫米数或像素数等价的单位数。

▶ 缩放线宽:与打印比例或成正比缩放线宽。这时可指定打印对象的线宽并按该尺寸打印而不考虑打印比例。

3.7.5 设置打印区域

在打印图形时,必须设置图形的打印区域,才能更准确地打印指定的图形,在【打印-区域】选项区域的【打印范围】下拉列表框中可以选择打印区域的类型。

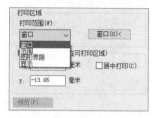

其中,各选项的功能说明如下。

▶ 窗口:选择该选项后,将返回绘图区指定要打印的窗口,在绘图区域中绘制一个矩形框,选择打印区域后返回【打印-模型】对话框,同时右侧将显示【窗口】按钮,单击该按钮可以返回绘图区域重新选择打印区域。

▶ 范围:选择该选项后,在打印图形时,将打印出当前空间内的所有图形对象。

▶ 图形界限:选择该选项,打印时只会打印绘制的图形界限内的所有对象。

▶ 显示:打印模型空间当前视口中的视图或布局空间中当前图纸空间视图的对象。

3.7.6 设置图形打印方向

打印方向指的是图形在图纸上打印时的方向,如横向和纵向等,在【图形方向】选项区域中即可设置图形的打印方向。

该选项区域中各选项的功能说明如下。

▶ 纵向:选中该单选按钮,将图纸的短边作为图形页面的顶部进行打印。

▶ 横向:选中该单选按钮,将图纸的长边作为图形页面的顶部进行打印。

▶ 上下颠倒打印:选中该复选框,将图形在图纸上倒置进行打印,相当于将图形旋转 180° 后再进行打印。

3.7.7 设置打印偏移

在【打印-模型】对话框中的【打印偏移】选项区域可以对打印时图形位于图纸的位置进行设置，包括相对于 X 轴或 Y 轴方向的设置，也可以将图形进行居中打印。

该选项区域中各选项的功能说明如下。

▶ X：指定打印原点在 X 轴方向的偏移量。

▶ Y：指定打印原点在 Y 轴方向的偏移量。

▶ 居中打印：选中该复选框后，将图形打印到图纸的正中间，系统自动计算出 X 和 Y 偏移量。

3.7.8 设置着色视口选项

如果要将着色后的三维模型打印到纸张上，需要在【打印-模型】对话框的【着色视口选项】选项区域中进行设置。

3.7.9 打印预览

在 AutoCAD 菜单栏中选择【文件】|【打印预览】命令，可以打开如下图所示的打印预览界面。

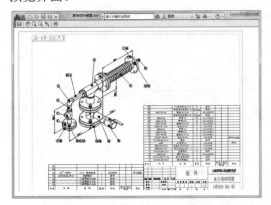

在打印预览窗口中，光标变成了带有加号和减号的放大镜状，向上拖动光标可以放大图像，向下拖动光标可以缩小图像。要结束全部的预览操作，可直接按 Esc 键。

3.7.10 执行打印

在【打印-模型】对话框中对打印的各种参数进行设置后，在【打印份数】文本框中输入图纸的打印份数，然后单击【确定】按钮，AutoCAD 将开始输出图形，并动态显示打印进度。

如果图形输出时出现错误或要中断打印，可以按下 Esc 键，终止图形输出。

3.7.11 保存与调用打印设置

如果要使用相同的打印参数打印多个图形文件，用户可以在设置一次打印参数后，将其保存到文件中，在打印其他图形文件时，再调用即可。

1. 保存打印设置

打印设置完成后可以将其进行保存，方便以后调用。

【例 3-3】以"建筑制图"为名创建打印样式，并对其进行保存。 视频

step 1 选择【文件】|【打印】命令，打开【打印-模型】对话框，在【页面设置】选项区域中单击【添加】按钮。

step 2 打开【添加页面设置】对话框，在【新页面设置名】文本框中输入"建筑制图"，然后单击【确定】按钮。

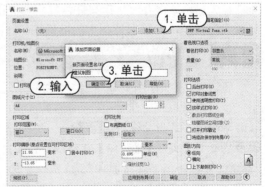

step 3 返回【打印-模型】对话框，单击【确定】按钮，返回绘图区域并打印图形，打印

参数将会随图形一起进行保存。

2. 调用打印设置

对打印参数进行保存后，在其他图形文件中要打印类似的图形对象时，可以调用该打印参数，从而免去重复设置打印参数的麻烦。

【例3-4】调用"建筑制图"打印参数。 视频

step① 选择【文件】|【页面设置管理器】命令，打开【页面设置管理器】对话框，单击【输入】按钮。

step② 打开【从文件选择页面设置】对话框，选择保存"建筑制图"打印参数的图形文件，单击【打开】按钮。

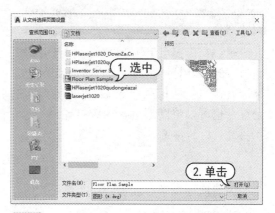

step③ 打开【输入页面设置】对话框，单击【确定】按钮，返回【页面设置管理器】对话框，单击【关闭】按钮即可。

3.8 发布图形

目前，国际上通常采用 DWF(Drawing Web Format，图形网络格式)图形文件格式。DWF文件可在任何装有网络浏览器和 Autodesk WHIP！插件的计算机中打开、查看和输出。

DWF 文件支持图形文件的实时移动和缩放，并支持控制图层、命名视图和嵌入链接显示效果。DWF 文件是矢量压缩格式的文件，可提高图形文件打开和传输的速度，缩短下载时间。以矢量格式保存 DWF 文件，完整地保留了打印输出属性和超链接信息，并且在进行局部放大时，基本能够保持图形的准确性。

3.8.1 输出 DWF 文件

要将 AutoCAD 图形输出为 DWF 文件，用户可以参考以下方法。

【例3-5】创建 DWF 文件。 视频

step① 选择【文件】|【打印】命令，打开【打印-模型】对话框，在【打印机/绘图仪】选项区域单击【名称】按钮，在弹出的列表中选择 DWF6 ePlot.pc3 选项。

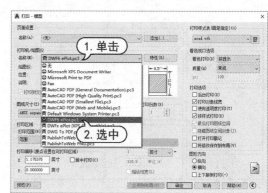

step 2 单击【确定】按钮，在打开的【浏览打印文件】对话框中设置 ePlot 文件的名称和路径。

step 3 单击【保存】按钮，在【输出为 DWF/PDF】组中单击【输出】按钮，在弹出的列表中选择 DWF 选项。

step 4 打开【另存为 DWF】对话框，设置文件的输出路径和名称，单击【保存】按钮即可。

在 AutoCAD 中输出 DWF 文件时应注意以下几点。

➤ 只有在 DWF ePlot.pc3 输出配置中包含【图层信息选项】选项时，才可以包含【图层】控制。

➤ 在创建 DWF 文件时，只可把当前用户坐标系下的命名视图写入 DWF 文件，任何在非当前用户坐标系下创建的命名视图均不能写入 DWF 文件。

➤ 在模型空间输出 DWF 文件时，只能把模型空间下命名的视图写入 DWF 文件。

➤ 在图纸空间输出 DWF 文件时，只能把图纸空间下命名的视图写入 DWF 文件。

➤ 如果命名视图在 DWF 文件输出范围之外，则在此 DWF 文件中将不包含此命名视图。

➤ 如果命名视图中的一部分包含在 DWF 范围之内，则只有包含在 DWF 范围内的命名视图可见。

3.8.2 使用浏览器浏览DWF文件

用户在操作系统中安装了4.0以上版本的WHIP!插件和浏览器，则可以在Internet Explorer或Netscape Communicator浏览器中查看DWF文件。如果DWF文件包含图层和命名视图，还可以在浏览器中控制其显示特征。

3.9 维护图形中的标准

在绘制复杂图形时，如果绘制图形的所有成员都遵循一个共同的标准，那么在绘制图形中的协调工作变得十分容易。例如，当创建了图层的名称、标注的样式和其他要素标准后，所有绘图员就可以按这些标准来检查图形，并改变与这些标准不一致的属性。

CAD 标准其实就是为命名对象(如图层和文本样式)定义了一个公共特性集。所有用户在绘制图形时都应严格按照约定来创建、修改、应用 AutoCAD 图形。可以依据图形中使用的命名对象来创建 CAD 标准，如图层、文本样式等。

在定义了一个标准后，用户可以以样板文件的形式存储该标准，并能够将一个标准文件与多个图形文件相关联，从而检查 CAD 图形文件是否与标准文件一致。

当以 CAD 标准文件来检查图形文件是否符合标准时，图形文件中所有的命名对象都会被检查到。如果在确定一个对象时使用了非标准文件中的名称，那么这个非标准的对象将会被清除出当前图形。任何一个非标准对象都将会被转换成标准对象。

3.9.1 创建 CAD 标准文件

在 AutoCAD 中，要创建 CAD 标准文件，先要创建一个定义有图层、标注样式、线型和文本样式的文件，然后以样板的形式存储起来。CAD 标准文件的扩展名为.dws。创建了一个具有上述条件的图形文件后，如果要以该文件作为标准文件，可以在菜单栏中选择【文件】|【另存为】命令，打开【图形另存为】对话框，在【文件类型】下拉列表中选择【AutoCAD 图形标准(*.dwg)】选项，然后单击【保存】按钮，这时就会生成一个和当前图形文件同名，扩展名为 DWS 的标准文件。

3.9.2 关联标准文件

在使用 CAD 标准文件检查图形文件之

前，应该将该图形文件与标准文件关联起来。此时，要把被检查的图形文件作为当前图形，然后在菜单中选择【工具】|【CAD 标准】|【配置】命令，打开【配置标准】对话框。

在【配置标准】对话框中包括【标准】和【插件】两个选项卡。如果当前还没有建立关联，在【标准】选项卡的【与当前图形关联的标准文件】列表将是空白的。要选择和当前图形建立关联的标准文件，可以单击【添加标准文件】按钮，打开【选择标准文件】对话框。然后选择一个 CAD 标准文件，单击【打开】按钮即可将其添加到【配置标准】对话框中。

重复以上操作，用户还可以在【配置标准】对话框中加载更多的 CAD 标准文件。

此外，在【配置标准】对话框的【标准】选项卡中，用户还可以单击【上移】按钮，上移列表中选定的 CAD 标准文件，单击【下移】按钮下移在列表中选定的 CAD 标准文件，单击【删除】按钮删除列表中选中的 CAD 标准文件。

3.9.3 检查标准文件

在【配置标准】对话框中，用户可以单击【检查标准】按钮，或在菜单栏中选择【工具】|【CAD 标准】|【检查】命令，使用 CAD 标准检查图形，此时 AutoCAD 将打开【检查标准】对话框。

该对话框中主要选项的功能说明如下。

▶ 【问题】列表：显示检查的结果，实际上是当前图形中非标准的对象。单击【下一个】按钮后，该列表将显示一个非标准的对象。

▶ 【替换为】列表：显示 CAD 标准文件中所有的对象，用户可以从中选择取代在【问题】列表中出现的有问题的非标准对象，单击【修复】按钮即可进行修复。

▶ 【预览修改】列表：显示将要被改变的非标准对象的特性。单击【修复】按钮后，该列表将会发生变化。

▶ 【将此问题标记为忽略】复选框：选中该复选框，可以忽略出现的问题。

▶ 【设置】按钮：单击该按钮，可以打开【CAD 标准设置】对话框，在该对话框中可以设置通知方式和检查标准，包括自动修正非标准的特性，是否显示已忽略的问题，设置默认的 CAD 标准文件等。

3.10 案例演练

本章的案例演练部分将使用 AutoCAD 打开起重机图形，并使用"电子传递"功能将图形与图形相关联的附属文件压缩成.zip 文件。

【例 3-6】在 AutoCAD 中打开下图所示的图形,将其压缩为 zip 文件,然后使用【打印】功能,将图形打印输出。

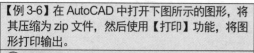

视频+素材 (素材文件\第 03 章\例 3-6)

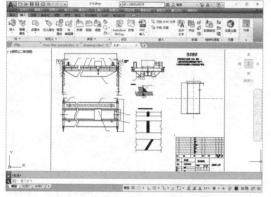

step 1 单击【菜单浏览器】按钮 **A**,在弹出的菜单中选择【打开】|【图形】选项。

step 2 打开【选择文件】对话框,选择一个图形文件后,单击【确定】按钮,在 AutoCAD 中打开图形文件。

step 3 再次单击【菜单浏览器】按钮 **A**,在弹出的菜单中选择【发布】|【电子传递】选项。

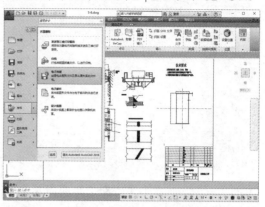

step 4 打开【创建传递】对话框,单击【添加文件】按钮。

step 5 打开【添加要传递的文件】对话框,选择图形文件的附属文件后,单击【打开】按钮。

step 6 返回【创建传递】对话框，单击【确定】按钮，打开【指定 Zip 文件】对话框，设置一个路径后，单击【保存】按钮。

step 7 此时，将图形文件和选择的附属文件压缩成.zip 文件。该文件中包含一个名为 Documents 的文件夹，其中包含了图形的附属文件。

step 8 单击【菜单浏览器】按钮▲，在弹出的菜单中选择【打印】|【打印】选项。

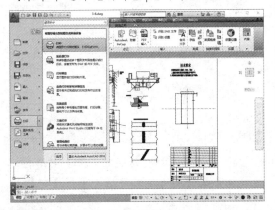

step 9 打开【打印-模型】对话框，单击【名称】下拉按钮，在弹出的列表中选择一个可用的打印机。

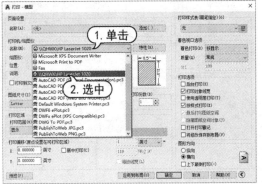

step 10 设置图纸的打印参数后，在【打印份数】文本框中设置图纸的打印份数，然后单击【确定】按钮，打印图形。

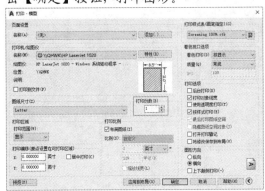

第4章

绘制平面图形

使用 AutoCAD 提供的绘图命令可以绘制出各种机械图形和建筑图形，其中绘图命令主要包括点、直线、圆弧、圆、矩形、正多边形、多段线以及样条曲线等。熟练掌握这些命令将大大提高图形的绘制效率。本章将通过案例，详细介绍 AutoCAD 2018 中各种绘图命令的使用及操作方法，并练习使用绘图命令结合坐标点的输入方法完成各种图形的绘制。

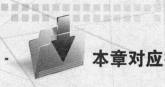 **本章对应视频**

例 4-1 绘制一个单点

例 4-2 绘制多点

例 4-3 绘制定数等分点

例 4-4 绘制定距等分点

例 4-5 绘制一条射线

例 4-6 创建水平和垂直构造线

例 4-7 绘制楼梯踏步

例 4-8 绘制矩形

例 4-9 绘制六角螺钉

例 4-10 绘制圆

例 4-11 绘制圆弧

例 4-12 绘制椭圆

例 4-13 绘制涡卷弹簧示意图

例 4-14 绘制墙线

例 4-15 绘制箭头图形

本章其他视频参见视频二维码列表

4.1 绘制点

在 AutoCAD 中，点是组成图形最基本的元素之一，经常需要通过点来标识某些特殊的部分，如绘制直线时需要确定端点，绘制圆或圆弧时需要确定圆心点等。

在默认情况下，点是没有长度和大小的，很难被看见。但在 AutoCAD 中，用户可以通过给点设置不同的显示样式，清楚地显示点的位置。设置点的样式首先要执行【点样式】命令，该命令可以通过以下两种方法调用。

- ▶ 选择【格式】|【点样式】命令。
- ▶ 在命令行中执行 DDPTYPE 命令。

执行以上两种操作之一后，在打开的【点样式】对话框中选择一种点样式，并在【点大小】文本框中输入点大小参数，然后单击【确定】按钮即可设置点的样式。

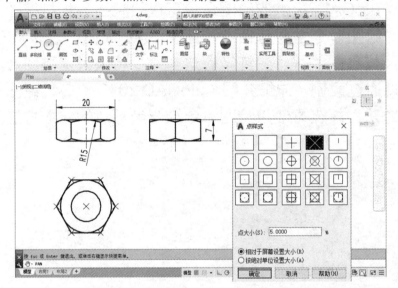

通过【点样式】对话框设置点样式

除此之外，用户还可以使用 PDMODE 命令来修改点样式。点样式对应的 PDMODE 变量值如表 4-1 所示。

表 4-1　点样式与对应的 PDMODE 变量值

点 样 式	变 量 值	点 样 式	变 量 值
	0	⊡	64
	1	☐	65
＋	2	⊞	66
✕	3	⊠	67
'	4	☐	68
⊙	32	⊡	96
○	33	☐	97
⊕	34	⊕	98

(续表)

点 样 式	变 量 值	点 样 式	变 量 值
⊗	35	⊠	99
◴	36	⬓	100

4.1.1 绘制单点

绘制单点首先需要执行单点命令，该命令主要有以下两种调用方法。

▶ 选择【绘图】|【点】|【单点】命令。

▶ 在命令行中执行 POINT 或 PO 命令。

【例 4-1】绘制一个单点。

🎬视频+素材 (素材文件\第 04 章\例 4-1)

step 1 在命令行中执行 POINT 或 PO 命令，执行单点命令。命令行提示中将显示【当前点模式：PDMODE=3 PDSIZE=0.0000】。

POINT
当前点模式: PDMODE=3 PDSIZE=0.0000
× 🔧 ▾ POINT 指定点:

step 2 在命令行的【指定点:】提示下，使用鼠标指针在屏幕上拾取圆心，单击即可绘制一个单点。

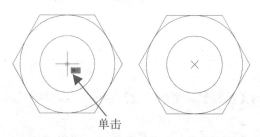

单击

4.1.2 绘制多点

绘制多点需要执行多点命令，该命令有以下两种调用方法。

▶ 选择【绘图】|【点】|【多点】命令。

▶ 选择【默认】选项卡，在【绘图】选项板中单击【多点】按钮。

【例 4-2】在六边形每条边的端点处绘制 6 个点。

🎬视频+素材 (素材文件\第 04 章\例 4-2)

step 1 选择【默认】选项卡，在【绘图】面板中单击【多点】按钮，然后在六边形两条边的端点处捕捉端点。

step 2 单击绘制 1 个点，然后使用相同的方法捕捉六边形其他边的端点，绘制如下图所示的多点。

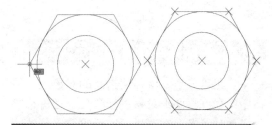

4.1.3 绘制定数等分点

绘制定数等分点就是在指定的对象上绘制等分点，即将线条以指定数目来进行划分，每段的长度相等。该命令主要有以下几种调用方法。

▶ 选择【绘图】|【点】|【定数等分】命令。

▶ 在命令行中执行 DIVIDE 命令。

▶ 在【默认】选项卡的【绘图】面板中单击【定数等分】按钮。

【例 4-3】设置点样式为○，使用【定数等分】命令，将图形中的辅助线进行定数等分，将其分为 12 段。

🎬视频+素材 (素材文件\第 04 章\例 4-3)

step 1 打开图形后，在命令行中输入 DIVDE 命令。

step 2 按下 Enter 键确认后，选择图形中合适的圆形对象。

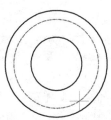

step ③ 在命令行中输入 12，按下 Enter 键。

`✕ 🔧 ⚙ DIVIDE 输入线段数目或 [块(B)]: 12 ▲`

step ④ 即可创建出下图所示的定数等分点。

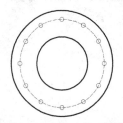

4.1.4 绘制定距等分点

定距等分点，就是在指定的对象上，按指定的长度将图形对象进行等分。在进行等分操作时，需要在选择要进行等分操作的图形对象后，指定要进行等分操作的长度，并根据该距离来分隔所选对象。

定距等分命令主要有以下几种调用方法。

➤ 选择【绘图】|【点】|【定距等分】命令。

➤ 在命令行中执行 MEASURE 命令。

➤ 在【默认】选项卡的【绘图】面板中

单击【定距等分】按钮。

【例 4-4】设置点样式为 ⊠，使用【定距等分】命令，将图形中的一条多段线进行定距等分。

🎬 视频+素材 （素材文件\第 04 章\例 4-4）

step ① 打开图形后，在命令行中输入 MEASURE 命令。按下 Enter 键确定，在命令行提示下选择图形中的圆形对象。

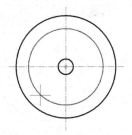

step ② 在命令行提示下输入 120，然后按下 Enter 键，即可创建出下图所示的定距等分点。

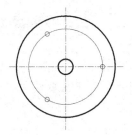

4.2 绘制射线和构造线

在 AutoCAD 中为了便于绘图，经常同时使用【射线】和【构造线】命令来创建辅助线。

射线

4.2.1 绘制射线

向一个方向无限延伸，并且只有起点没有终点的直线称为射线。

射线主要用于创建参考辅助线，在

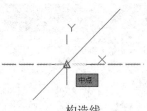

构造线

AutoCAD 中，用户可以通过以下几种方法创建射线。

➤ 选择【绘图】|【射线】命令。

➤ 在命令行中执行 RAY 命令。

➤ 选择【默认】选项卡，在【绘图】面

板中单击▼按钮，在展开的面板中单击【射线】按钮╱。

【例4-5】绘制一条射线。

视频+素材 （素材文件\第04章\例4-5）

step 1 打开图形后，在命令行中输入 RAY 命令，然后按下 Enter 键，在命令行提示下捕捉绘图窗口中的一点作为射线的起点。

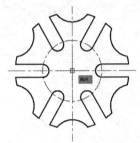

step 2 向右移动光标，在绘图窗口中的合适位置上单击即可绘制射线。

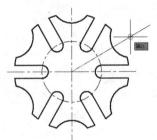

step 3 按下 Esc 键退出射线的绘制。

4.2.2 绘制构造线

向两个方向无限延伸，且没有起点和终点的直线称为构造线。构造线主要用于创建参考辅助线。

在 AutoCAD 中，用户可以通过以下几种方法创建构造线。

➤ 选择【绘图】|【构造线】命令。

➤ 在命令行中执行 XLINE 或 XL 命令。

➤ 选择【默认】选项卡，在【绘图】面板中单击▼按钮，在展开的面板中单击【构造线】按钮╱。

执行 XLINE 命令后，命令行中将显示如下所示的提示信息。

命令：_xline
XLINE 指定点或[水平(H)/垂直(V)/角度(A)/二等分(B)/偏移(O)]:】

在上面的命令行提示中，AutoCAD 为用户提供了 5 种创建构造线的选项。在绘图区中，用户可以通过指定两点创建任意方向的构造线；若输入 H、V、A、B、O 等，则可以分别按命令行提示创建水平、垂直、具有指定倾斜角度、二等分、偏移的构造线。

➤ 水平(H)：创建一条经过指定点的水平构造线。例如，捕捉下图中的 A 点，通过该点创建水平构造线。

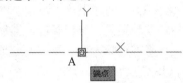

➤ 垂直(V)：创建一条经过指定点的垂直构造线。例如捕捉下图中的 B 点，通过该点创建垂直构造线。

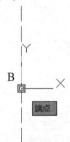

➤ 角度(A)：通过指定角度和构造线必经的点，创建一条具有指定倾斜角度的构造线。例如，设置所需的角度为 45°，捕捉 C 点，创建如下图所示与水平构造线成指定角度的构造线。

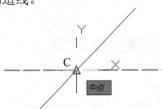

➤ 二等分(B)：创建二等分指定角的构造线。选择该项时，需要指定用于创建角度的顶点和直线。例如，捕捉下图所示 A 点为顶点、B 点为起点、C 点为终点，创建二等分指定角的构造线。

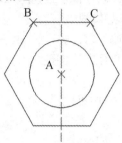

➤ 偏移(O)：创建平行于指定基线的构造线。指定偏移距离，选择基线，然后指明构造线位于基线的哪一侧。例如，通过下图所示 B 点和 C 点创建构造线，然后通过捕捉 A 点创建偏移构造线。

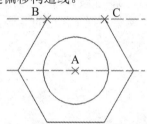

【例 4-6】在零件图形中创建一条水平构造线和一条垂直构造线。

🎬 视频+素材 (素材文件\第 04 章\例 4-6)

step 1 打开下图所示的图形后，在命令行中输入 XLINE 命令。

step 2 按下 Enter 键确认，在命令行提示下输入 H，并再次按下 Enter 键。

step 3 捕捉绘图窗口中的圆心 A，单击绘制一条水平构造线。

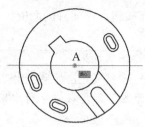

step 4 按下 Esc 键退出构造线的绘制。按下 Enter 键，再次执行 XLINE 命令，在命令行提示下输入 V。

step 5 按下 Enter 键确认，捕捉绘图窗口中的圆心 A，单击绘制垂直构造线。

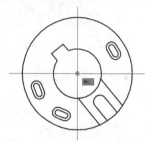

step 6 按下 Esc 键退出构造线的绘制，按下 Enter 键，再次执行 XLINE 命令，在命令行提示下输入 O，然后在命令提示中输入 T。

step 7 按下 Enter 键确认，捕捉图形中的水平构造线，然后按下 Enter 键。

step 8 捕捉图形中的 B 点，单击创建一条与水平构造线平行的构造线。

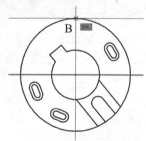

4.3 绘制线性对象

在 AutoCAD 中，直线、矩形和多边形是一组简单的线性对象。使用 LINE 命令可以绘制直线；使用 RECTANGE 命令可以绘制矩形；使用 POLYGON 命令可以绘制多边形。

4.3.1 绘制直线

直线是绘图中最常用的实体对象，其创建方法也是最简单的。在一条由多条线段连接而成的简单直线中，每条线段都是一个单独的直线对象。

直线命令有以下几种调用方法。

▶ 选择【绘图】|【直线】命令。

▶ 在命令行中执行 LINE 或 L 命令。

▶ 选择【默认】选项卡，在【绘图】面板中单击【直线】按钮╱。

执行【直线】命令后，命令行提示如下。

```
命令：_line
LINE 指定第一点：
LINE 指定下一点或[放弃(U)]：
LINE 指定下一点或[闭合(C)/放弃(U)]：
```

【例 4-7】绘制一个楼梯踏步。📀 视频

step 1 在命令行中输入 L，并按下 Enter 键执行直线命令。

step 2 在命令行提示下输入(0,0)，按下 Enter 键，指定直线的起点。

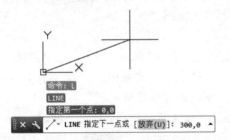

step 3 在命令行提示下输入(300,0)，按下 Enter 键指定水平线的端点。

step 4 在命令行提示下输入(@0,150)，按下 Enter 键指定垂直直线的端点。

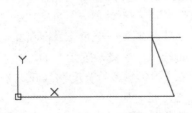

step 5 在命令行提示下输入(@300,0)，按下 Enter 键指定水平直线的端点。

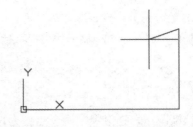

step 6 重复执行步骤 4、5 的操作，即可绘制如下图所示的楼梯踏步。

step 7 最后，按下 Enter 键结束直线命令。

AutoCAD 绘制的直线实际上是直线段，不同于几何学中的直线，在绘制时需要注意以下几点。

▶ 绘制单独对象时，在发出 LINE 命令后指定第 1 点，接着指定下一点，然后按 Enter 键。

▶ 绘制连续折线时，在发出 LINE 命令后指定第 1 点，然后连续指定多个点，最后按 Enter 键结束。

▶ 绘制封闭折线时，在最后一个【指定下一点或[闭合(C)/放弃(U)]：】提示后面输入字母 C，然后按 Enter 键。

▶ 在绘制折线时，如果在【指定下一点或[闭合(C)/放弃(U)]：】提示后输入字母 U，可以删除上一条直线。

4.3.2　绘制矩形

矩形，即通常所说的长方形。在 AutoCAD 中，使用矩形命令直接指定矩形的起点及对角点就可以完成矩形的绘制。

矩形命令主要有以下几种调用方法。

▶ 选择【绘图】|【矩形】命令。

▶ 在命令行执行 RECTANG 或 REC 命令。

▶ 选择【默认】选项卡，在【绘图】面

板中单击【矩形】按钮□。

绘制矩形时，命令行显示如下提示信息。

指定第一个角点或 [倒角(C)/标高(E)/圆角(F)/厚度(T)/宽度(W)]:

默认情况下，通过指定两个点作为矩形的对角点来绘制矩形。当指定矩形的第 1 个角点后，命令行显示【指定另一个角点或 [面积(A)/尺寸(D)/旋转(R)]:】提示信息，此时可直接指定另一个角点来绘制矩形。也可以选择【面积(A)】选项，通过指定矩形的面积和长度(或宽度)绘制矩形；也可以选择【尺寸(D)】选项，通过指定矩形的长度、宽度和矩形另一角点的方向绘制矩形；也可以选择【旋转(R)】选项，通过指定旋转的角度和拾取两个参考点绘制矩形。该命令提示中其他选项的功能如下。

➤ 【倒角(C)】选项：绘制一个带倒角的矩形，此时需要指定矩形的两个倒角距离。当设定倒角距离后，将返回【指定第一个角点或[倒角(C)/标高(E)/圆角(F)/厚度(T)/宽度(W)]:】提示，提示用户完成矩形的绘制。

➤ 【标高(E)】选项：指定矩形所在的平面高度。默认情况下，矩形在 XY 平面内。该选项一般用于三维绘图。

➤ 【圆角(F)】选项：绘制一个带圆角的矩形，此时需要指定矩形的圆角半径。

➤ 【厚度(T)】选项：按照已设定的厚度绘制矩形，该选项一般用于三维绘图。

➤ 【宽度(W)】选项：按照已设定的线宽绘制矩形，此时需要指定矩形的线宽。

【例4-8】使用矩形命令绘制图形。 ●视频

step① 在快速访问工具栏中选择【显示工具栏】命令，在弹出的菜单中选择【绘图】|【矩形】命令，或在【功能区】选项板中选择【默认】选项卡，在【绘图】面板中单击【矩形】按钮□。

step② 在【指定第一个角点或[倒角(C)/标高

(E)/圆角(F)/厚度(T)/宽度(W)]:】提示下输入 F，创建带圆角的矩形。

step③ 在【指定矩形的圆角半径<0.0000>:】提示信息输入3，指定矩形的圆角半径为3。

step④ 在【指定第一个角点或[倒角(C)/标高(E)/圆角(F)/厚度(T)/宽度(W)]:】提示下输入(100,100)，指定矩形的第一个角点。

step⑤ 在【指定另一个角点或[面积(A)/尺寸(D)/旋转(R)]:】提示下输入(165,140)，指定矩形的另一个对角点，完成图形中最大矩形的绘制。

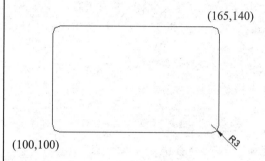

step⑥ 在【功能区】选项板中选择【默认】选项卡，在【绘图】面板中单击【矩形】按钮□。

step⑦ 在【指定第一个角点或[倒角(C)/ 标高(E)/ 圆角(F)/ 厚度(T)/ 宽度(W)]:】提示下输入 F，创建带圆角的矩形。

step⑧ 在【指定矩形的圆角半径<3.0000>:】提示信息下输入0，指定矩形的圆角半径为0。

step⑨ 在【指定第一个角点或[倒角(C)/ 标高(E)/ 圆角(F)/ 厚度(T)/ 宽度(W)]:】提示下输入(110,110)，指定矩形的第一个角点。

step⑩ 在【指定另一个角点或[面积(A)/ 尺寸(D)/ 旋转(R)]:】提示下输入 D。

step⑪ 在【指定矩形的长度<0.0000>:】提示下输入15，指定矩形的长度。

step⑫ 在【指定矩形的宽度<0.0000>:】提示下输入20，指定矩形的宽度。

step⑬ 在【指定另一个角点或[面积(A)/ 尺寸(D)/ 旋转(R)]:】提示下在角点的右上方单击，绘制 15×20 的矩形。

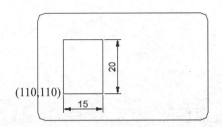

4.3.3　绘制正多边形

在 AutoCAD 中除了可以绘制 4 条边的矩形以外，还可以绘制 3~1024 条边的正多边形，在机械和建筑绘图中正多边形的应用十分广泛。

在 AutoCAD 中正多边形命令主要有以下几种调用方法。

➤ 选择【绘图】|【多边形】命令。

➤ 在命令行中执行 POLYGON 或 POL 命令。

➤ 选择【默认】选项卡，在【绘图】组中单击【矩形】按钮▱边的▼按钮，在弹出的列表中选择【多边形】选项。

执行以上命令，在命令行中指定正多边形的边数后，命令行将显示如下提示信息。

指定正多边形的中心点或 [边(E)]:

默认情况下，可以使用多边形的外接圆或内切圆来绘制多边形。当指定多边形的中心点后，命令行将显示【输入选项 [内接于圆(I)/外切于圆(C)] <I>:】提示信息。选择【内接于圆】选项，表示绘制的多边形将内接于假想的圆；选择【外切于圆】选项，表示绘制的多边形外切于假想的圆。

4.4　绘制曲线对象

在 AutoCAD 中，圆、圆弧、椭圆、椭圆弧、样条曲线和螺旋线都属于曲线对象，其绘制方法相对线性对象要更复杂、灵活一些。

4.4.1　绘制圆

圆是绘制图形时使用非常频繁的图形之一，如机械制图中的轴孔、螺孔以及建筑制

此外，如果在命令行的提示下选择【边(E)】选项，可以通过指定的两个点作为多边形一条边的两个端点来绘制多边形。使用【边】选项绘制多边形时，AutoCAD 总是从第 1 个端点到第 2 个端点，沿当前角度方向绘制出多边形。

【例 4-9】绘制一个六角螺钉。

🔘 视频+素材　(素材文件\第 04 章\例 4-9)

step① 打开下图所示的图形后，在命令行中输入 POL，按下 Enter 键。

step② 在【输入边的数目<4>:】提示下输入 6，指定正多边形的边数。

step③ 按下 Enter 键，在【指定正多边形的中心点或[边(E)]:】提示下选中圆心。

step④ 在【内接于圆(I)/外切于圆(C)<I>:】提示下输入 I，然后按下 Enter 键。

step⑤ 在【指定圆的半径:】提示下输入 160，然后按下 Enter 键，即可绘制出效果如下图所示的六角螺钉。

图中的孔洞。

圆命令主要有以下几种调用方法。

➤ 选择【绘图】|【圆】命令中的子命令。

➤ 在命令行中执行 Circle 或者 C 命令。

选择【默认】选项卡，在【绘图】面板中单击【圆】的相关按钮。

在 AutoCAD 中，执行以上操作绘制圆时，可以使用 6 种方法绘制圆。

➤ 指定圆心和半径绘制圆。

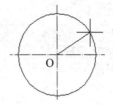

➤ 指定圆心和直径绘制圆。

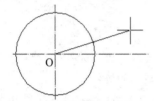

➤ 指定 3 点绘制圆。

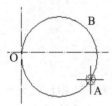

➤ 指定两点绘制圆。

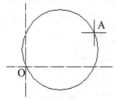

➤ 指定两个相切对象和半径绘制圆。

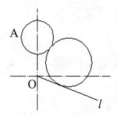

➤ 指定 3 个相切对象绘制圆。

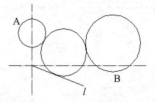

使用【相切、相切、半径】命令时，系统总是在距拾取点最近的部位绘制相切的圆。因此，拾取相切对象时，拾取的位置不同，绘制出的效果可能也不相同。

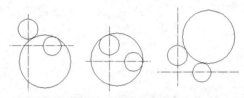

【例 4-10】在零件图形中绘制圆。

视频+素材 （素材文件\第 04 章\例 4-10）

step 1 在快速访问工具栏中选择【显示菜单栏】命令，在弹出的菜单中选择【绘图】|【圆】|【圆心、直径】命令。以点(0,0)为圆心，绘制直径为 80 的圆 a。

step 2 选择【绘图】|【圆】|【圆心、半径】命令，绘制同心圆 b，其半径为 200。

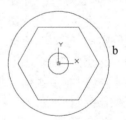

step 3 选择【绘图】|【圆】|【两点】命令，绘制一个通过点 c 和点 d 的圆。

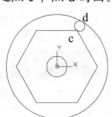

step ④ 使用同样的方法绘制其他圆，完成图形的绘制。

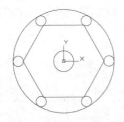

4.4.2　绘制圆弧

圆弧是圆的一部分。圆弧命令主要有以下几种调用方法。

▷ 选择【绘图】|【圆弧】命令中的子命令。

▷ 在命令行中执行 ARC 或 A 命令。

▷ 选择【默认】选项卡，在【绘图】面板中单击【三点】按钮 ⌒。

执行 ARC(圆弧)命令后，选择不同的选项，创建圆弧的方法也不同。圆弧不仅有圆心、半径，还有起点和端点。AutoCAD 默认的圆弧创建方法是指定 3 点确定一段圆弧，具体绘制方法如下。

【例 4-11】绘制一个圆弧。📹 视频

step ① 在命令行中输入 A，按下 Enter 键。

step ② 根据命令行提示在绘图窗口中单击下图所示的 A 点，确定绘制圆弧的 3 点中的第一点。

step ③ 单击绘图窗口中的 B 点，确定第二点。

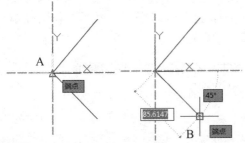

step ④ 在绘图窗口中单击图形上的 C 点，确定第三点。

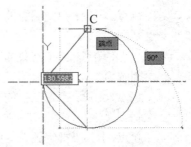

step ⑤ 完成以上操作后，即可绘制如上图所示的圆弧。

在 AutoCAD 中，圆弧的绘制方法有 11 种，具体如下。

▷ 三点：以给定的 3 个点绘制一段圆弧，需要指定圆弧的起点、通过的第 2 个点和端点。

▷ 起点、圆心、端点：指定圆弧的起点、圆心和端点绘制圆弧。

▷ 起点、圆心、角度：指定圆弧的起点、圆心和角度绘制圆弧。此时，需要在【指定包含角：】提示下输入角度值。如果当前环境设置逆时针为角度方向，并输入正角度值，则所绘制的圆弧是从起始点绕圆心沿逆时针方向绘出；如果输入负角度值，则沿顺时针方向绘制圆弧。

▷ 起点、圆心、长度：指定圆弧的起点、圆心和弦长绘制圆弧。此时，所给定的弦长不得超过起点到圆心距离的两倍。另外，在命令行的【指定弦长：】提示下，所输入的值如果为负值，则该值的绝对值将作为对应整圆的空缺部分圆弧的弦长。

▷ 起点、端点、角度：指定圆弧的起点、端点和角度绘制圆弧。

▷ 起点、端点、方向：指定圆弧的起点、端点和方向绘制圆弧。当命令行显示【指定圆弧的起点切向：】提示时，可以通过拖动确定圆弧在起始点处的切线方向与水平方向的夹角。拖动时，AutoCAD 会在当前光标与圆弧起始点之间形成一条橡皮筋线，此橡皮筋线即为圆弧在起始点处的切线。拖动鼠标确定圆弧在起始点处的切线方向后，单击拾取键即可得到相应的圆弧。

▶ 起点、端点、半径：指定圆弧的起点、端点和半径绘制圆弧。

▶ 圆心、起点、端点：指定圆弧的圆心、起点和端点绘制圆弧。

▶ 圆心、起点、角度：指定圆弧的圆心、起点和角度绘制圆弧。

▶ 圆心、起点、长度：指定圆弧的圆心、起点和长度绘制圆弧。

▶ 连续：选择该命令，在命令行的【指定圆弧的起点或 [圆心(C)]:】提示下直接按Enter键，系统将以最后一次绘制的线段或圆弧确定的最后一点作为新圆弧的起点，以最后所绘线段方向或圆弧终止点处的切线方向为新圆弧在起始点处的切线方向，然后再指定一点，即可绘制出一个圆弧。

4.4.3　绘制椭圆

椭圆是一种特殊的圆，其中心点到圆弧上的距离是变化的，椭圆由定义其长度和宽度的两条轴决定，较长的轴称为长轴，较短的轴称为短轴。

椭圆命令主要有以下几种调用方法。

▶ 选择【绘图】|【椭圆】命令中的子命令。

▶ 在命令行中执行 ELLIPSE 或者 EL命令。

▶ 选择【默认】选项卡，在【绘图】面板中单击【圆心】按钮 ◉ 。

【例4-12】绘制一个椭圆。◉视频

step① 在命令行中输入 ELLIPSE 命令，按下 Enter 键。在命令行提示下输入 C。

step② 按下 Enter 键确认，在命令行提示【指定椭圆的中心点:】下输入(0,0)。

step③ 按下 Enter 键确认，向上移动光标，然后输入 80。

step④ 按下 Enter 键确认，拖动鼠标向右下角移动光标，然后输入 45。

step⑤ 按下 Enter 键确认，即可创建如下图所示的椭圆。

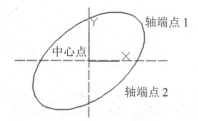

在上例中，执行 ELLIPSE 命令显示的命令行提示中，主要选项的说明如下。

▶ 圆弧(A)：创建一段椭圆弧。第一条轴的角度确定椭圆弧的角度。第一条轴既可定义椭圆弧的长轴，也可以定义椭圆弧的短轴。

▶ 中心点(C)：通过指定椭圆的中心点创建椭圆。

4.4.4　绘制椭圆弧

在 AutoCAD 中，椭圆弧的绘图命令和椭圆的绘图命令都是 ELLIPSE，但命令行的提示不同。执行 ELLIPSE 命令后，命令行的提示信息如下。

命令：_ellipse
ELLIPSE 指定椭圆的轴端点或[圆弧(A)/中心点(C)]:_a
ELLIPSE 指定椭圆弧的轴端点或[中心点(C)]:

从【指定椭圆弧的轴端点或 [中心点(C)]:】提示开始，后面的操作就是确定椭圆形状的过程。确定椭圆形状后，将出现如下提示信息。

ELLIPSE 指定起始角度或[参数(P)]:

该命令提示中的选项功能如下。

▶ 【指定起始角度】选项：通过给定椭圆弧的起始角度来确定椭圆弧。命令行将显示【指定终止角度或 [参数(P)/包含角度(I)]:】提示信息。其中，选择【指定终止角度】选项，系统要求给定椭圆弧的终止角，用于确定椭圆弧另一端点的位置；选择【包含角度】选项，使系统根据椭圆弧的包含角来确定椭圆弧；选择【参数(P)】选项，将通过参数确定椭圆弧另一个端点的位置。

▶ 【参数(P)】选项：通过指定的参数来确定椭圆弧。命令行将显示【指定起始参数或 [角度(A)]:】提示。其中，选择【角度】选项，切换至角度来确定椭圆弧的方式；如果输入参数，即执行默认项，系统将使用公式 $P(n) = c + a×\cos(n) + b×\sin(n)$ 来计算椭圆弧的起始角。其中，n 是输入的参数，c 是椭圆弧的半焦距，a 和 b 分别是椭圆的长半轴与短半轴的轴长。

4.4.5 绘制与编辑样条曲线

样条曲线是一种通过或接近指定点的拟合曲线。在 AutoCAD 中，其类型是非均匀关系基本样条曲线，适用于表达具有不规则变化曲率半径的曲线。

1. 绘制样条曲线

绘制样条曲线的主要方法有以下几个。

▶ 选择【绘图】|【样条曲线】命令。

▶ 在命令行执行 SPLINE 命令。

▶ 在【功能区】选项板中选择【默认】选项卡，然后在【绘图】面板中单击【样条曲线拟合点】按钮╱或【样条曲线控制点】按钮╲。

执行以上命令后，命令行将显示【指定第一个点或 [方式(M)/节点(K)/对象(O)]:】(或【指定第一个点或 [方式(M)/阶数(D)/对象(O)]:】)提示信息。当用户选择【对象(O)】时，可以将多段线编辑得到的二次或者三次拟合样条曲线转换成等价的样条曲线。

(1) 使用拟合点绘制样条曲线

在选择【绘图】|【样条曲线】|【拟合点】命令后，可以指定样条曲线的起点，系统将显示如下提示信息。

输入下一点或 [起点切向(T)/公差(L)]:

然后，再指定样条曲线上的另一个点后，系统将显示如下提示信息。

输入下一点或 [端点相切(T)/公差(L) /放弃(U) /闭合(C)]:

用户可以在提示信息下继续定义样条曲线的拟合点来创建样条曲线，也可以使用其他选项，其功能如下。

▶ 起点切向(T)：在完成控制点的指定后按 Enter 键，需要确定样条曲线在起始点处的切线方向。同时在起点与当前光标点之间出现一条橡皮筋线，表示样条曲线在起点处的切线方向。如果在【指定起点切向:】提示下移动鼠标，样条曲线在起点处的切线方向的橡皮筋线也会随着光标点的移动发生变化，同时样条曲线的形状也发生相应的变化。可以在该提示下直接输入表示切线方向的角度值，或者通过移动鼠标的方法来确定样条曲线起点处的切线方向。即：单击拾取一点，以样条曲线起点至该点的连线作为起点的切向。当指定样条曲线在起点处的切线方向后，还需要指定样条曲线终点处的切线方向。

▶ 拟合公差(F)：设置样条曲线的拟合公差。拟合公差是指实际样条曲线与输入的控制点之间所允许偏移距离的最大值。当给定拟合公差时，绘出的样条曲线不会全部通过各个控制点，但总是通过起点与终点。这种方法特别适用于拟合点比较多的情况。当输入拟合公差值后，又将返回【指定下一点或 [闭合(C)/拟合公差(F)] <起点切向>:】提示，可根据前面介绍的方法绘制样条曲线，不同的是该样条曲线不再全部通过除起点和终点外的各个控制点。

▶ 闭合(C)：封闭样条曲线，并显示【指定切向:】提示信息，需要指定样条曲线在起点同时也是终点处的切线方向(此时样条曲线的起点与终点重合)。当确定了切线方向后，即可绘出一条封闭的样条曲线。

(2) 使用控制点绘制样条曲线

在选择【绘图】|【样条曲线】|【控制点】命令后，可以指定样条曲线的起点，系统将显示如下提示信息。

输入下一点:

然后再指定样条曲线上的另一个点后，系统将显示如下提示信息。

输入下一点或 [闭合(C)/放弃(U)]:

此时，用户可以在提示信息下继续定义样条曲线的控制点来创建样条曲线。

【例 4-13】在 AutoCAD 中绘制如下图所示的涡卷弹簧示意图。视频

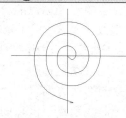

step① 在【功能区】选项板中选择【默认】选项卡，然后在【绘图】面板中单击【构造线】按钮，绘制一条水平构造线和一条垂直构造线。

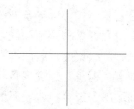

step② 在菜单栏中选择【绘图】|【样条曲线】|【拟合点】命令，指定两条构造线的交点为样条曲线的起点。

step③ 在【指定下一点或[闭合(C)/拟合公差(F)] <起点切向>: 】提示下，依次输入点的坐标(@7<-35)、(@5.5<45)、(@10<110)、(@7<160)、(@10<205)、(@8<250)、(@14<280)、(@10<330)、(@20<10)、(@17<68)、(@20<115)、(@18<156)、(@22<203)、(@18<250)、(@27<288)、(@36<350)、(@40<58)、(@37<120)、(@38<180)、(@33<230)、(@35<

275)、(@44<325)、(@7<340)、(@7<210)和(@4<180)。

step④ 在【指定下一点或[闭合(C)/拟合公差(F)] <起点切向>: 】提示下，按 Enter 键。

step⑤ 在【指定起点切向:】提示下，输入90，指定起点切向。

2. 编辑样条曲线

执行【编辑样条曲线】命令编辑样条曲线的主要方法有以下几种。

➤ 选择【修改】|【对象】|【样条曲线】命令。

➤ 在命令行中执行 SPLINEDIT 命令。

➤ 选择【默认】选项卡，然后在【修改】面板中单击【编辑样条曲线】按钮。

编辑样条曲线命令是一个单对象编辑命令，一次只能编辑一条样条曲线对象。执行该命令并选择需要编辑的样条曲线后，在曲线周围将显示控制点，同时命令行显示如下提示信息。

输入选项 [闭合(C)/合并(J)/拟合数据(F)/编辑顶点(E)/转换为多段线(P)/反转(E)/放弃(U)/退出(X)/]:

用户可以选择其中一个编辑选项来编辑样条曲线，主要选项的功能如下。

➤ 拟合数据(F)：编辑样条曲线所通过的某些控制点。选择该选项后，样条曲线上各控制点的位置均会出现一小方格，且命令行显示如下提示信息。

SPLINEDIT[添加(A)/闭合(C)/删除(D)/移动(M)/清理(P)/相切(T)/公差(L)/退出(X)] <退出>:

➤ 编辑顶点(E)：编辑样条曲线上的当前控制点。与【拟合数据】选项中的【移动】子选项的含义相同。

输入精度选项 [添加(A)//删除(D)提高阶数(E)/移动(M)/权值(W)/退出(X)] <退出>:

➤ 反转(E)：使样条曲线的方向相反。

4.5　绘制与编辑多线

多线是一种由多条平行线组成的组合对象，平行线之间的间距和数目是可以调整的，多线常用于绘制建筑图形中的墙体、电子线路图等平行线对象。

4.5.1　绘制多线

多线的绘制方法与直线的绘制方法类似，不同的是多线是由两条或两条以上相同的平行线组成的。执行【多线】命令绘制多线的方法有以下两种。

➤ 选择【绘图】|【多线】命令。

➤ 在命令行中执行MLINE或ML命令。

执行以上命令后，命令行显示如下提示信息。

```
命令：_milne
当前的设置：对正＝上，比例＝20.00，样式
＝STANDARD
指定起点或 [对正(J)/比例(S)/样式(ST)]:
```

在该提示信息中，第 2 行说明当前的绘图格式：对正方式为上，比例为 20.00，多线样式为标准型(STANDARD)；第 3 行为绘制多线时的选项，各选项功能如下。

➤ 对正(J)：指定多线的对正方式。此时，命令行显示【输入对正类型 [上(T)/无(Z)/下(B)] ＜上＞:】提示信息。【上(T)】选项表示当从左向右绘制多线时，多线上最顶端的线将随着光标移动。【无(Z)】选项表示绘制多线时，多线的中心线将随着光标点移动。【下(B)】选项表示当从左向右绘制多线时，多线上最底端的线将随着光标移动。

➤ 比例(S)：指定所绘制多线的宽度相对于多线的定义宽度的比例因子，该比例不影响多线的线型比例。

➤ 样式(ST)：指定绘制多线的样式，默认为标准(STANDARD)型。当命令行显示【输入多线样式名或 [?]:】提示信息时，可以直接输入已有的多线样式名，也可以输入问号(?)，显示已定义的多线样式。

【例 4-14】使用多线绘制墙线。 ⏺视频

step 1　在命令行中输入ML后，按下Enter键。

step 2　在命令行提示【指定起点或[对正(J)/比例(S)/样式(ST)]:】下输入 S，按下 Enter 键。

step 3　在命令行提示【输入多线比例:】下输入 240，按下 Enter 键，设置多线比例。

step 4　在命令行提示【指定起点或[对正(J)/比例(S)/样式(ST)]:】下输入 J，按下 Enter 键。

step 5　在命令行提示【输入对正类型[上(T)/无(Z)/下(B)] ＜上＞:】下输入Z，按下Enter键。

step 6　在绘图区域中拾取一点，指定多线的起点位置 A。

step 7　在命令行提示【指定下一点:】下，输入(@300,0)，按下 Enter 键，指定多线的第 2 点位置 B。

step 8　在命令行提示【指定下一点:】下输入(@0,3600)，按下 Enter 键，指定多线的第 3 点位置 C。

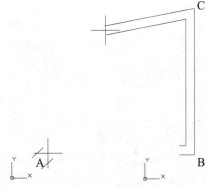

step 9　在命令行提示【指定下一点:】下输入(@-3000,0)，按下 Enter 键，指定多线的第 4 点的位置 D。

step 10　在命令行提示【指定下一点:】下输入(@0,-3600)，按下 Enter 键，指定多线的第 5 点的位置 E。

step 11　在命令行提示【指定下一点:】下输入(@1900,0)，按下 Enter 键，指定多线的第

6 点位置 F。

step 12 按下 Enter 键,完成墙线轮廓的绘制。

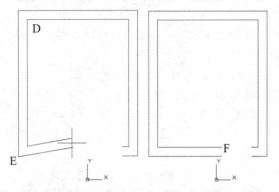

4.5.2 使用【多线样式】对话框

使用以下方法,打开【多线样式】对话框,用户可以根据需要创建多线样式,设置其线条数目和线的拐角方式。

➤ 选择【格式】|【多线样式】命令。

➤ 在命令行中执行 MLSTYLE 命令。

【多线样式】对话框中各主要选项的功能说明如下。

➤ 【样式】列表框:显示已经加载的多线样式。

➤ 【置为当前】按钮:在【样式】列表中,选择需要使用的多线样式后,单击该按钮,可以将其设置为当前样式。

➤ 【新建】按钮:单击该按钮,打开【创建新的多线样式】对话框,可以创建新的多线样式。

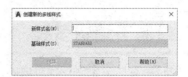

➤ 【修改】按钮:单击该按钮,打开【修改多线样式】对话框,可以对创建的多线样式进行修改。

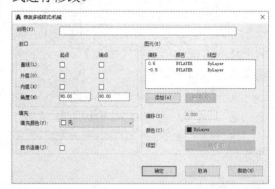

➤ 【重命名】按钮:单击该按钮,重命名【样式】列表中选中的多线样式名称,但不能重命名标准(STANDARD)样式。

➤ 【删除】按钮:单击该按钮,删除【样式】列表中选中的多线样式。

➤ 【加载】按钮:单击该按钮,打开【加载多线样式】对话框。可以从中选取多线样式并将其加载至当前图形中,也可以单击【文件】按钮,打开【从文件加载多线样式】对话框,选择多线样式文件。默认情况下,AutoCAD 提供的多线样式文件为 acad.mln。

➤ 【保存】按钮:单击该按钮,打开【保存多线样式】对话框,可以将当前的多线样式保存为一个多线文件(*.mln)。

4.5.3 创建和修改多线样式

在【创建新的多线样式】对话框中单击【继续】按钮,将打开【新建多线样式】对话框。用户可以创建新的多线样式的封口、填充和元素特性等内容。

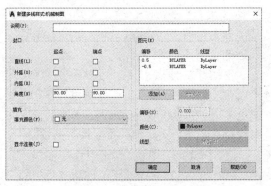

该对话框中各选项的功能如下。

▶ 【说明】文本框：用于输入多线样式的说明信息。当在【多线样式】列表中选中多线时，说明信息将显示在【说明】区域中。

▶ 【封口】选项区域：用于控制多线起点和端点处的样式。可以为多线的每个端点选择一条直线或弧线，并输入角度。其中，【直线】穿过整个多线的端点；【外弧】连接最外层元素的端点；【内弧】连接成对元素，如果有奇数个元素，则中心线不相连。

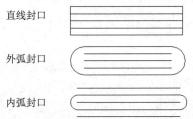

直线封口

外弧封口

内弧封口

▶ 【填充】选项区域：用于设置是否填充多线的背景。可以从【填充颜色】下拉列表框中选择所需的填充颜色作为多线的背景。如果不使用填充色，则在【填充颜色】下拉列表框中选择【无】选项即可。

▶ 【显示连接】复选框：选中该复选框，可以在多线的拐角处显示连接线。

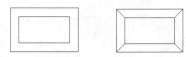

不显示连接与显示连接对比

▶ 【图元】选项区域：可以设置多线样式的元素特性，包括多线的线条数目，每条

线的颜色和线型等特性。其中，【图元】列表框中列举了当前多线样式中各线条元素及其特性，包括线条元素相对于多线中心线的偏移量、线条颜色和线型。如果需要增加多线中线条的数目，可单击【添加】按钮，在【图元】列表中将加入一个偏移量为 0 的新线条元素；通过【偏移】文本框设置线条元素的偏移量；在【颜色】下拉列表框中设置当前线条的颜色；单击【线型】按钮，使用打开的【线型】对话框设置线条元素的线型。如果要删除某一线条，可在【图元】列表框中选中该线条元素，然后单击【删除】按钮即可。

在【多线样式】对话框中单击【修改】按钮，在打开的【修改多线样式】对话框中可以修改创建的多线样式。

4.5.4 编辑多线

多线编辑命令是一个专用于多线对象的编辑命令。在菜单栏中选择【修改】|【对象】|【多线】命令，可打开【多线编辑工具】对话框。该对话框中的各个图像按钮形象地说明了编辑多线的方法。

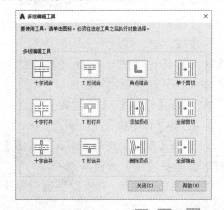

使用 3 种十字型工具▦、▦和▦可以消除各种相交线。

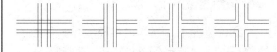

原始线条　　十字闭合　　十字打开　　十字合并

当选择十字型工具中的某种工具后,还需要选取两条多线。AutoCAD 总是切断所选的第 1 条多线,并根据所选工具切断第 2 条多线。在使用【十字合并】工具时可以生成配对元素的直角,如果没有配对元素,则多线将不被切断。

使用 T 字型工具🖻、🖻、🖻和角点结合工具🖻也可以消除相交线。

原始线条　T 型闭合　T 型打开

T 型合并　　　角点结合

此外,角点结合工具还可以消除多线一侧的延伸线,从而形成直角。使用该工具时,需要选取两条多线,只需在需要保留的多线某部分上拾取点。AutoCAD 就会将多线剪裁或延伸至其中的相交点上。

使用添加顶点工具🖻可以为多线增加若干顶点,使用删除顶点工具🖻可以从包含 3 个或更多顶点的多线上删除顶点。若当前选取的多线只有两个顶点,那么该工具将无效。

使用剪切工具🖻、🖻可以切断多线。其中,【单个剪切】工具🖻用于切断多线中的一条线,只需拾取要切断的多线某一元素上的两点,则这两点中的连线即被删除(实际上不显示);【全部剪切】工具🖻用于切断整条多线。

此外,使用【全部接合】工具🖻可以重新显示所选两点间的任何切断部分。

4.6　绘制与编辑多段线

在 AutoCAD 中,【多段线】是一种非常实用的线段对象,通常是由多段直线段或圆弧段组成的一个组合体,既可以同时编辑,也可以分别编辑,还可以具有不同的宽度。本节将介绍如何绘制和编辑多段线。

4.6.1　绘制多段线

多段线是由直线或圆弧等多条线段构成的特殊线段,这些线段所构成的图形是一个整体,可对其进行统一编辑。【多段线】命令主要有以下几种调用方法。

▶ 选择【绘图】|【多段线】命令。

▶ 在命令行中执行 PLINE 命令。

▶ 选择【默认】选项卡,在【绘图】面板中单击【多段线】按钮⊃。

执行 PLINE 命令,并在绘图窗口中指定多段线的起点后,命令行显示如下提示信息。

指定下一个点或 [圆弧(A)/闭合(C)/半宽(H)/长度(L)/放弃(U)/宽度(W)]:

默认情况下,当指定多段线另一端点的位置后,将从起点到该点绘出一段多段线。该命令提示中其他选项的功能如下。

▶ 圆弧(A):从绘制直线方式切换至绘制圆弧方式。

▶ 半宽(H):设置多段线的半宽度,即多段线的宽度等于输入值的两倍。其中,可以分别指定对象的起点半宽和端点半宽。

▶ 长度(L):指定绘制的直线段的长度。此时,AutoCAD 将以该长度沿着上一段直线的方向绘制直线段。如果前一段线对象是圆弧,则该段直线的方向为上一圆弧端点的切线方向。

▶ 放弃(U):删除多段线上的上一段直线段或圆弧段,以方便及时修改在绘制多段线过程中出现的错误。

▶ 宽度(W):设置多段线的宽度,可以分别指定对象的起点半宽和端点半宽。具有宽度的多段线填充与否可以通过 FILL 命令进行设置。如果将模式设置成【开(ON)】,则绘制的多段线是填充的;如果将模式设置成【关(OFF)】,

则所绘制的多段线是不填充的。

▶ 闭合(C)：封闭多段线并结束命令。此时，系统将以当前点为起点，以多段线的起点为端点，以当前宽度和绘图方式(直线方式或者圆弧方式)绘制一段线段，以封闭该多段线，然后结束命令。

在绘制多段线时，如果在【指定下一个点或 [圆弧(A)/半宽(H)/长度(L)/放弃(U)/宽度(W)]:】命令提示下输入 A，可以切换至圆弧绘制方式，命令行显示如下提示信息。

指定圆弧的端点或
[角度(A)/圆心(CE)/闭合(CL)/方向(D)/半宽(H)/直线(L)/半径(R)/第二个点(S)/放弃(U)/宽度(W)]:

该命令提示中各选项的功能说明如下。

▶ 角度(A)：根据圆弧对应的圆心角来绘制圆弧段。选择该选项后需要在命令行提示下输入圆弧的包含角。圆弧的方向与角度的正负有关，同时也与当前角度的测量方向有关。

▶ 圆心(CE)：根据圆弧的圆心位置来绘制圆弧段。选择该选项，需要在命令行提示下指定圆弧的圆心。当确定圆弧的圆心位置后，可以再指定圆弧的端点、包含角或对应弦长中的一个条件来绘制圆弧。

▶ 闭合(CL)：根据最后点和多段线的起点为圆弧的两个端点，绘制一个圆弧，以封闭多段线。闭合后，将结束多段线绘制命令。

▶ 方向(D)：根据起始点处的切线方向来绘制圆弧。选择该选项，可以通过输入起始点方向与水平方向的夹角来确定圆弧的起点切向。也可以在命令行提示下确定一个点，系统将把圆弧的起点与该点的连线作为圆弧的起点切向。当确定了起点切向后，再确定圆弧另一个端点即可绘制圆弧。

▶ 半宽(H)：设置圆弧起点的半宽度和终点的半宽度。

▶ 直线(L)：将多段线命令由绘制圆弧方式切换至绘制直线的方式。此时将返回到【指定下一个点或 [圆弧(A)/半宽(H)/长度(L)/放弃(U)/宽度(W)]:】提示。

▶ 半径(R)：可根据半径来绘制圆弧。选择该选项后，需要输入圆弧的半径，并通过指定端点和包含角中的一个条件来绘制圆弧。

▶ 第二个点(S)：可根据 3 点来绘制一个圆弧。

▶ 放弃(U)：取消上一次绘制的圆弧。

▶ 宽度(W)：设置圆弧的起点宽度和终点宽度。

【例 4-15】绘制箭头图形。 📹视频

step 1 选择【绘图】|【多段线】命令，执行 PLINE 命令。

step 2 在命令行的【指定起点:】提示下，输入 "0,0"，确定 A 点。

step 3 在命令行【指定下一个点或[圆弧(A)/闭合 (C)/半宽 (H)/长度 (L)/放弃 (U)/宽度 (W)]:】提示下输入 W。

step 4 在命令行【指定起点宽度<0.0000>:】提示下输入多段线的起点宽度为 5。

step 5 在命令行【指定端点宽度<5.0000>:】提示下按 Enter 键。

step 6 在命令行【指定下一点或[圆弧(A)/闭合 (C)/半宽 (H)/长度 (L)/放弃 (U)/宽度 (W)]:】提示下在绘图窗口如下图所示的 B 点位置单击。

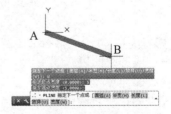

step 7 重复步骤(3)~(6)的操作，设置多段线的起点宽度为 15 端点宽度为 1，然后绘制 B 点到 C 点的一段多段线。

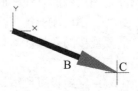

step 8 在命令行【指定下一点或[圆弧(A)/

闭合(C)/半宽(H)/长度(L)/放弃(U)/宽度(W)]:】提示下按下 Esc 键。

4.6.2 编辑多段线

在 AutoCAD 中，使用以下几种方法之一，使用【编辑多段线】命令可以编辑绘制的多段线。二维和三维多段线、矩形、正多边形、三维多边形网格都是多段线的变形，都可以使用同样的方法进行编辑。

➤ 选择【修改】|【对象】|【多段线】命令。

➤ 在命令行中执行 PEDIT 命令。

➤ 选择【默认】选项卡，在【修改】面板中单击▼按钮，在展开的面板中单击【编辑多段线】按钮⌒。

执行以上命令后，如果只选择一条多段线，命令行显示如下提示信息。

输入选项[闭合(C)/合并(J)/宽度(W)/编辑顶点(E)/拟合(F)/样条曲线(S)/非曲线化(D)/线型生成(L)/放弃(U)]:

如果选择多条多段线，命令行则显示如下提示信息。

输入选项[闭合(C)/打开(O)/合并(J)/宽度(W)/拟合(F)/样条曲线(S)/非曲线化(D)/线型生成(L)/放弃(U)]:

编辑多段线时，命令行中主要选项的功能如下。

➤ 闭合(C)：封闭所编辑的多段线，自动以最后一段的绘图模式(直线或者圆弧)连接原多段线的起点和终点。

➤ 合并(J)：将直线段、圆弧或者多段线连接到指定的非闭合多段线上。如果编辑的是多条多段线，系统将提示输入合并多段线的允许距离；如果编辑的是单条多段线，系统将连续选取首尾连接的直线、圆弧和多段线等对象，并将它们连成一条多段线。选择该选项时，需要连接的各相邻对象必须在形式上彼此首尾相连。

➤ 宽度(W)：重新设置所编辑的多段线的宽度。当输入新的线宽值后，所选的多段线均变成该宽度。

➤ 【编辑顶点(E)】选项：编辑多段线的顶点，只能对单个的多段线操作。在编辑多段线的顶点时，系统将在屏幕上使用小叉标记出多段线的当前编辑点，命令行显示如下提示信息。

输入顶点编辑选项
[下一个(N)/上一个(P)/打断(B)/插入(I)/移动(M)/重生成(R)/拉直(S)/切向(T)/宽度(W)/ 退出(X)] <N>:

➤ 拟合(F)：使用双圆弧曲线拟合多段线的拐角。

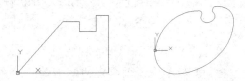

使用曲线拟合多段线的前后效果

➤ 样条曲线(S)：使用样条曲线拟合多段线，且拟合时以多段线的各顶点作为样条曲线的控制点。

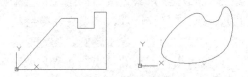

使用样条曲线拟合多段线的前后效果

➤ 非曲线化(D)：删除在执行【拟合】或者【样条曲线】选项操作时插入的额外顶点，并拉直多段线中的所有线段，同时保留多段线顶点的所有切线信息。

➤ 线型生成(L)：设置非连续线型多段线在各顶点处的绘线方式。选择该选项，命令行将显示【输入多段线线型生成选项[开(ON)/关(OFF)] <关>:】提示信息。当用户选择 ON 时，多段线以全长绘制线型；当用户选择 OFF 时，多段线的各个线段独立绘制线型。当长度不足以表达线型时，以连续线代替。

➤ 放弃(U)：取消 PEDIT 命令的上一次操作。用户可重复使用该选项。

4.7 案例演练

本章的案例演练部分将介绍使用 AutoCAD 绘制各种简单二维平面图形的方法和技巧，用户可以通过实例操作巩固所学的知识。

【例 4-16】绘制平行关系的直线。 视频

step① 选择【工具】|【绘图设置】命令，打开【草图设置】对话框，选择【对象捕捉】选项卡，选中【启用对象捕捉】和【平行线】复选框，单击【确定】按钮。

step② 在命令行中输入 LINE 命令，绘制一条直线。

step③ 在命令行中输入 LINE 命令，然后在绘图窗口中捕捉一点，指定另一条直线的起点，再将光标移动到要平行的直线上，寻找下图所示的【平行】捕捉符号。

step④ 移动光标，当移动到平行于第一条直线的位置上时，将显示下图所示的对象追踪线，在追踪线上单击，即可绘制平行线。

step⑤ 除此之外，用户还可以使用【偏移】命令绘制平行线条。在命令行中输入 OFFSET 命令，按下 Enter 键执行【偏移】命令。

step⑥ 在命令行提示下输入 15，指定两条平行线条之间的距离。按下 Enter 键确认，在绘图窗口合适的位置上单击，即可绘制平行线条。

【例 4-17】绘制垂直关系的直线。 视频

step① 在绘制水平直线与垂线方向的垂直图形时，可以在状态栏中单击【正交显示光标】按钮，打开正交功能。

step② 在命令行中输入 LINE 命令，按下 Enter 键，在命令行提示下捕捉水平直线上的一点，然后拖动，即可轻松完成垂直直线的绘制。

step③ 如果要在倾斜的直线上绘制与其垂直的线条，可以选择【工具】|【绘图设置】命令，打开【草图设置】对话框。选择【对象捕捉】选项卡，选中【启用对象捕捉】和【垂足】复选框。

step④ 单击【确定】按钮后,在命令行中执行 LINE 命令。捕捉直线上的一点后,结合对象捕捉显示的【垂足】捕捉提示,可以捕捉倾斜线与第二条直线的垂足点。

step⑤ 在【垂足】捕捉提示下单击,即可绘制与倾斜直线垂直的线条。

【例4-18】绘制直线间的连接圆弧。💿视频

step① 在绘图窗口中绘制下图所示的两条直线后,在命令行中输入 O。

step② 按下 Enter 键确认,在命令行提示下输入 15,执行【偏移】命令,并设置偏移距离为15。

step③ 按下 Enter 键,选中两条线条中的直线 A,然后向下移动光标并单击,设置偏移。

step④ 选中直线 B,然后向上移动光标并单击,设置偏移。

step⑤ 按下 Enter 键确认,在命令行中输入C,执行【圆】命令。

step⑥ 在命令行提示下捕捉如下图所示两条偏移直线的交点。

step⑦ 在命令行提示下输入15,设置圆的半径,按下Enter键确认,绘制如下图所示的圆。

step⑧ 在命令行中输入 E,按下 Enter 键,执行【删除】命令,将偏移的两条直线线条删除。在命令行中输入 TR 命令,按下两次 Enter 键,将两条直线及圆中多余的线条进行修剪,完成连接直线的圆弧的绘制。

【例4-19】绘制直线与圆的连接圆弧。💿视频

step① 在绘图窗口中绘制如下图所示的圆和直线,在命令行中输入 C,按下 Enter 键,绘制圆。

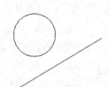

step② 在命令行提示下输入 T,选择【切点、切点、半径】选项。在命令行提示下捕捉圆形图形上的切点 A,指定对象与圆的第一个切点。

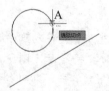

step③ 在命令行提示下捕捉直线上的切点 B,指定对象与圆的第二个切点。

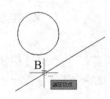

step 4 在命令行提示下输入 35，按下 Enter 键，绘制一个半径为 35 的辅助圆。

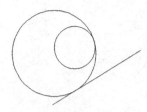

step 5 在命令行中输入 TR，按下 Enter 键执行修剪命令，在命令行提示下按下 Enter 键。

step 6 在命令行提示下捕捉下图所示的圆弧对象，单击将其删除。

step 7 在命令行中提示下捕捉下图所示的直线对象，单击鼠标将其删除。

step 8 按下 Enter 键确认，完成连接直线与圆的圆弧的绘制。

【例 4-20】绘制吊钩零件图。 ⊙ **视频**

step 1 选择【默认】选项卡，在【图层】面板中单击【图层特性】按钮，打开【图层特性管理器】选项板，在其中创建图层。

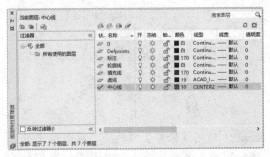

step 2 切换【中心线】图层为当前层，在【绘图】面板中单击【直线】按钮，分别绘制一条水平线段和垂直线段，作为图形的中心线。在【修改】面板中单击【偏移】按钮，将水平中心线向上偏移 60 和 80，将垂直中心线向两侧分别偏移 7.5 和 10。

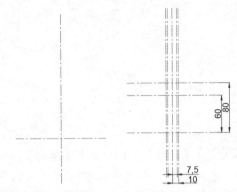

step 3 将偏移后的中心线转换为【轮廓线】图层，然后在【修改】面板中单击【修剪】按钮，选取垂直轮廓线为修剪边界，修剪水平轮廓线。

step 4 继续使用【修剪】工具，选取水平轮廓线为修剪边界，对垂直轮廓线进行修剪，完成后的效果如下图所示。

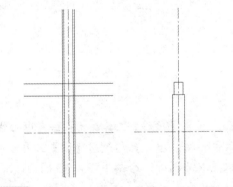

step 5 在【修改】面板中单击【偏移】按钮，将垂直中心线向右偏移 6。

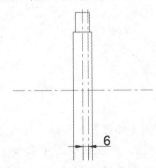

step ⑥ 在【绘图】面板中单击【圆】按钮⊘，选取 A 点为圆心，绘制直径为 27 的圆，选取 B 点为圆心，绘制半径为 32 的圆。

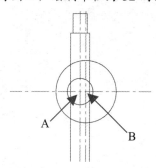

step ⑦ 在【修改】面板中单击【圆角】按钮◠，选取直线 C 和直径为 27 的圆为要修圆角的对象，绘制半径为 40 的圆角，如下左图所示。

step ⑧ 继续使用【圆角】工具◠，选取直线 D 和半径为 32 的圆为要修圆角的对象，绘制半径为 29 的圆角，如下右图所示。

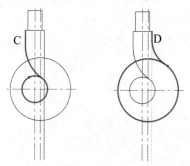

step ⑨ 使用【偏移】工具▱，将垂直中心线 E 向左侧偏移 47，然后利用【圆】工具⊘，选取点 F 为圆心，绘制半径为 15 的圆。

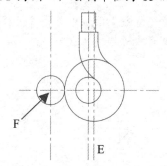

step ⑩ 利用【偏移】工具▱，将水平中心线向下偏移 10，并在该偏移中心线上任意位置，绘制一个半径为 27 的圆。

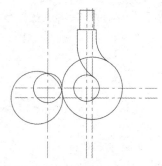

step ⑪ 选择【参数化】选项卡，在【几何】面板中单击【相切】按钮↺。

step ⑫ 依次选取直径为 27 的圆和半径 27 的圆，使两圆相切。

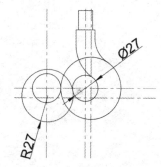

step ⑬ 选择【默认】选项卡，在【绘图】面板中单击【相切、相切、相切】按钮⊘，然后分别选取半径为 27 的圆、半径为 15 的圆和半径为 32 的圆，绘制如下图所示的圆。

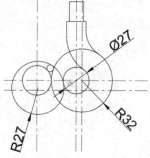

step ⑭ 使用【修剪】工具⊹，对图形进行修剪并删除多余的辅助线，完成后的图形效果如下图所示。

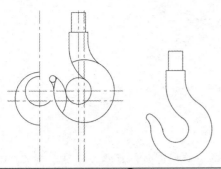

【例4-21】绘制六角螺栓。 视频

step① 选择【默认】选项卡，在【图层】面板中单击【图层特性】按钮，打开【图层特性管理器】选项板，在其中创建【辅助线】图层，并将该图层设置为当前图层。

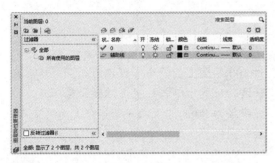

step② 在命令行中执行【直线】命令(LINE)，绘制两条相互垂直、长度为 50 的直线。

step③ 在命令行中执行 POLYGON 命令，以两条直线垂足为中心点，绘制外切于半径分别为 5、10 的圆的两个正六边形。

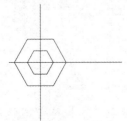

step④ 选择垂直直线，执行【偏移】命令(OFFSET)，将其向右依次偏移 15、20、41、

42，如下图所示。

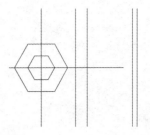

step⑤ 选择最右侧的垂直直线，执行【延伸】命令(EXTEND)，将水平直线向右延伸。

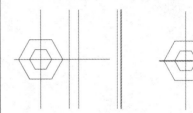

step⑥ 执行【偏移】命令(OFFSET)，选择水平直线将其向上和向下偏移 5、10。

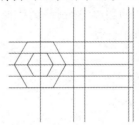

step⑦ 执行【修剪】命令(TRIM)，对多余的图形进行修剪，完成后图形的最终效果如下图所示。

【例4-22】绘制棘轮。 视频

step① 按下 Ctrl+N 组合键，打开【选择样板】对话框，选择 acadiso.dwt 样板，单击【打开】按钮，新建一个图形文件。

step② 选择【默认】选项卡，在【图层】面板中单击【图层特性】按钮，打开【图层特性管理器】选项板，在其中创建【辅助线】和【轮廓线】图层，并将【辅助线】图层设置为当前图层。

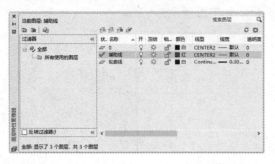

step 3 执行【直线】命令(LINE)，绘制长度为 240 的两条相互垂直的直线。

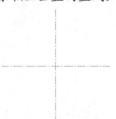

step 4 将当前图层设置为【轮廓线】图层，执行【圆】命令(CIRCLE)命令，拾取两条直线的交点作为圆心，分别绘制半径为 25、35、80、100 的 4 个圆。

step 5 选择【格式】|【点样式】命令，打开【点样式】对话框，选择一种点样式，单击【确定】按钮。

step 6 在命令行中执行 DIVIDE 命令，选中半径为 100 的圆，在命令行提示下输入 12，

对其进行定数等分。

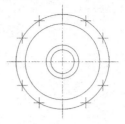

step 7 使用同样的方法，捕捉半径为 80 的圆，对其进行定数等分。

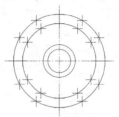

step 8 执行【圆弧】命令(ARC)，捕捉半径为 100 的圆上的一个等分点为起点，然后在合适的位置上单击，确定弧线的第二点，捕捉半径为 80 的圆上的一个等分点为第三点，绘制圆弧。

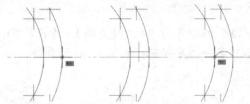

step 9 使用同样的方法绘制第二条圆弧，效果如下图所示。

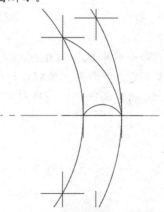

step 10 在命令行中执行【环形阵列】命令(ARRAYPOLAR)，选择绘制的两个圆弧，在命令行提示下拾取圆心为中心点，设置项目

数量为 12 的环形阵列。

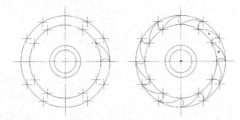

step 11 选择【格式】|【点样式】命令，再次打开【点样式】对话框，将点样式设置为【默认】，然后单击【确定】按钮。

step 12 执行【矩形】命令(RECTANG)，绘制一个长度为 10、宽度为 20 的矩形。

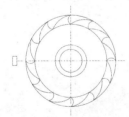

step 13 在命令行中执行【移动】命令(MOVE)，调整步骤 12 绘制的矩形的位置。

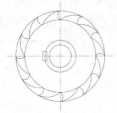

step 14 删除图形中半径为 80 和 100 的圆。选择【默认】选项卡，在【绘图】面板中单击【图案填充】按钮，在绘制的图形中创建效果如下图所示的图案填充，完成图形的绘制。

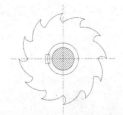

【例 4-23】绘制深沟球轴承。 视频

step 1 选择【默认】选项卡，在【图层】面板中单击【图层特性】按钮，打开【图层特性管理器】选项板。在其中创建【辅助线】和【轮廓线】图层，并将【辅助线】图层设置为当前图层。

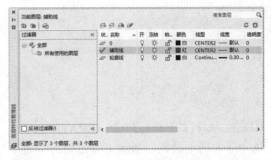

step 2 执行【直线】命令(LINE)，绘制长度为 100 的两条相互垂直的直线。

step 3 执行【偏移】命令(OFFSET)，选择垂直直线，分别向左、右偏移 28。

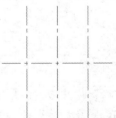

step 4 重复执行【偏移】命令(OFFSET)，将水平直线分别向上、下偏移 16.5。

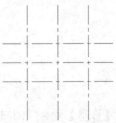

step 5 在【图层特性管理器】选项板中将当前图层设置为【轮廓线】层，以左侧相交的

直线交点为圆心，绘制半径为 12、15、18、21 的同心圆。

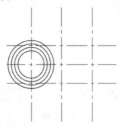

step 6 再次执行【圆】命令(CIRCLE)命令，以左上角两条直线的交点为圆心，绘制半径为 2 的圆。

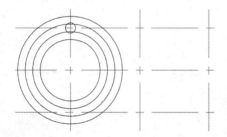

step 7 执行【环形阵列】命令(ARRAYPOLAR)，选中半径为 2 的圆，拾取同心圆的圆心为中心点，设置项目数量为 8 的环形阵列。

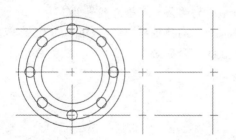

step 8 在命令行中执行【分解】命令(EXPLODE)，将环形阵列的圆分解。

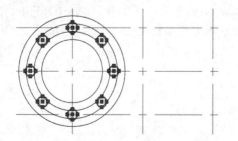

step 9 执行【修剪】命令(TRIM)，对分解后的小圆进行修剪。

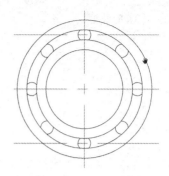

step 10 执行【圆】命令(CIRCLE)命令，以右上方两条直线的交点为圆心，绘制半径为 2 的圆。

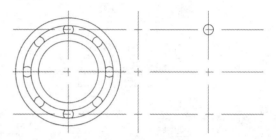

step 11 执行【直线】命令(LINE)，拾取步骤 10 绘制的圆的圆心，分别向上和向下拖动绘制两条长度为 4.5 的直线。

step 12 继续执行【直线】命令(LINE)，拾取两条直线的上下端点，向左向右绘制 4 条长度为 3.5 的直线，如下图所示。

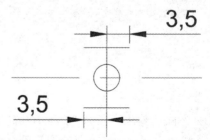

step 13 继续执行【直线】命令(LINE)，绘制两条长度为 9 的直线，连接两条平行的直线，效果如下图所示。

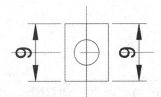

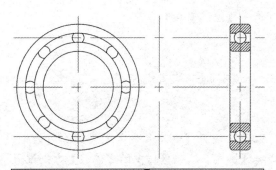

step⑭ 删除步骤 11 绘制的直线，执行【偏移】命令(OFFSET)，将上方的水平直线，向下偏移 3 和 6 个单位，如下左图所示。

step⑮ 执行【修剪】命令(TRIM)，对多余的线条进行修剪，完成后的效果如下右图所示。

【例 4-24】绘制落地灯。 ◉视频

step① 执行【直线】命令(LINE)，指定第 1 点为(0,900)，第 2 点为(@500,0)，第 3 点为(@-100,550)，第 4 点为(@-300,0)，第 5 点为(@-100,-550)，绘制直线。

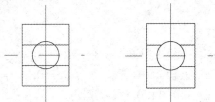

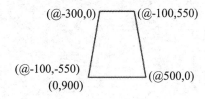

step⑯ 执行【圆角】命令(FILLET)，设置圆角半径为 1，对绘制的图形进行圆角处理，如下左图所示。

step⑰ 执行【图案填充】命令，拾取图形中需要填充的部分，为其设置 ANST31 填充，如下右图所示。

step② 再次执行【直线】命令(LINE)，在绘制的灯罩上绘制下左图所示的线。

step③ 选择【格式】|【多线样式】命令，打开下右图所示的【多线样式】对话框，在该对话框中单击【新建】按钮，

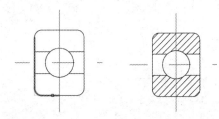

step⑱ 执行【镜像】命令(MIRROR)，选择绘制的图形，以中间的水平直线为中线进行镜像，完成后的效果如下图所示。

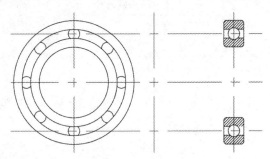

step⑲ 执行【直线】命令(LINE)，将镜像后的两个图形相连，完成图形的绘制。

step④ 打开【创建新的多线样式】对话框，在【新样式名】文本框中输入"多线"，然后

单击【继续】按钮。

step 5 打开【新建多线样式:多线】对话框，将【图元】选项区域中的【偏移】分别设置为 1、-1，然后单击【确定】按钮。

step 6 在【多线样式】对话框中确认新建的多线处于被选择的状态下，单击【置为当前】按钮，将其置为当前选择项，然后单击【确定】按钮。

step 7 在命令行中执行 MLINE 命令绘制多线，在命令行提示下，设置起点为(270,900)。

step 8 根据命令行的提示，指定下一点为(@0,-805.5)，然后按下两次 Enter 键，绘制下图所示的多线。

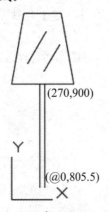

(270,900)

(@0,805.5)

step 9 执行【直线】命令(LINE)，指定第 1 点为(100,50)，第 2 点为(@0,50)，然后按下 Enter 键绘制下左图所示的直线。

step 10 执行【直线】命令(LINE)，捕捉步骤 9 绘制直线的底端为第 1 点，然后指定第 2 点为((@300,0)，指定第 3 点为((@0,50)，绘制直线。

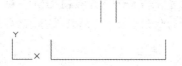

step 11 执行【圆弧】命令(ARC)，指定圆弧的起点为(100,50)，第二点为((@150,44.5)，端点为((@150,-44.5)，绘制圆弧。

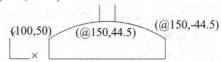

(100,50) (@150,44.5) (@150,-44.5)

step 12 执行【矩形】命令(RECTANG)，指定第 1 点为(150,60)，另一个角点为((@200,-60)，绘制一个矩形，完成落地灯图形的绘制。

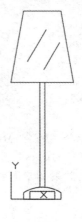

第5章

编辑平面图形

  在 AutoCAD 中，单纯地使用绘图命令或绘图工具只能创建出一些基本的图形对象，要绘制复杂的图形，就必须借助图形编辑命令。在编辑对象前，首先应选择对象，然后进行编辑。当选中对象时，在其中部或两端将显示若干个小方框(即夹点)，利用它们可以对图形进行简单的编辑。此外，AutoCAD 2018 还提供了丰富的对象编辑工具，可以合理地构造和组织图形，以保证绘图的准确性，简化绘图操作，极大地提高了绘图效率。

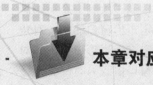 **本章对应视频**

例 5-1 快速选择对象

例 5-2 过滤选择对象

例 5-3 编组图形对象

例 5-4 使用夹点编辑图形

例 5-5 旋转图形对象

例 5-6 创建矩形阵列

例 5-7 创建环形阵列

例 5-8 绘制六边形地砖

例 5-9 延伸图形中的对象

例 5-10 绘制汽车轮胎

例 5-11 绘制一个阀盖俯视图

例 5-12 绘制一个立面门

例 5-13 绘制换气扇

例 5-14 绘制六人餐桌

例 5-15 绘制微波炉

5.1 选择对象

在编辑图形之前，首先需要选择编辑的对象。AutoCAD 用虚线亮显所选的对象，这些对象就构成了选择集。选择集可以包含单个对象，也可以包含复杂的对象编组。

在 AutoCAD 中，单击【菜单浏览器】按钮。在弹出的菜单中单击【选项】按钮，可以通过打开的【选项】对话框的【选择集】选项卡，设置选择集模式、拾取框的大小及夹点功能。

在【选项】对话框中设置选择集

在 AutoCAD 中，选择对象的方法很多。例如，可以通过单击对象逐个拾取；也可以利用矩形窗口或交叉窗口选择；也可以选择最近创建的对象、前面的选择集或图形中的所有对象，也可以向选择集中添加对象或从中删除对象。

在命令行输入 SELECT 命令，按 Enter 键，并且在命令行的【选择对象:】提示下输入问号(？)，将显示如下提示信息。

```
命令:select
选择对象:?
*无效选择*
需要点或窗口(W)/上一个(L)/窗交(C)/框(BOX)/全部
(ALL)/栏选(F)/圈围(WP)/圈交(CP)/编组(G)/添加
(A)/删除(R)/多个(M)/前一个(P)/放弃(U)/自动(AU)/
单个(SI)/子对象/对象
```

根据提示信息，输入其中的大写字母即可指定对象的选择模式。例如，设置矩形窗口的选择模式，在命令行的【选择对象:】提示下输入 W 即可。常用的选择模式主要有以

下几种。

➤ 直接选择对象：可以直接选择对象，此时光标变为一个小方框(即拾取框)，利用该方框可逐个拾取所需对象。该方法每次只能选取一个对象。

➤ 窗口(W)：可以通过绘制一个矩形区域来选择对象。当指定矩形窗口的两个对角点时，所有部分均位于这个矩形窗口内的对象将被选中，不在该窗口内或只有部分在该窗口内的对象则不被选中。

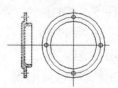

使用窗口模式选择对象

➤ 窗交(C)：使用交叉窗口选择对象，与使用窗口选择对象的方法类似，但全部位于窗口之内或与窗口边界相交的对象都将被选中。在定义交叉窗口的矩形窗口时，系统使用虚线方式显示矩形，以区别于窗口选择

方法。

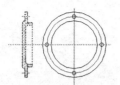

使用窗交模式选择对象

➤ 上一个(L)：选取图形窗口内可见元素中最后创建的对象。不管使用多少次【上一个(L)】选项，都只有一个对象被选中。

➤ 编组(G)：使用组名称来选择一个已定义的对象编组。

➤ 框(BOX)：选择矩形(由两点确定)内部或与之相交的所有对象。

➤ 全部(ALL)：选择图形中没有被锁定、关闭或冻结的层上的所有对象。

➤ 圈围(WP)：选择多边形(通过待选对象周围的点定义)中的所有对象。该多边形可以为任意形状，但不能与自身相交或相切。

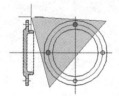

使用窗围模式选择对象

➤ 栏选(F)：选择与选择线相交的所有对象。栏选方法与圈交方法相似，只是栏选对象不闭合。

使用栏选模式选择对象

5.1.1 快速选择对象

快速选择对象是 AutoCAD 中唯一以窗口作为对象选择界面的选择方式。通过该选择方式用户可以直观地选择并编辑对象。

在 AutoCAD 中，用户可以通过以下几种方法快速选择对象。

➤ 选择【工具】|【快速选择】命令。

➤ 在命令行中执行 QSELECT 命令。

➤ 选择【默认】选项卡，在【使用工具】面板中单击【快速选择】按钮。

> 【例5-1】使用【快速选择】命令选中图形中"中心线层"图层中的所有对象。
> 🎬视频+素材 (素材文件\第05章\例5-1)

step 1 打开一个图形文件后，在命令行中输入 QSELECT 命令。

step 2 按下 Enter 键确认，打开【快速选择】对话框，在【特性】列表框中选择【图层】选项，在【值】下拉列表框中选择【中心线层】选项。

step 3 单击【确定】按钮，即可快速选中图形中的指定对象。

5.1.2 过滤选择对象

在命令行提示下输入 FILTER 命令，将打开【对象选择过滤器】对话框。可以使用对象的类型(如直线、圆及圆弧等)、图层、颜色、线型或线宽等特性作为条件，过滤选择符合设定条件的对象。此时必须考虑图形中对象的特性是否设置为随层。

在【对象选择过滤器】对话框下面的列表框中显示了当前设置的过滤条件。其他各选项的功能如下。

▶ 【选择过滤器】选项区域：用于设置选择的条件。

▶ 【编辑项目】按钮：单击该按钮，可以编辑过滤器列表框中选中的项目。

▶ 【删除】按钮：单击该按钮，可以删除过滤器列表框中选中的项目。

▶ 【清除列表】按钮：单击该按钮，可以删除过滤器列表框中的所有项目。

▶ 【命名过滤器】选项区域：用于选择已命名的过滤器。

【例5-2】选择图形中半径为7和12.5的圆或圆弧。

📹视频+素材 （素材文件\第05章\例5-2）

step① 在命令行中输入FILTER命令，按Enter键，打开【对象选择过滤器】对话框。

step② 在【选择过滤器】区域的下拉列表框中，选择【** 开始 OR】选项，并单击【添加到列表】按钮，将其添加至过滤器列表框中，表示以下各项目为逻辑【或】关系。

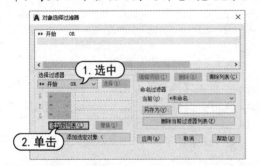

step③ 在【选择过滤器】区域的下拉列表框中，选择【圆半径】选项，并在 X 后面的下拉列表框中选择=，在对应的文本框中输入7，表示将圆的半径设置为7。

step④ 单击【添加到列表】按钮，将设置的圆半径过滤器添加至过滤器列表框中，此时列表框中将显示【对象 = 圆】和【圆半径 = 7.000000】两个选项。

step⑤ 在【选择过滤器】区域的下拉列表框中选择【圆弧半径】，并在 X 后面的下拉列表框中选择=，在对应的文本框中输入 12.5，然后将其添加至过滤器列表框中。

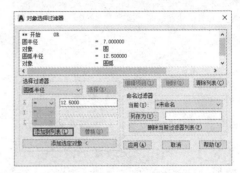

step⑥ 为确保只选择半径为7和12.5的圆或圆弧，需要删除过滤器【对象 = 圆】和【对象=圆弧】。可以在过滤器列表框中选择【对象 = 圆】和【对象=圆弧】，然后单击【删除】按钮，删除后的效果如下图所示。

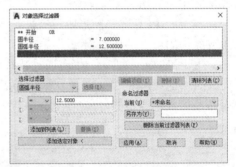

step⑦ 在过滤器列表框中单击【圆弧半径=12.5】下面的空白区，并在【选择过滤器】选项区域的下拉列表框中选择【** 结束 OR】选项，然后单击【添加到列表】按钮，将其添加至过滤器列表框中，表示结束逻辑【或】关系。对象选择过滤器设置完毕。

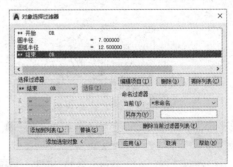

step⑧ 单击【应用】按钮，并在绘图窗口中使用窗口选择法框选所有图形，然后按 Enter键，系统将过滤出满足条件的对象并将其选中，效果如下图所示。

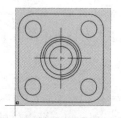

5.1.3　编组图形对象

所谓编组就是保存对象集，用户可以根据需要同时选择和编辑这些对象，也可以分别进行选择和编辑。编组提供了以组为单位操作图形元素的简单方法。用户可以快速创建编组并使用默认名称，可以通过添加或删除对象来更改编组的部件。

1．创建编组对象

编组在某些方面类似于块，是另一种将对象编组成命名集的方法。将多个对象进行编组，更加易于管理。

在命令行提示下输入 GROUP，按下Enter 键，将显示如下提示信息。

GROUP 选择对象或 [名称(N)/说明(D)]:

其选项的功能说明如下。

> 名称(N)：设置对象编组的名称。
> 说明(D)：设置对象编组的说明信息。

若要取消对象编组，可以在菜单栏中选择【工具】|【解除编组】命令。

【例5-3】使用【编组】命令编组图形对象。
🎬视频+素材 (素材文件\第 05 章\例5-3)

step① 打开一个图形文件后，在命令行中输入 GROUP 命令。

step② 按下 Enter 键确认，在命令行提示下选中需要编组的图形对象(4 个圆形)。

step③ 在命令行提示中输入N，然后按下Enter键确认。此时，即可完成图形对象的编组。

step④ 选择【工具】|【解除编组】命令，可以将编组后的对象解除编组。

2．编辑编组对象

用户可以使用多种方式修改编组，包括更改其成员资格、修改其特性、修改编组的名称和说明以及从图形中将其删除等。

(1) 将对象作为一个编组进行编辑

打开编组选择时，可以对组进行移动、复制、旋转和修改等。如果要编辑编组中的对象，则应关闭编组选择，或者使用夹点编辑单个对象。

在某些情况下，控制属于选定的同一编组的对象的顺序是有用的。例如，为数控设备生成工具路径的自定义程序可能按指定的顺序来靠近一系列相邻对象。

用户可以使用以下两种方法排序对象编组的成员。

> 修改各个成员或编组成员范围的编号位置。
> 反转所有成员的次序(每个编组的第一个对象编号均为 0，而不是 1)。

(2) 更改编组部件、名称或说明

选择【默认】选项卡，在【组】面板中单击▼按钮，在展开的面板中单击【编组管理器】按钮，可以打开【对象编组】对话框。

在下图所示的【对象编组】对话框中的【编组名】列表中选中一个编组后，在【编组标识】选项区域中可以修改编组的名称和说明信息。

如果用户要将编组中的某个成员删除，可以在【对象编组】对话框的【修改编组】选项区域中单击【删除】按钮，然后在下图中，取消要删除对象的选中状态。按下 Enter 键确认，在【对象编组】对话框中单击【确定】按钮即可。

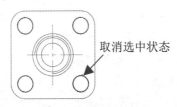

如果要在编组中添加成员，可以在【对象编组】对话框的【修改编组】选项区域中单击【添加】按钮，然后在下图所示的命令行提示下选中需要添加的对象。按下 Enter 键确认，在【对象编组】对话框中单击【确定】按钮即可。

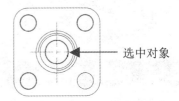

这里要注意的是：如果从编组中删除对象使编组为空，编组仍将保持定义状态，但其中没有成员。

(3) 分解编组

在【对象编组】对话框中选中一个编组后，在【修改编组】选项区域中单击【分解】按钮，可以删除编组定义。该操作与分解块、图案填充或标注不同，属于分解编组的对象将被保留在图形中。执行【分解】命令后，该编组将被解散，但是其成员不会以其他任何方式被修改。

另外，如果分解属于一个编组的对象(例如块实例或图案填充)，AutoCAD 不会自动将结果组件添加到任何编组。

5.2　使用夹点编辑图形

在 AutoCAD 中，夹点是一种集成的编辑模式。为用户提供了一种方便快捷的编辑操作途径。例如，使用夹点能够将对象进行拉伸、移动、旋转、缩放及镜像等操作。

默认情况下，夹点始终是打开的。可以通过【选项】对话框的【选择集】选项卡设置夹点的显示和大小。不同的对象用来控制其特征的夹点的位置和数量也不相同。下表所示列举了 AutoCAD 中常见对象的夹点特征。

AutoCAD 中常见对象的夹点特征

对 象 类 型	夹 点 特 征
直线	两个端点和中点
多段线	直线段的两端点、圆弧段的中点和两端点
构造线	控制点和线上的邻近两点
射线	起点和射线上的一个点
多线	控制线上的两个端点

(续表)

对 象 类 型	夹 点 特 征
圆弧	两个端点和中点
圆	4 个象限点和圆心
椭圆	4 个定点和中心点
椭圆弧	端点、中点和中心点
区域覆盖	各个顶点
文字	插入点和第 2 个对齐点(如果有的话)
段落文字	各个顶点
属性	插入点
形	插入点
三维网格	网格上的各个顶点
三维面	周边顶点
线性标注、对齐标注	尺寸线和尺寸界线的端点,尺寸文字的中心点
角度标注	尺寸线端点和指定尺寸标注弧的端点,尺寸文字的中心点
半径标注、直径标注	半径或直线标注的端点,尺寸文字的中心点
坐标标注	被标注点,指定的引出线端点和尺寸文字的中心点

5.2.1 拉伸对象

在不执行任何命令的情况下选择对象并显示其夹点,然后单击其中一个夹点,进入编辑状态。此时,AutoCAD 自动将其作为拉伸的基点,进入【拉伸】编辑模式,命令行将显示如下提示信息。

** 拉伸 **
指定拉伸点或 [基点(B)/复制(C)/放弃(U)/退出(X)]:

各选项的功能如下。

➤ 【基点(B)】选项:重新确定拉伸基点。

➤ 【复制(C)】选项:允许确定一系列的拉伸点,以实现多次拉伸。

➤ 【放弃(U)】选项:取消上一次操作。

➤ 【退出(X)】选项:退出当前的操作。

默认情况下,指定拉伸点(可以通过输入点的坐标或者直接用鼠标指针拾取点)后,AutoCAD 将把对象拉伸或移动至新的位置。

对于某些夹点,移动时只能移动对象而不能拉伸对象,如文字、块、直线中点、圆心、椭圆中心和点对象上的夹点。

通过夹点拉伸对象的具体方法如下。

step 1 选择图形中合适的对象,使其呈夹点选择状态,将鼠标指针放置在夹点上,在弹出的菜单中选择【拉伸】命令。

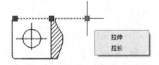

step 2 在命令行提示下,按住 Shift 键选择如下图所示的端点。按下 ESC 键,即可拉伸选定的图形对象。

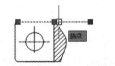

5.2.2 移动对象

移动对象仅仅是位置上的平移，对象的方向和大小并不会改变。在夹点编辑模式下确定基点后，在命令行提示下输入 MO 进入移动模式，命令行将显示如下提示信息。

** 移动 **
指定移动点或 [基点(B)/复制(C)/放弃(U)/退出(X)]:

通过输入点的坐标或拾取点的方式来确定平移对象的目的点后，即可以基点为平移的起点，以目的点为终点将所选对象平移至新位置。

通过夹点移动对象的具体方法如下。

step 1 打开图形文件后，选择图形中需要移动的对象，使其呈夹点选择状态。

step 2 单击选中下左图所示的夹点(此时，该夹点将呈红色显示)。

step 3 按下 Enter 键确认，在命令行提示下，在绘图窗口中选中下右图所示的端点。

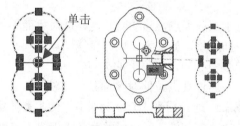

step 4 单击鼠标左键，并按下 Esc 键，即可移动图形对象。

对不同的对象执行夹点操作时，图形对象上特征点的位置和数量也不同，每个图形对象都有自身的夹点标记。

5.2.3 旋转对象

在夹点编辑模式下确定基点后，在命令行提示下输入 RO 进入旋转模式，命令行将显示如下提示信息。

** 旋转 **
指定旋转角度或 [基点(B)/复制(C)/放弃(U)/参照(R)/退出(X)]:

默认情况下，输入旋转的角度值或通过拖动方式确定旋转角度后，即可将对象绕基点旋转指定的角度。也可以选择【参照】选项，以参照方式旋转对象，这与【旋转】命令中的【参照】选项功能相同。

通过夹点旋转对象的具体方法如下。

step 1 打开图形文件后，选择所有图形为旋转对象，使其呈夹点选择状态，然后选中下左图中右侧的夹点。

step 2 连续按两下 Enter 键，在命令行提示下输入旋转角度 90。按下 Enter 键，即可旋转图形对象，按 Esc 键，效果如下右图所示。

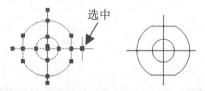

5.2.4 缩放对象

在夹点编辑模式下确定基点后，在命令行提示下输入 SC 进入缩放模式，命令行将显示如下提示信息。

** 比例缩放 **
指定比例因子或 [基点(B)/复制(C)/放弃(U)/参照(R)/退出(X)]:

默认情况下，当确定缩放的比例因子后，AutoCAD 将相对于基点进行缩放对象操作。当比例因子大于 1 时放大对象；当比例因子大于 0 而小于 1 时缩小对象。

通过夹点缩放对象的具体方法如下。

step 1 打开图形文件后，选择合适的对象，使其呈夹点选择状态，如下左图所示。

step 2 捕捉圆心中点位置的夹点，在命令行提示下连续按下 3 次 Enter 键，在命令行提示下输入 0.5。按下 Enter 键即可缩放图形对象，按下 Esc 键，图形效果如下右图所示。

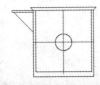

5.2.5　镜像对象

与【镜像】命令的功能类似,镜像操作后将删除原对象。在夹点编辑模式下确定基点后,在命令行提示下输入 MI 进入镜像模式,命令行将显示如下提示信息。

** 镜像 **
指定第二点或 [基点(B)/复制(C)/放弃(U)/退出(X)]:

指定镜像线上的第 2 个点后,AutoCAD 将以基点作为镜像线上的第 1 点,新指定的点为镜像线上的第 2 个点,将对象进行镜像操作并删除原对象。

【例 5-4】使用夹点编辑功能绘制零件图形。

视频+素材 (素材文件\第 05 章\例 5-4)

step① 选择【默认】选项卡,然后在【绘图】面板中单击【直线】按钮,绘制一条水平直线和一条垂直直线作为辅助线。

step② 选择【工具】|【新建 UCS】|【原点】命令,将坐标系原点移至辅助线的交点处。

step③ 选择所绘制的垂直直线,并单击两条直线的交点,将其作为基点。在命令行的【指定拉伸点或[基点(B)/复制(C)/放弃(U)/退出(X)/]:】提示下中输入 C,移动并复制垂直直线,然后在命令行中输入(120,0),即可得到另一条垂直的直线。

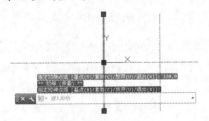

step④ 选择【默认】选项卡,然后在【绘图】面板中单击【多边形】按钮,以左侧垂直直线与水平直线的交点为中心点,绘制一个半径为 15 的圆的内接正六边形。

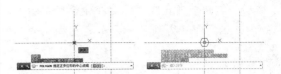

step⑤ 选择【默认】选项卡,然后在【绘图】面板中单击【圆心、直径】按钮,以右侧垂直直线与水平直线的交点为圆心,绘制一个直径为 65 的圆。

step⑥ 选择右侧所绘的圆,并单击该圆的最上端夹点,将其作为基点(该点将显示为红色)。在命令行中输入 C,并在拉伸的同时复制图形。然后在命令行中输入(50, 0),即可得到一个直径为 100 的拉伸圆。

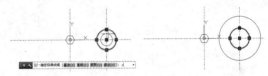

step⑦ 选择【默认】选项卡,然后在【绘图】面板中单击【圆心、直径】按钮。以六边形的中心点为圆心,绘制一个直径为 45 的圆。

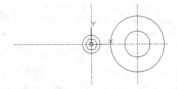

step⑧ 选择所绘制的水平直线,并单击直线上的夹点。将其作为基点,在命令行中输入 C。移动并复制水平直线,然后在命令行中输入((@0,9),即可得到一条水平的直线。

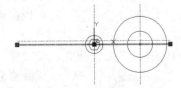

step⑨ 选择右侧的垂直直线,并单击直线上的夹点,将其作为基点。在命令行中输入 C,

移动并复制垂直直线。然后在命令行中输入(@-38,0)，即可得到另一条垂直直线。

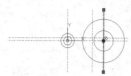

step 10 在【修改】面板中单击【修剪】按钮，修剪直线。

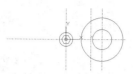

step 11 选择修剪后的直线，在命令行中输入MI，镜像所选的对象。在水平直线上任意选择两点作为镜像线的基点。然后在【要删除源对象吗？】命令提示下，输入N。最后按下Enter键，即可得到镜像的图形。

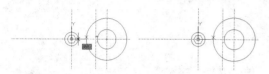

step 12 在【绘图】面板中单击【相切、相切、半径】按钮。以直径为45和100的圆为相切圆，绘制半径为160的圆。

step 13 在【修改】面板中单击【修剪】按钮，修剪绘制的相切圆。

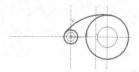

step 14 选择修剪后的圆弧，在命令行中输入MI，镜像所选的对象。然后在水平直线上任意选择两点作为镜像线的基点，并在【要删除源对象吗？】命令提示下，输入N。最后按下Enter键，即可得到镜像的圆弧。

step 15 在【修改】面板中单击【修剪】按钮，对图形进行修剪。

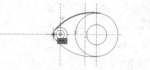

step 16 选择【工具】|【新建UCS】|【世界】命令，恢复世界坐标系。关闭绘图窗口，并保存所绘的图形。

5.3 更正错误与删除对象

在使用AutoCAD绘制图形时，常常会发生绘制错误的现象。为了更正错误，用户可以使用AutoCAD提供的撤销和删除功能进行操作。

5.3.1 撤销操作

在AutoCAD中，有很多方法可以放弃最近一个或多个操作。最简单的就是使用UNDO命令来放弃单个操作，也可以一次撤销前面进行的多个操作。这时可以在命令提示行中输入UNDO命令，然后在命令行中输入要放弃的操作数目。例如，要放弃最近的5个操作，可以输入5。AutoCAD将显示放弃的命令或系统变量设置。

执行UNDO命令，命令行提示信息如下。

输入要放弃的操作数目或[自动(A)/控制(C)/开始(BE)/结束(E)/标记(M)/后退(B)] <1>:

如果要重做使用UNDO命令放弃的最后一个操作，可以使用REDO命令或在快速访问工具栏中选择【显示菜单栏】命令，在弹出的菜单中选择【编辑】|【重做】命令。

5.3.2 删除对象

在菜单栏中选择【修改】|【删除】命令(ERASE)；或在【功能区】选项板中选择【常用】选项卡，然后在【修改】面板中单击【删

除】按钮 ，即可删除图形中选中的对象。

通常，执行【删除】命令后，AutoCAD 要求选择需要删除的对象，然后按 Enter 键或空格键结束对象选择，同时删除已选择的

对象。如果在【选项】对话框的【选择集】选项卡中，选中【选择模式】选项区域中的【先选择后执行】复选框，就可以先选择对象，然后单击【删除】按钮 将其删除。

5.4 移动、旋转和对齐对象

在 AutoCAD 中，不仅可以使用夹点进行移动和旋转对象，还可以通过【修改】菜单中的相关命令来实现。

5.4.1 移动对象

在 AutoCAD 中，用户通过以下几种方法执行【移动】命令，可在指定方向上按指定距离移动对象(对象的位置发生了改变，但方向和大小不改变)。

▶ 选择【修改】|【移动】命令。

▶ 在命令行中执行 MOVE 命令。

▶ 选择【默认】选项卡，在【修改】面板中单击【移动】按钮 。

若要移动对象，首先选择需要移动的对象，然后指定位移的基点和位移矢量。在命令行的【指定基点或[位移(D)]<位移>:】提示下，如果单击或以键盘输入形式给出了基点坐标，命令行将显示【指定第二个点或<使用第一个点作位移>:】提示；如果按 Enter 键，那么所给出的基点坐标值将作为偏移量，即该点作为原点(0,0)，然后将图形相对于该点移动由基点设定的偏移量。

1. 通过两点移动对象

通过两点移动对象是指使用由基点及第二点指定的距离和方向移动对象，其具体步骤如下。

step 1 在命令行中输入 MOVE 命令。按下 Enter 键，选中下图所示的图形。

选中

step 2 在命令行提示下输入(0,0)，指定基点的坐标。

step 3 按下 Enter 键确认后，在命令行提示下输入(100,0)，指定第二点坐标。

step 4 按下 Enter 键确认后，被选中对象的移动效果如下图所示。

2. 通过位移移动对象

通过位移移动对象指的是通过设置移动的相对位移量来移动对象，具体方法如下。

step 1 在命令行中输入 MOVE，并按下 Enter 键确认。选中下图所示的对象。

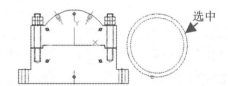
选中

step 2 按下 Enter 键确认，在命令行提示下输入 D，并再次按下 Enter 键。

step 3 在命令行提示下输入(@-500,0)，然后按下 Enter 键确认，效果如下图所示。

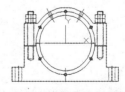

5.4.2 旋转对象

在 AutoCAD 中，通过以下几种方法旋转对象，可将对象绕基点旋转指定的角度。

▶ 选择【修改】|【旋转】命令。

➤ 在命令行中执行ROTATE或RO命令。

➤ 选择【默认】选项卡,在【修改】面板中单击【旋转】按钮○。

执行以上命令后,从命令行显示的【UCS 当前的正角方向: ANGDIR=逆时针 ANGBASE=0】提示信息中,可以了解到当前的正角度方向(如逆时针方向)、零角度方向与 X 轴正方向的夹角(如 0°)。

选择需要旋转的对象(可以依次选择多个对象),并指定旋转的基点,命令行将显示【指定旋转角度或 [复制(C)参照(R)]<O>:】提示信息。如果直接输入角度值,则可以将对象绕基点旋转该角度,角度为正时逆时针旋转,角度为负时顺时针旋转;如果选择【参照(R)】选项,将以参照方式旋转对象,需要依次指定参照方向的角度值和相对于参照方向的角度值。

【例5-5】通过旋转对象,在 AutoCAD 中绘制如下图所示的图形。🎬视频

step① 选择【默认】选项卡,然后在【绘图】面板中单击【圆心、半径】按钮,绘制一个半径为 30 的圆。

step② 选择【工具】|【新建 UCS】|【原点】命令,将坐标系的原点移至圆心位置。

step③ 在【绘图】面板中单击【直线】按钮,经过点(0,15)、点(@15,-15)和点(@-15,-15)绘制直线,如下右图所示。

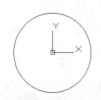

step④ 在【修改】面板中单击【旋转】按钮,最后在命令行的【选择对象:】提示下,选择绘制的两条直线。

step⑤ 在命令行的【指定基点:】提示下,输入点的坐标(0,0)作为移动的基点。

step⑥ 在命令行的【指定旋转角度,或[复制(C)参照(R)]<O>:】提示下,输入 C,并指定旋转的角度为 180°,然后按 Enter 键,如下左图所示。

step⑦ 在【绘图】面板中单击【圆心、半径】按钮,以坐标(0,22.5)为圆心,绘制一个半径为 7.5 的圆,如下右图所示。

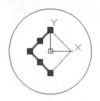 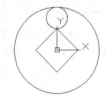

step⑧ 在【修改】面板中单击【旋转】按钮,在命令行的【选择对象:】提示下,选择绘制的半径为 7.5 的圆。

step⑨ 在命令行的【指定基点:】提示下,输入点的坐标(0,0)作为移动的基点。

step⑩ 在命令行的【指定旋转角度,或[复制(C)参照(R)]<O>:】提示下,输入 C,并指定旋转的角度为 90°。然后按 Enter 键。

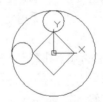

step⑪ 在【修改】面板中单击【旋转】按钮,最后在命令行的【选择对象:】提示下,选择两个半径为 7.5 的圆。

step⑫ 在命令行的【指定基点:】提示下,输入点的坐标(0,0)作为移动的基点。

step⑬ 在命令行的【指定旋转角度,或[复制(C)参照(R)]<O>:】提示下,输入 C,并指定旋转的角度为 180°,然后按 Enter 键即可。

5.4.3 对齐对象

在 AutoCAD 中,用户可以通过以下几种方法使用【对齐】命令,通过移动、旋转

或倾斜对象来使一个对象与另一个对象对齐(既适用于二维对象，也适用于三维对象)。

> 选择【修改】|【三维操作】|【对齐】命令。

> 在命令行中执行 ALIGN 或 AL 命令。

> 选择【默认】选项卡，在【修改】面板中单击▼，在展开的面板中单击【对齐】按钮 ⊨。

当对齐二维对象时，可以指定 1 对或 2 对对齐点(源点和目标点)；当对齐三维对象时，则需要指定 3 对对齐点。

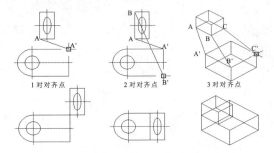

1 对对齐点　　　2 对对齐点　　　3 对对齐点

在对齐对象时，命令行将显示【是否基于对齐点缩放对象？[是(Y)/否(N)] <否>:】提示信息。如果选择【否(N)】选项，则对象改变位置，且对象的第一源点与第一目标点重合，第二源点位于第一目标点与第二目标点的连线上。即对象先平移，后旋转。如果选择【是(Y)】选项，则对象除平移和旋转外，还基于对齐点进行缩放。由此可见，【对齐】

命令是【移动】命令和【旋转】命令的组合。

执行【对齐】命令的具体方法如下。

step 1　在命令行中输入 ALIGN 命令，按下 Enter 键。在命令行提示下选中下左图所示的圆。

step 2　按下 Enter 键确认，在命令行提示下选中下右图所示的圆心为第一个源点。

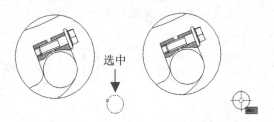

选中

step 3　在命令行提示下捕捉下左图所示的圆心为第一个目标点。

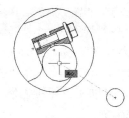

step 4　按下 Enter 键确认，即可对齐对象。

5.5　复制、阵列、偏移和镜像对象

在 AutoCAD 中，可以使用【复制】、【阵列】、【偏移】和【镜像】命令创建与源对象相同或相似的图形。

5.5.1　复制对象

在 AutoCAD 中，用户通过以下几种方法执行【复制】命令，可将已有的对象复制出副本，并放置到指定的位置。

> 选择【修改】|【复制】命令。

> 在命令行中执行 COPY 命令。

> 选择【默认】选项卡，在【修改】面板中单击【复制】按钮 ⊙。

执行以上命令时，需要选择复制的对象，命令行将显示【指定基点或[位移(D)/模式(O)/多个(M)] <位移>:】提示信息。如果只需要创建一个副本，直接指定位移的基点和位移矢量(相对于基点的方向和大小)。如果需要创建多个副本，而复制模式为单个时，只要输入 M，设置复制模式为多个；然后在【指定第二个点或[退出(E)/放弃(U)<退出>:】提示下，通过连续指定位移的第二点来创建

该对象的其他副本，直至按 Enter 键结束。

执行【复制】命令的具体方法如下。

step ① 在命令行中输入 COPY 命令，然后按下 Enter 键。在命令行提示下选择所有的图形对象。按下 Enter 键确认，选中下左图所示图形中的 A 点。

step ② 此时，在绘图窗口中单击，即可将图形对象复制多份，效果如下右图所示。

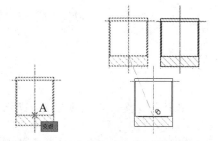

5.5.2 阵列对象

要绘制多个在 X 轴或在 Y 轴上等间距分布，或围绕一个中心旋转，或沿着路径均匀分布的图形，可以使用阵列命令。

1. 矩形阵列

所谓矩形阵列，是指在 X 轴、Y 轴或者 Z 轴方向上等间距绘制多个相同的图形。执行【矩形阵列】命令的方法有以下几种。

▶ 选择【修改】|【阵列】|【矩形阵列】命令。

▶ 在命令行中执行 ARRAYCLASSIC 命令。

▶ 选择【默认】选项卡，单击【修改】面板中的【矩形阵列】按钮🔠。

【例 5-6】使用【矩形阵列】命令创建一个矩形阵列。

🔘 视频+素材 (素材文件\第 05 章\例 5-6)

step ① 打开下图所示的图形后，在命令行中输入 ARRAYCLASSIC，按下 Enter 键。

step ② 打开【阵列】对话框，选择【矩形阵列】单选按钮，单击【选择对象】按钮➕。

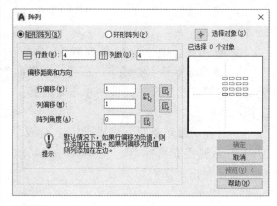

step ③ 在命令行提示下捕捉图形中需要镜像的对象。

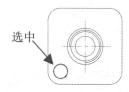

step ④ 按下 Enter 键返回【阵列】对话框，单击【拾取行偏移】按钮🔳。

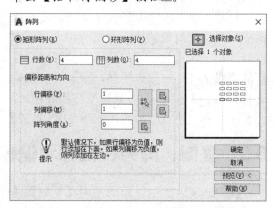

step ⑤ 在图形中先捕捉下左图所示的圆心，然后捕捉下右图所示的圆心。

step ⑥ 返回【阵列】对话框，即可在【行偏移】文本框中捕捉矩形阵列行偏移值。

step ⑦ 在【阵列】对话框中单击【拾取列偏

移】按钮，然后先捕捉下左图所示的圆心，再捕捉下右图所示的圆心。

step 8 返回【阵列】对话框，在【行数】和【列数】文本框中输入 2，单击【确定】按钮。

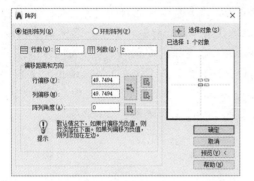

step 9 此时，即可矩形阵列对象，效果如下图所示。

2. 环形阵列

所谓环形阵列，是指围绕一个中心创建多个相同的图形。执行【环形阵列】命令的方法有以下几种。

▶ 选择【修改】|【阵列】|【环形阵列】命令。

▶ 在命令行中执行ARRAYPOLAR命令。

▶ 选择【默认】选项卡，单击【修改】面板中的【环形阵列】按钮

【例 5-7】使用【环形阵列】命令创建一个环形阵列。

视频+素材　(素材文件\第 05 章\例 5-7)

step 1 打开图形后，在命令行中输入ARRAYCLASSIC 命令，按下 Enter 键。

step 2 打开【阵列】对话框，选中【环形阵列】单选按钮，单击【选择对象】按钮。

step 3 在命令行提示下选中需要阵列的对象，按下 Enter 键。

step 4 返回【阵列】对话框，单击【拾取中心点】按钮。

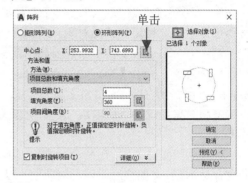

step 5 在命令行提示下捕捉如下图所示的圆心。

step 6 返回【阵列】对话框，在【项目总数】文本框中确认阵列后的项目数为 4 后，单击【确定】按钮，环形阵列对象效果如下图所示。

5.5.3　偏移对象

偏移图形对象指的是对指定的线进行平行偏移复制，对指定的圆或圆弧等对象进行同心偏移复制操作。在 AutoCAD 中，用户可以通过以下几种方法偏移对象。

▶ 选择【修改】|【偏移】命令。

▶ 在命令行中执行 OFFSET 或 O 命令。

▶ 选择【默认】选项卡，在【修改】面

板中单击【偏移】按钮⚏。

执行【偏移】命令时，其命令行提示信息如下。

指定偏移距离或 [通过(T)/删除(E)/图层(L)] <通过>:

默认情况下，需要指定偏移距离，再选择偏移复制的对象；然后指定偏移方向，以复制出对象。主要选项的功能如下。

➤ 【通过(T)】选项：在命令行输入 T，命令行提示【选择要偏移的对象，或 [退出(E)/放弃(U)] <退出>:】提示信息。选择偏移对象后，命令行提示【指定通过点或 [退出(E)/多个(M)/放弃(U)] <退出>:】提示信息，指定复制对象经过的点或输入 M 将对象偏移多次。

➤ 【删除(E)】选项：在命令行中输入 E，命令行显示【要在偏移后删除源对象吗？[是(Y)/否(N)] <否>:】提示信息，输入 Y 或 N 来确定是否需要删除源对象。

➤ 【图层(L)】选项：在命令行中输入 L，选择需要偏移对象的图层。

使用【偏移】命令复制对象时，复制结果不一定与原对象相同。例如，对圆弧作偏移后，新圆弧与旧圆弧同心且具有同样的包含角，但新圆弧的长度将发生改变。对圆或椭圆作偏移后，新圆、新椭圆与旧圆、旧椭圆有同样的圆心，但新圆的半径或新椭圆的轴长将发生变化。对直线段、构造线、射线作偏移，则是平行复制。

【例5-8】使用【偏移】命令，绘制如下图所示的六边形地板砖。📹视频

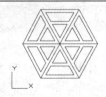

step① 选择【默认】选项卡，然后在【绘图】面板中单击【多边形】按钮，绘制一个内接于半径为 12 的假想圆的正六边形。

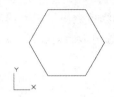

step② 在【修改】面板中单击【偏移】按钮⚏，发出 OFFSET 命令。在【指定偏移距离或 [通过(T)/删除(E)/图层(L)] <5.0000>:】提示下，输入偏移距离 1，并按 Enter 键。

step③ 在【选择要偏移的对象，或 [退出(E)/放弃(U)] <退出>:】提示下，选中正六边形。

step④ 在【指定要偏移的那一侧上的点，或 [退出(E)/多个(M)/放弃(U)] <退出>:】提示下，在正六边形的外侧单击，确定偏移方向，将得到偏移正六边形。

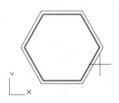

step⑤ 在【选择要偏移的对象，或 [退出(E)/放弃(U)] <退出>:】提示下，选中偏移的正六边形。

step⑥ 输入偏移距离 3，并按 Enter 键，将得到第 2 个偏移的正六边形，如下左图所示。

step⑦ 在【选择要偏移的对象，或 [退出(E)/放弃(U)] <退出>:】提示下，选中第 2 个偏移的正六边形。

step⑧ 输入偏移距离 1，并按 Enter 键，得到第 3 个偏移的正六边形，如下右图所示。

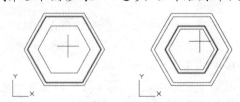

step⑨ 在【绘图】面板中单击【直线】按钮，分别绘制正六边形的 3 条对角线。

 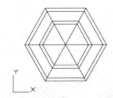

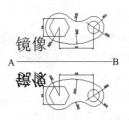

step 10 在【修改】面板中单击【偏移】按钮，发出 OFFSET 命令。将绘制的两条直线分别向两边各偏移 1。

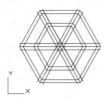

如果 MIRRTEXT 的值为 0，则文字对象不镜像，如下图所示，其中 AB 为镜像线。

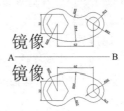

step 11 在【修改】面板中单击【修剪】按钮，对图形中的多余线条进行修剪，完成图形的绘制。

5.5.4 镜像对象

在 AutoCAD 中，用户可以通过以下几种方法将对象以镜像线对称复制。

> 选择【修改】|【镜像】命令。

> 在命令行中执行MIRROR或MI命令。

> 选择【默认】选项卡，在【修改】面板中单击【镜像】按钮⚏。

执行该命令时，需要选择镜像的对象，然后依次指定镜像线上的两个端点，命令行将显示【删除源对象吗？[是(Y)/否(N)]<N>:】提示信息。如果直接按 Enter 键，则镜像复制对象，并保留原来的对象；如果输入 Y，则在镜像复制对象的同时删除源对象。

在AutoCAD中，使用系统变量MIRRTEXT可以控制文字对象的镜像方向。如果MIRRTEXT 的值为1，则文字对象完全镜像，镜像出来的文字变得不可读。

执行【镜像】命令的具体步骤如下。

step 1 在命令行中输入 MIRROR 命令，按下 Enter 键。在命令行提示下，选中绘图窗口中上方的两个圆对象为镜像对象。

step 2 捕捉下图中的交点为第一镜像点。

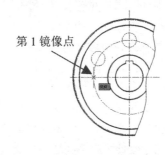

第 1 镜像点

step 3 捕捉下图中的圆心为第二镜像点。

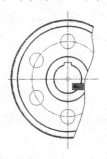

step 4 按下 Enter 键确认，即可镜像对象。

5.6 修改对象的大小和形状

在 AutoCAD 中，可以使用【修剪】和【延伸】命令缩短或拉长对象，以与其他对象的边相接。也可以使用【缩放】、【拉伸】和【拉长】命令，在一个方向上调整对象的大小或按比例增大或缩小对象。

5.6.1 修剪对象

在 AutoCAD 中，用户可以通过以下几种方法使用【修剪】命令，精确地将某一个对象终止在由其他对象定义的边界处。

- ▶ 选择【修改】|【修剪】命令。
- ▶ 在命令行中执行 TRIM 或 TR 命令。
- ▶ 选择【默认】选项卡，在【修改】面板中单击【修剪】按钮┼。

执行以上命令，并选择作为剪切边的对象后(也可以是多个对象)，按 Enter 键，将显示如下提示信息。

选择要修剪的对象，或按住 Shift 键选择要延伸的对象，或 [栏选(F)/窗交(C)/ 投影(P)/边(E)/删除(R)/放弃(U)]:

在 AutoCAD 中，可以作为剪切边的对象包括直线、圆弧、圆、椭圆、椭圆弧、多段线、样条曲线、构造线、射线和文字等。剪切边也可以同时作为被剪边。默认情况下，选择需要修剪的对象(即选择被剪边)，系统将以剪切边为界，将被剪切对象上位于拾取点一侧的部分剪切掉。如果按下 Shift 键，同时选择与修剪边不相交的对象，修剪边将变为延伸边界，将选择的对象延伸至与修剪边界相交。该命令提示中主要选项的功能如下。

- ▶ 【投影(P)】选项：选择该选项时，可以指定执行修剪的空间。主要应用于三维空间中两个对象的修剪，可将对象投影到某一平面上执行修剪操作。
- ▶ 【边(E)】选项：选择该选项时，命令行显示【输入隐含边延伸模式 [延伸(E)/不延伸(N)] <不延伸>:】提示信息。如果选择【延伸(E)】选项，当剪切边太短而且没有与被修剪对象相交时，可延伸修剪边，然后进行修剪；如果选择【不延伸(N)】选项，只有当剪切边与被修剪对象真正相交时，才能进行修剪。
- ▶ 【放弃(U)】选项：取消上一次的操作。

执行【修剪】命令修改图形的具体操作方法如下。

step 1 在命令行中输入 TRIM 命令，按下 Enter 键。在命令行提示下，在绘图窗口中选中下左图所示的线条。

step 2 按下 Enter 键确认，将光标移动至需要删除的线条上单击，如下右图所示。

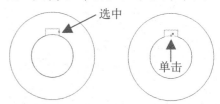

step 3 按下 Enter 键确认，图形对象的修剪效果如下图所示。

5.6.2 延伸对象

使用【延伸】命令，可以延伸图形对象，使该对象与其他对象相接或精确地延伸至选定对象定义的边界上。在 AutoCAD 中，用户可以通过以下几种方法延伸对象。

- ▶ 选择【修改】|【延伸】命令。
- ▶ 在命令行中执行 EXTEND 命令。
- ▶ 选择【默认】选项卡，在【修改】面板中单击【修剪】按钮旁边的▼，在弹出的列表中选择【延伸】选项。

延伸命令的使用方法和修剪命令的使用方法相似，不同之处在于：使用延伸命令时，如果在按下 Shift 键的同时选择对象，则执行修剪命令；使用修剪命令时，如果在按下 Shift 键的同时选择对象，则执行延伸命令。

【例 5-9】使用【延伸】命令延伸下图所示图形中的对象。

🎬 视频+素材 (素材文件\第 05 章\例 5-9)

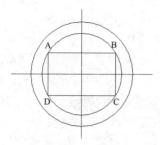

step 1 选择【默认】选项卡，然后在【修改】面板中单击【延伸】按钮，发出 EXTEND 命令。在命令行的【选择对象:】提示下，用鼠标指针拾取外侧的大圆，然后按 Enter 键，结束对象选择。

step 2 在命令行的【选择要延伸的对象，或按住 Shift 键选择要延伸的对象，或 [栏选(F)/窗交(C)/投影(P)/边(E)/放弃(U)]:】提示下，拾取直线 AB。然后按 Enter 键，结束延伸命令。

step 3 使用相同的方法，延伸其他的直线，效果如下图所示。

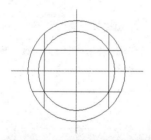

5.6.3　缩放对象

在 AutoCAD 中，用户可以通过以下几种方法使用【缩放】命令，将所选图形对象按照指定的比例进行放大或缩小处理(缩放图形的方式主要包括使用比例因子缩放对象以及使用参照距离缩放对象两种)。

▶ 选择【修改】|【缩放】命令。

▶ 在命令行中执行 SCALE 或 SC 命令。

▶ 选择【默认】选项卡，在【修改】面板中单击【缩放】按钮。

执行以上命令后，首先需要选择对象，然后指定基点，命令行将显示【指定比例因子或 [复制(C)/参照(R)]<1.0000>:】提示信息。如果直接指定缩放的比例因子，对象将根据该比例因子相对于基点缩放，当比例因子大于 0 而小于 1 时则缩小对象，当比例因子大于 1 时则放大对象；如果选择【参照(R)】选项，对象将按参照的方式缩放，需要依次输入参照长度的值和新的长度值。AutoCAD 根据参照长度与新长度的值自动计算比例因子(比例因子=新长度值/参照长度值)，然后进行缩放。

例如，将下左图所示的图形缩小为原来的一半，可在【功能区】选项板中选择【常用】选项卡；然后在【修改】面板中单击【缩放】按钮，选中所有图形，并指定基点为(0,0)；在【指定比例因子或[复制(C)/参照(R)]:】提示行下，输入比例因子 0.5，按 Enter 键即可，效果如下右图所示。

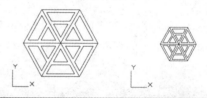

5.6.4　拉伸对象

在 AutoCAD 中，用户可以通过以下几种方法使用【拉伸】命令拉伸图形对象。拉伸对象只适用于未被定义为块的对象。如果拉伸被定义为块的对象，必须先将其进行打散操作。拉伸图形时，选定部分将被移动。如果选定部分与原图相连接，那么被拉伸的图形将保持与原图形的连接关系。

▶ 选择【修改】|【拉伸】命令。

▶ 在命令行中执行 STRETCH 或 S 命令。

▶ 选择【默认】选项卡，在【修改】面板中单击【拉伸】按钮。

执行拉伸对象命令时，可以使用【交叉窗口】方式或者【交叉多边形】方式选择对象。然后依次指定位移基点和位移矢量，系统将会移动全部位于选择窗口之内的对象，并拉伸(或压缩)与选择窗口边界相交的对象。

例如，将如下左图所示图形右半部分拉

伸，可以在【功能区】选项板中选择【常用】选项卡，并在【修改】面板中单击【拉伸】按钮。然后使用【窗口】选择右半部分的图形，并指定辅助线的交点为基点，拖动指针，即可随意拉伸图形，效果如下右图所示。

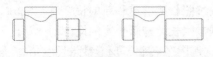

5.6.5　拉长对象

在AutoCAD中，用户可以通过以下几种方法使用【拉长】命令改变圆弧的角度，或改变非封闭对象(包括直线、圆弧、非闭合多段线、椭圆弧和非封闭样条曲线)的长度。

➤ 选择【修长】|【拉长】命令。

➤ 在命令行中执行 LENGTHEN 或 LEN 命令。

➤ 选择【默认】选项卡，在【修改】面板中单击▼，在展开的面板中单击【拉长】按钮。

执行以上命令时，命令行显示如下提示信息。

选择对象或 [增量(DE)/百分数(P)/全部(T)/动态(DY)]:

默认情况下，选择对象后，系统会显示出当前选中对象的长度和包含角等信息。该命令提示中选项的功能如下。

➤ 【增量(DE)】选项：以增量方式修改圆弧的长度。可以直接输入长度增量拉长直线或者圆弧，长度增量为正值时拉长，长度增量为负值时缩短。也可以输入 A，通过指定圆弧的包含角增量来修改圆弧的长度。

➤ 【百分数(P)】选项：以相对于原长度的百分比来修改直线或圆弧的长度。

➤ 【全部(T)】选项：以给定直线新的总长度或圆弧的新包含角来改变长度。

➤ 【动态(DY)】选项：允许动态地改变圆弧或直线的长度。

执行【拉长】命令，修改图形对象的具体操作方法如下。

step 1 在命令行中输入 LENGTHEN 命令，按下 Enter 键。在命令行提示下输入 DE，然后按下 Enter 键确认。

step 2 在命令行提示下输入 50，按下 Enter 键。在绘图窗口中单击捕捉直线 A 和直线 B，即可拉长对象。

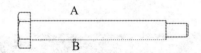

5.7　倒角、圆角、打断和合并对象

在 AutoCAD 中，可以使用【倒角】、【圆角】命令修改对象使其以平角或圆角相接，使用【打断】命令将对象分解成两部分。

5.7.1　倒角对象

在 AutoCAD 中，用户可以通过以下几种方法，使用【倒角】命令将对象的某些尖锐角变成一个倾斜的面使它们以平角或倒角连接。

➤ 选择【修改】|【倒角】命令。

➤ 在命令行中执行 CHAMFER 或 CHA 命令。

➤ 选择【默认】选项卡，在【修改】面板中单击【圆角】按钮旁的▼，在弹出的列表中选择【倒角】选项。

执行以上命令时，命令行显示如下提示信息。

选择第一条直线或 [放弃(U)/多段线(P)/距离(D)/角度(A)/修剪(T)/方式(E)/多个(M)]:

默认情况下，需要选择进行倒角的两条相邻的直线，然后按照当前的倒角大小对这两条直线修倒角。该命令提示中主要选项的功能如下。

> 【多段线(P)】选项：以当前设置的倒角大小对多段线的各顶点(交角)修倒角。

> 【距离(D)】选项：设置倒角距离。

> 【角度(A)】选项：根据第 1 个倒角距离和角度来设置倒角尺寸。

> 【修剪(T)】选项：设置倒角后是否保留原拐角边，命令行将显示【输入修剪模式选项 [修剪(T)/不修剪(N)] <修剪>：】提示信息。其中，选择【修剪(T)】选项，表示倒角后对倒角边进行修剪；选择【不修剪(N)】选项，表示不进行修剪。

> 【方法(E)】选项：设置倒角的方法，命令行将显示【输入修剪方法[距离(D)/角度(A)] <距离>：】提示信息。其中，选择【距离(D)】选项，表示以两条边的倒角距离来修倒角；选择【角度(A)】选项，表示以一条边的距离以及相应的角度来修倒角。

> 【多个(M)】选项：对多个对象修倒角。

执行【倒角】命令的具体方法如下。

step 1 在命令行中输入 CHAMFER 命令，按下 Enter 键。在命令行提示下输入 D。

step 2 按下 Enter 键确认，在命令行提示下输入 3，设置第一倒角距离。

step 3 按下 Enter 键确认，在命令行提示下输入 6，设置第二倒角距离。

step 4 按下 Enter 键确认，先捕捉下图所示的垂直直线 A，再捕捉水平直线 B。

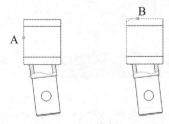

step 5 此时将创建效果如下图所示的倒角。

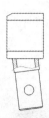

5.7.2　圆角对象

在 AutoCAD 中，用户可以通过以下几种方法使用【圆角】命令，利用一个指定半径的圆弧光滑地将两个对象连接起来。

> 选择【修改】|【圆角】命令。

> 在命令行中执行 FILLET 或 F 命令。

> 选择【默认】选项卡，在【修改】面板中单击【圆角】按钮⬜。

执行以上命令时，命令行显示如下提示信息。

选择第一个对象或 [放弃(U)/多段线(P)/半径(R)/修剪(T)/多个(M)]:

修圆角的方法与修倒角的方法相似。在命令行提示中，选择【半径(R)】选项，即可设置圆角的半径大小。

【例 5-10】绘制汽车轮胎。　🔘视频

step 1 选择【默认】选项卡，然后在【绘图】面板中单击【构造线】按钮，绘制一条经过点(100,100)的水平辅助线和一条经过点(100,100)的垂直辅助线。

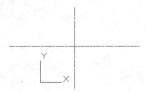

step 2 在【绘图】面板中单击【圆心、半径】按钮，以点(100,100)为圆心，绘制半径为 5 的圆。

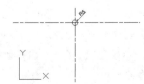

step 3 在【绘图】面板中单击【圆心、半径】

按钮，绘制小圆的 4 个同心圆，半径分别为 10、40、45 和 50。

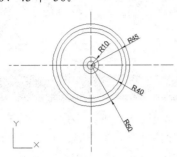

step 4 在【修改】面板中单击【偏移】按钮，将水平辅助线分别向上、向下偏移 4。

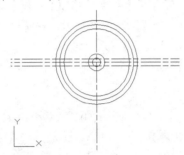

step 5 在【绘图】面板中单击【直线】按钮，在两圆之间捕捉辅助线与圆的交点绘制直线，并且删除两条偏移的辅助线，如下左图所示。

step 6 在【绘图】面板中单击【圆心、半径】按钮，以点(93,100)为圆心，绘制半径为 1 的圆，如下右图所示。

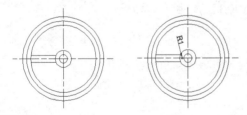

step 7 在【修改】面板中单击【圆角】按钮。再在【选择第一个对象或[放弃(U)/多段线(P)/半径(R)/修剪(T)/多个(M)]:】提示下，输入 R。并指定圆角半径为 3，按 Enter 键。

step 8 在【选择第一个对象或[放弃(U)/多段线(P)/半径(R)/修剪(T)/多个(M)]:】提示下，选中半径为 40 的圆。

step 9 在【选择第二个对象，或按住 Shift

键选择要应用角点的对象:】提示下，选中直线，完成圆角的操作，如下左图所示。

step 10 使用同样的方法，将直线与圆相交的其他 3 个角都倒成圆角，如下右图所示。

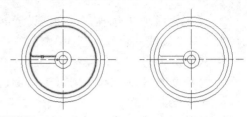

step 11 在【修改】面板中单击【阵列】下拉按钮，选择【环形阵列】选项。此时命令行显示【ARRAYPOLAR 选择对象:】提示信息。

step 12 在命令行【选择对象:】提示下，选中如下图所示的圆弧、直线和圆。

step 13 在命令行【指定阵列的中心点或[基点(B)/旋转轴(A)]:】提示下，指定坐标点(100,100)为中心点。

step 14 此时，将按照默认设置自动阵列选中的对象。

step 15 选中阵列的对象，将自动打开【阵列】选项卡。在该选项卡中可以对阵列的对象进行具体的参数设置。

5.7.3 打断命令

在 AutoCAD 中，使用【打断】命令可以删除部分对象或把对象分解成两部分，还可以使用【打断于点】命令将对象在一点处断开成两个对象。

1. 打断对象

执行【打断】命令，可删除部分对象或把对象分解成两部分。该命令的主要执行方法有以下几种。

> 选择【修改】|【打断】命令。

> 在命令行中执行 BREAK 命令。

> 选择【默认】选项卡，然后在【修改】面板中单击【打断】按钮。

执行以上操作后，命令行将显示如下提示信息。

指定第二个打断点或 [第一点(F)]:

默认情况下，以选择对象时的拾取点作为第 1 个断点，同时还需要指定第 2 个断点。如果直接选取对象上的另一点或者在对象的一端之外拾取一点，系统将删除对象上位于两个拾取点之间的部分。如果选择【第一点(F)】选项，可以重新确定第 1 个断点。

在确定第 2 个打断点时，如果在命令行输入@，可以使第 1 个、第 2 个断点重合，从而将对象一分为二。如果对圆、矩形等封闭图形使用打断命令时，AutoCAD 将沿逆时针方向把第 1 断点到第 2 断点之间的那段圆弧或直线删除。例如，在下左图所示图形中，使用打断命令时，单击点 A 和 B 与单击点 B 和 A 产生的效果是不同的，如下右图所示。

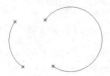

2. 打断于点

在【功能区】选项板中选择【常用】选项卡，然后在【修改】面板中单击【打断于点】按钮，即可将对象在一点处断开成两个对象。该命令是从【打断】命令中派生出来的。执行该命令时，需要选择被打断的对象，然后指定打断点，即可从该点打断对象。

例如，在下图所示图形中，若要从点 C 处打断圆弧，可以执行【打断于点】命令，

并选择圆弧，然后单击点 C 即可。

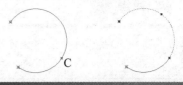

5.7.4　合并对象

在 AutoCAD 中，用户可以通过以下几种方法使用【合并】命令，将相似的对象(包括圆弧、椭圆弧、直线、多段线、样条曲线等)合并为一个对象。

> 选择【修改】|【合并】命令。

> 在命令行中执行 JOIN 命令。

> 选择【默认】选项卡，在【修改】面板中单击▼，在展开的面板中单击【合并】按钮。

执行以上命令并选择需要合并的对象，命令行将显示如下提示信息。

选择圆弧，以合并到源或进行 [闭合(L)]:

选择需要合并的另一部分对象，按 Enter 键，即可将选中的对象合并。下图所示即是对在同一个圆上的两段圆弧进行合并后的效果(注意方向)。

如果选择【闭合(L)】选项，表示可以将选择的任意一段圆弧闭合为一个整圆。选择上图中左边图形上的任一段圆弧。执行该【合并】命令后，将得到一个完整的圆，效果如下图所示。

5.8 案例演练

本章的案例演练部分将通过操作绘制阀盖俯视图、立面门等图形，来帮助用户巩固所学的知识。

【例5-11】绘制一个阀盖俯视图。 视频

step 1 创建一个新图形文件，在命令行中输入 C，按下 Enter 键绘制圆。

step 2 在命令行提示下输入(0,0)，设置圆心的位置，按下 Enter 键确认。

step 3 在命令行提示下输入 35，指定圆心的半径，按下 Enter 键确认，绘制半径为 35 的圆，如下图所示。

step 4 在命令行中输入 XLINE 命令，按下 Enter 键，在命令行提示下输入相应的参数，绘制如下图所示经过(0,0)点的水平构造线和垂直构造线。

step 5 在命令行中输入 O，按下 Enter 键，执行【偏移】命令，在命令行提示下输入 20，指定偏移距离。

step 6 按下 Enter 键确认，将绘图窗口中半径为 35 的圆分别向内侧和外侧偏移。

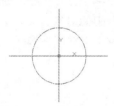

step 7 在命令行中输入 C，按下 Enter 键绘制圆，捕捉下图所示的交点。

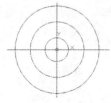

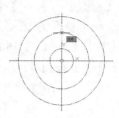

step 8 在命令行提示下输入 5，按下 Enter 键，指定圆的半径。

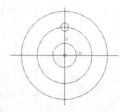

step 9 按下 Enter 键确认，在命令行中输入 ARRAYCLASSIC。

step 10 按下 Enter 键确认，打开【阵列】对话框，选中【环形阵列】单选按钮，然后单击【选择对象】按钮，在命令行提示下选中半径为 5 的圆。

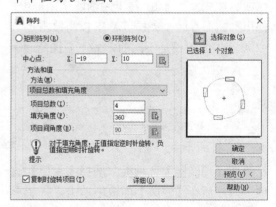

step 11 按下 Enter 键，返回【阵列】对话框，单击【拾取中心点】按钮。

step 12 在命令行提示下选中如下图所示的中点，按下 Enter 键确认。

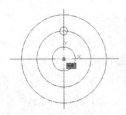

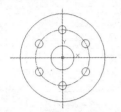

step 13 返回【阵列】对话框，在【项目总数】文本框中输入 6，单击【确定】按钮阵列图形对象。分别修改图形中圆对象的线型，完成阀盖俯视图的绘制。

【例 5-12】 绘制一个立面门。 视频

step 1 新建一个图形文件，在命令行中输入 REC，按下 Enter 键，执行【矩形】命令。

step 2 在命令行提示下输入(0,0)，按下 Enter 键，指定矩形的起点。

step 3 在命令行提示下输入(800,2100)，按下 Enter 键，指定矩形的另一个角点。

step 4 按下 Enter 键，再次执行【矩形】命令，在命令行提示下输入(100,300)，指定矩形的起点。

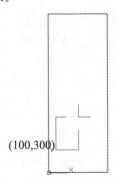

(100,300)

step 5 按下 Enter 键确认，在命令行提示下输入(@250,450)，指定矩形的另一个角点。按下 Enter 键确认，绘制一个矩形。

step 6 在命令行中输入 O，按下 Enter 键，执行【偏移】命令，在命令行提示下输入 30，指定偏移距离。

step 7 按下 Enter 键确认，在命令行提示下选中下图所示的矩形将其向内偏移。

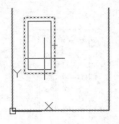

step 8 按下 Enter 键确认，在命令行中输入 ARRAYCLASSIC，按下 Enter 键。

step 9 打开【阵列】对话框，选中【矩形阵列】单选按钮，在【行数】和【列数】文本框中输入 2，在【行偏移】文本框中输入 750，在【列偏移】文本框中输入 350。

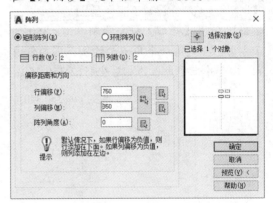

step 10 单击【选择对象】按钮，在命令行提示下选中下图所示的矩形图形对象。

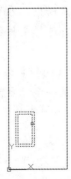

step 11 按下 Enter 键确认，返回【阵列】对话框，单击【确定】按钮，设置阵列图形。

step 12 选中图形中左上角的矩形，将鼠标指针放置在如下图所示的夹点上，在弹出的菜单中选择【拉伸】命令。在命令行提示下输

入(@0,450)。

step⑬ 按下 Enter 键确认，被选中图形的效果如下图所示。

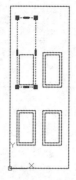

step⑭ 重复以上操作，对图形中其余几个矩形进行【拉伸】操作，完成图形的绘制。

【例5-13】绘制一个换气扇。■💿视频

step① 使用【矩形】命令绘制 350×350 的正方形，指定第一个角点为绘图范围内任意点，指定另一个角点为相对坐标(@350,350)。

(@350,350)

step② 选择【工具】|【绘图设置】命令，打开【草图设置】对话框，在【对象捕捉】选项卡中单击【全部选择】按钮，启用所有的对象捕捉模式。

step③ 继续使用【矩形】命令，绘制 310×310 的正方形，第一个角点的确定采用相对点法，命令行提示如下。

命令:_rectang
指定第一个角点或 [倒角(C)/标高(E)/圆角(F)/厚度(T)/宽度(W)]: from

step④ 在命令行【基点:】提示下捕捉 350×350 正方形的左下角点。

step⑤ 在命令行【<偏移>:】提示下输入点偏移坐标(@20,20)。

step⑥ 在命令行【指定另一个角点或 [面积(A)/尺寸(D)/旋转(R)]:】提示下输入(@310,310)，使用相对坐标确定另一个角点。

step⑦ 使用与步骤3同样的方法，绘制边长为 230、150、70 的正方形，其中基点均为 350×350 正方形的左下角点，点偏移分别为(@60,60)，(@100,100)，(@140,140)，另一个角点分别为(@230,230)，(@150,150)，(@70,70)。

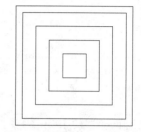

step⑧ 使用【直线】命令，连接下图所示的对角点。

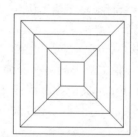

【例5-14】绘制六人餐桌。■💿视频

step① 执行【直线】命令(LINE)，在绘图区域中任意位置单击指定第1点，在命令行提示下输入(@0,-489)指定第2点，绘制直线。

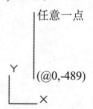

任意一点

(@0,-489)

step② 执行【偏移】命令(OFFSET)，在命令行提示下输入 450，在绘图区域中选中绘制的直线，将其向右偏移 450 个单位，然后按下 Enter 键。

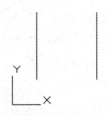

step 3 在命令行中执行 SCALE 命令，在绘图区域中选中下图所示的对象作为要进行缩放的对象。

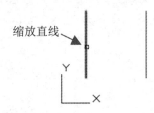

缩放直线

step 4 按下 Enter 键，在绘图区域中捕捉直线的中点并单击，在命令行提示下输入 0.7，然后再次按下 Enter 键。

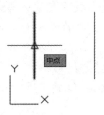

step 5 执行【直线】命令(LINE)，在绘图区域中绘制两条直线，将已有的两条直线的端点进行连接。

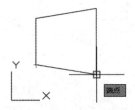

step 6 在命令行中执行 FILLET 命令，对绘制的直线进行圆角，半径为 90。

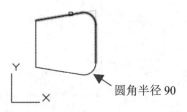

圆角半径 90

step 7 重复以上操作，设置圆角半径为 54，对图形进行圆角。

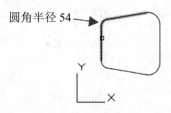

圆角半径 54

step 8 执行【矩形】命令(RECTANG)，在绘制图形左上角单击确定第 1 点，然后在命令行提示下输入(@-134，-369)为第 2 点，按下 Enter 键，绘制下图所示的矩形。

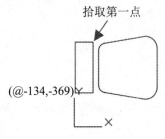

拾取第一点

(@-134,-369)

step 9 在命令行中执行 FILLET 命令，对绘制的直线进行圆角，半径为 102。

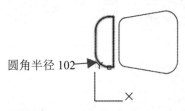

圆角半径 102

step 10 执行【矩形】命令(RECTANG)，在绘制图形的左上角确定第 1 点，在命令行提示下输入(@322,32)作为第 2 点，然后按下 Enter 键，绘制下图所示的矩形。

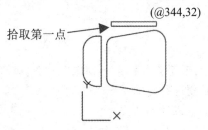

(@344,32)

拾取第一点

step 11 执行【修剪】命令(TRIM)，对步骤10绘制的矩形进行修剪，使其如下左图所示。

step 12 在命令行中执行 ARC 命令，在绘图区中的两条直线之间绘制一个 3 点圆弧，并使用同样的方法在直线的另一侧绘制一个相同的 3 点圆弧，如下右图所示。

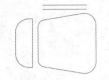 

绘制两个圆弧

step 13 在命令中行执行ROTATE命令，在绘图区域中选择一个对象作为要进行旋转的对象。

选中要选择的对象

step 14 按下 Enter 键，捕捉下图所示直线的中点作为基点。

step 15 在命令行提示下输入 11，按下 Enter 键旋转对象，效果如下图所示。

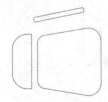

step 16 执行【移动】命令(MOVE)，在绘图区移动旋转后的对象。

step 17 执行【镜像】命令(MIRROR)，对移动后的对象进行镜像处理，选择对象下方圆角矩形的中点为第1点。

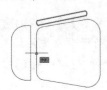

step 18 移动鼠标，指定下图所示的中点为镜像的第 2 点，按下 Enter 键，完成镜像。

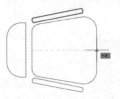

step 19 在命令行中执行 HATCH 命令，为绘制图形创建图案填充，并设置图案为 GOST_GLASS，图案填充比例为 7。

step 20 执行【矩形】命令(RECTANG)，在命令行提示下输入 F，并按下 Enter 键。

step 21 在命令行提示下输入 45，按下 Enter 键，在绘图区域中的椅子右上角单击指定矩形的第 1 个角点，然后在命令行提示中输入(@1500,-900)指定矩形的第 2 个角点，并再次按下 Enter 键，绘制下图所示的矩形。

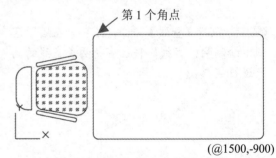

第 1 个角点

(@1500,-900)

step 22 执行【偏移】命令(OFFSET)，在命令行提示下输入 20，按下 Enter 键，以绘制的矩形为源对象，将其向内偏移 20 个单位。

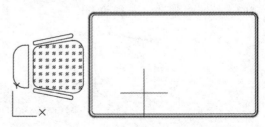

step 23 在绘图区域中选中椅子对象，执行

【镜像】命令，在绘图区域中捕捉圆角矩形的中点为第 1 点。

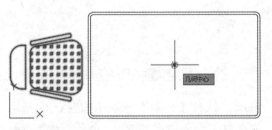

step 24 移动鼠标，捕捉圆角矩形上方线段的中点作为镜像的第 2 点，在命令行中输入 N，按下 Enter 键，完成镜像操作。

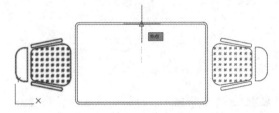

step 25 重复执行【镜像】命令，对椅子进行镜像，完成后的图形效果如下图所示。

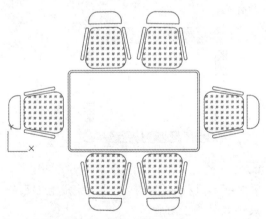

【例 5-15】绘制微波炉。 🎬视频

step 1 执行【矩形】命令(RECTANG)，在命令行提示下输入 F，按下 Enter 键。

step 2 在命令行提示下输入 10，按下 Enter 键，输入(1479,2464)作为矩形的第 1 角点。

step 3 按下 Enter 键，在命令行提示下输入(@510,306)坐标作为矩形的第 2 角点，然后按下 Enter 键，完成矩形的绘制。

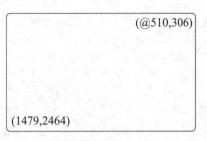

step 4 执行【直线】命令(LINE)，在命令行提示下输入(1879,2464)坐标作为第 1 点，输入((@0,306)作为第 2 点，然后按下 Enter 键。

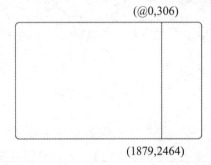

step 5 执行【矩形】命令(RECTANG)，在绘图区域中以圆角矩形左上角的圆心为基点，在命令行中输入((@378,-286)坐标作为第 2 个角点，然后按下 Enter 键确认，绘制效果如下图所示的矩形。

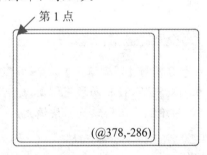

step 6 执行【偏移】命令(OFFSET)，将步骤 5 绘制的圆角矩形向内偏移 30 个单位。

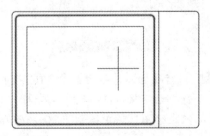

step 7 在命令行中输入 ARC 命令，在绘图

区域中绘制一个效果如下图所示的圆弧。

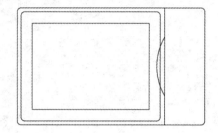

step8 执行【修剪】命令(TRIM)，在绘图区中选择要进行修剪的对象。

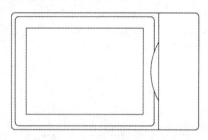

step9 执行【图案填充】命令，将图案设置为 STEEL，为绘制的图形设置图案填充。

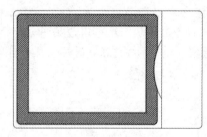

step10 重复执行【图案填充】命令，将图案设置为 JIS_STW_1E，将填充图案比例设置为 185，为绘制的图形设置图案填充。

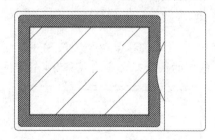

step11 执行【圆心，半径】命令(CIRCLE)，在命令行提示下输入(1934,2704)坐标作为圆的圆心，在绘图区域中绘制 1 个半径为 25 的圆。

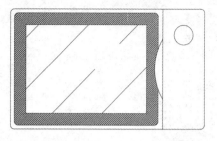

step12 执行【矩形】命令(RECTANG)，在步骤11绘制圆的上方绘制 1 个如下图所示的矩形。

step13 选中步骤 12 绘制的矩形，执行【环形阵列】命令，以步骤11绘制圆的圆心为基点，设置阵列项目数量为 12，对矩形进行环形阵列。

step14 使用同样的方法再绘制矩形和圆形，并对矩形进行环形阵列处理，完成后图形的最终效果如下图所示。

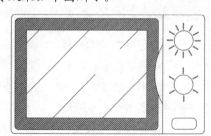

第6章

使用面域与图案填充

　　面域指的是具有边界的平面区域，也是一个面对象，内部可以包含孔。从外观上看，面域和一般的封闭线框没有区别，但实际图形中面域就像是一张没有厚度的纸，除了包括边界外，还包括边界内的平面。

　　图案填充是一种使用指定线条图案、颜色来充满指定区域的操作，用于表达剖切面和不同类型物体对象的外观纹理等，常常被广泛应用在机械制图、建筑工程图及地质构造图等各类图形中。

 **本章对应视频**

例 6-1　绘制圆环
例 6-2　绘制宽线
例 6-3　绘制装配件效果图

6.1 使用图案填充

重复绘制某些图案以填充图形中的一个区域，从而表达该区域的特征，这种填充操作称为图案填充。图案填充的应用非常广泛。例如，在机械工程图中，可以使用图案填充表达一个剖切的区域，也可以使用不同的图案填充来表达不同的零部件或者材料。

6.1.1 创建图案填充

在 AutoCAD 中，要创建图案填充，主要有以下几种方法。

- ▶ 选择【绘图】|【图案填充】命令。
- ▶ 在命令行中执行 HATCH 或 H 命令。
- ▶ 选择【默认】选项卡，在【绘图】面板中单击【图案填充】按钮▨。

执行以上操作后，将打开上图所示的【图案填充创建】选项板。在该选项板中，可以对图案填充的相关参数进行设置。

此时，在命令行的【HATCH 拾取内部点或[选择对象(S)/设置(T)]】提示下，输入 T，按下 Enter 键，将打开【图案填充和渐变色】对话框的【图案填充】选项卡。从中可以设置图案填充时的类型、图案、角度和比例等特性。

1. 类型和图案

在【类型和图案】选项区域中，可设置图案填充的类型和图案，主要选项的功能如下。

- ▶ 【类型】下拉列表框：设置填充的图案类型，包括【预定义】、【用户定义】和【自

定义】这 3 个选项。其中，选择【预定义】选项，可以使用 AutoCAD 提供的图案；选择【用户定义】选项，则需要临时定义图案，该图案由一组平行线或者相互垂直的两组平行线组成；选择【自定义】选项，可以使用事先定义好的图案。

- ▶ 【图案】下拉列表框：用于设置填充的图案，当在【类型】下拉列表框中选择【预定义】选项时该选项可用。在该下拉列表框中可以根据图案名选择图案，也可以单击其右边的▨按钮，在打开的【填充图案选项板】对话框中进行选择。

- ▶ 【样例】预览窗口：显示当前选中的图案样例，单击所选的样例图案，即可打开【填充图案选项板】对话框，从中可以选择图案。

- ▶ 【自定义图案】下拉列表框：选择自定义图案，只有在【类型】下拉列表框中选择【自定义】选项时该选项才可用。

2. 角度和比例

在【角度和比例】选项区域中，可以设置图案填充的角度和比例等参数，主要选项的功能说明如下。

- ▶ 【角度】下拉列表框：用于设置填充

图案的旋转角度，每种图案在定义时的旋转角度初始值都为零。

➤ 【比例】下拉列表框：用于设置图案填充时的比例值。每种图案在定义时的初始比例都为 1，可以根据需要放大或缩小该比例。在【类型】下拉列表框中选择【用户定义】选项时该选项不可用。

➤ 【双向】复选框：在【图案填充】选项卡的【类型】下拉列表框中选择【用户定义】选项，选中该复选框，可以使用相互垂直的两组平行线填充图形；否则为一组平行线。

➤ 【相对图纸空间】复选框：用于设置比例因子是否为相对于图纸空间的比例。

➤ 【间距】文本框：用于设置填充平行线之间的距离，当在【类型】下拉列表框中选择【用户定义】选项时，该选项才可用。

➤ 【ISO 笔宽】下拉列表框：用于设置笔的宽度，当填充图案使用 ISO 图案时，该选项才可用。

3. 图案填充的原点

在【图案填充原点】选项区域中，可以设置图案填充原点的位置。实际绘图时，许多图案填充需要对齐填充边界上的某一个点。主要选项的功能说明如下。

➤ 【使用当前原点】单选按钮：可以使用当前 UCS 的原点(0,0)作为图案填充原点。

➤ 【指定的原点】单选按钮：可以通过指定点作为图案填充原点。其中，单击【单击以设置新原点】按钮，可以从绘图窗口中选择某一点作为图案填充原点；选中【默认为边界范围】复选框，可以以填充边界的左下角、右下角、右上角、左上角或圆心作为图案填充原点；选中【存储为默认原点】复选框，可以将指定的点存储为默认的图案填充原点。

4. 边界

在【边界】选项区域中，包括【添加：拾取点】、【添加：选择对象】等按钮，主要选项的功能说明如下。

➤ 【添加：拾取点】按钮：以拾取点的形式来指定填充区域的边界。单击该按钮，切换至绘图窗口。可以在需要填充的区域内任意指定一点。系统会自动计算出包围该点的封闭填充边界，同时亮显该边界。如果在拾取点后系统不能形成封闭的填充边界，则会显示错误提示信息。

➤ 【添加：选择对象】按钮：单击该按钮，将切换至绘图窗口，可以通过选择对象的方式来定义填充区域的边界。

➤ 【删除边界】按钮：单击该按钮，可以取消系统自动计算或用户指定的边界，如图所示为包含边界与删除边界时的效果对比图。

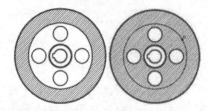

5. 选项及其他功能

在【选项】选项区域中，【注释性】复选框用于将图案定义为可注释性对象；【关联】复选框用于创建其边界时随之更新的图案和填充；【创建独立的图案填充】复选框用于创建独立的图案填充；【绘图次序】下拉列表框用于指定图案填充的绘图顺序，图案填充可以放在图案填充边界及所有其他对象之后或之前。

此外，单击【继承特性】按钮，可以将现有图案填充或填充对象的特性应用到其他图案填充或填充对象中；单击【预览】按钮，可以使用当前图案填充设置显示当前定义的边界，单击图形或按 Esc 键返回对话框，单击、右击或按 Enter 键应用图案填充。

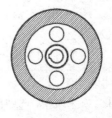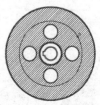

6.1.2 设置孤岛

在进行图案填充时，通常将位于一个已定义好的填充区域内的封闭区域称为孤岛。单击【图案填充和渐变色】对话框右下角的 ⊙ 按钮，将显示更多选项，用户可以对孤岛和边界进行设置。

显示更多选项

在【孤岛】选项区域中，选中【孤岛检测】复选框，可以指定在最外层边界内填充对象的方法，包括【普通】、【外部】和【忽略】这3种填充方式。

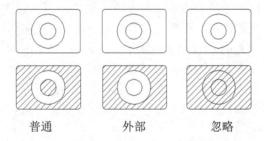

普通　　　　　外部　　　　　忽略

当以普通方式填充时，如果填充边界内有如文字、属性的特殊对象，且在选择填充边界时也选择了这些特殊对象，填充时图案填充将在这些对象处自动断开，系统会使用一个比该对象略大的看不见的框框起来，以使这些对象更加清晰。

文字对象　　　　　文字对象

其他选项区域的功能如下：

➢ 在【边界保留】选项区域中，选中【保

留边界】复选框，可以将填充边界以对象的形式保留，并可以从【对象类型】下拉列表框中选择填充边界的保留类型，如【多段线】和【面域】选项等。

➢ 在【边界集】选项区域中，可以定义填充边界的对象集。AutoCAD 将根据这些对象来确定填充边界。默认情况下，系统根据【当前视口】中的所有可见对象确定填充边界。也可以单击【新建】按钮，切换至绘图窗口，然后通过指定对象定义边界集。此时【边界集】下拉列表框中将显示为【现有集合】选项。

➢ 在【允许的间隙】选项区域中，可以通过【公差】文本框设置允许的间隙大小。在该参数范围内，可以将一个几乎封闭的区域看作是一个闭合的填充边界。默认值为0，此时对象是完全封闭的区域。

➢ 【继承选项】选项区域，用于确定在使用继承属性创建图案填充时图案填充原点的位置，可以是当前原点或源图案填充的原点。

6.1.3 使用渐变色填充图形

通过使用【图案填充和渐变色】对话框的【渐变色】选项卡，可以创建单色或双色渐变色，并对图案进行填充，如下图所示。其中各选项的功能如下。

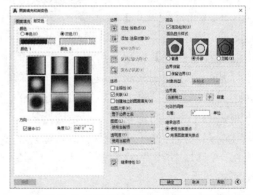

➢ 【单色】单选按钮：选中该单选按钮，可以使用从较深着色到较浅色调平滑过渡的单色填充。此时，AutoCAD 将显示【浏览】按钮和【色调】滑块。其中，单击【浏览】

按钮，将显示【选择颜色】对话框，可以选择索引颜色、真彩色或配色系统颜色，显示的默认颜色为图形的当前颜色；通过【色调】滑块，可以指定一种颜色的色调或着色。

▷ 【双色】单选按钮：选中该单选按钮，可以指定两种颜色之间平滑过渡的双色渐变填充，如下图所示。此时 AutoCAD 在【颜色 1】和【颜色 2】的上边分别显示带【浏览】按钮的颜色样本。

▷ 【角度】下拉列表框：相对当前 UCS 指定渐变填充的角度，与指定给图案填充的角度互不影响。

▷ 【渐变图案】预览窗口：显示当前设置的渐变色效果，共有 9 种效果。

6.1.4　编辑图案填充

创建图案填充后，如果需要修改填充图案或修改图案区域的边界，可以在菜单栏中选择【修改】|【对象】|【图案填充】命令，或在【功能区】选项板中选择【默认】选项卡，然后在【修改】面板中单击【编辑图案填充】按钮，最后在绘图窗口中单击需要编辑的图案填充，此时将打开【图案填充编辑】对话框。

在为编辑命令选择图案时，系统变量 PICKSTYLE 起着很重要的作用，其值有 4 种，具体功能说明如下。

▷ 0：禁止编组或关联图案选择。即当用户选择图案时仅选择图案自身，而不会选择与之关联的对象。

▷ 1：允许编组选择，即图案可以被加入到对象编组中，这是 PICKSTYLE 的默认设置。

▷ 2：允许关联图案选择。

▷ 3：允许编组和关联图案选择。

当用户将 PICKSTYLE 设置为 2 或 3 时，如果用户选择一个图案，将同时把与之关联的边界对象选进图案中，有时会导致一些意想不到的效果。例如，如果用户仅是删除填充图案，但结果是将与之相关联的边界也删除了。

6.1.5　控制图案填充的可见性

在 AutoCAD 中，用户可以使用两种方法来控制图案填充的可见性。一种是使用 FILL 命令或 FILLMODE 变量来实现；另一种是利用图层来实现。

1. 使用 FILL 命令和 FILLMODE 变量

在命令行中输入 FILL 命令，将显示如下提示信息：

输入模式[开(ON/)关(OFF)]<开>:

如果将模式设置为【开】，则可以显示图案填充；如果将模式设置为【关】，则不显示图案填充。也可以使用系统变量 FILLMODE 控制图案填充的可见性。在命令行中输入 FILLMODE，命令行将提示如下信息：

输入 FILLMODE 的新值 <1>:

其中，当系统变量 FILLMODE 为 0 时，隐藏图案填充；当系统变量 FILLMODE 为 1 时，则显示图案填充。

2. 使用图层控制图案填充的显示

对于能够熟练使用 AutoCAD 的用户而言，充分利用图层功能，将图案填充单独放在一个图层上。当不需要显示图案填充时，将图案填充所在的层关闭或冻结即可。使用图层控制图案填充的可见性时，不同的控制方式会使图案填充与其边界的关联关系发生变化，其特点如下。

▷ 当图案填充所在的图层被关闭后，图案与其边界仍保持关联关系。即：修改边界后，填充图案会根据新的边界自动调整位置。

▶ 当图案填充所在的图层被冻结后，图案与其边界脱离关联关系。即：边界修改后，填充图案不会根据新的边界自动调整位置。

▶ 当图案填充所在的图层被锁定后，图案与其边界脱离关联关系。即：边界修改后，填充图案不会根据新的边界自动调整位置。

6.2 将图形转换为面域

在 AutoCAD 中，可以将由某些对象围成的封闭区域转换为面域。这些封闭区域可以是圆、椭圆、封闭的二维多段线或封闭的样条曲线等对象，也可以是由圆弧、直线、二维多段线、椭圆弧、样条曲线等对象构成的封闭区域。

6.2.1 创建面域

面域的边界是由端点相连的曲线组成的，曲线上的每个端点仅连接两条边。在默认状态下进行面域转换时，可以使用面域创建的对象取代原来的对象，并删除原来的边对象。

1. 执行面域命令

在 AutoCAD 中，用户可以通过以下几种方法执行【面域】命令创建面域。

▶ 选择【绘图】|【面域】命令。

▶ 在命令行中执行REGION或REG命令。

▶ 选择【默认】选项卡，在【绘图】面板中单击▼，在展开的面板中单击【面域】按钮◎。

执行【面域】命令的具体方法如下。

step 1 打开图形文件后，在命令行中输入REGION，按下 Enter 键。

step 2 在命令行提示下选中绘图窗口中下左图所示的图形对象。

step 3 按下 Enter 键确认，即可创建面域。单击面域，其效果如下右图所示。

← 选中

在 AutoCAD 中，面域可以应用于以下几个方面。

▶ 应用于填充和着色。

▶ 使用【面域/质量特性】命令分析特性，如面积。

▶ 提取设计信息。

2. 使用【边界】命令

在 AutoCAD 中，用户可以通过以下几种方法，使用【边界】命令创建面域。

▶ 选择【绘图】|【边界】命令。

▶ 在命令行中执行 BOUNDARY 或 BO 命令。

▶ 选择【默认】选项卡，在【绘图】面板中单击【图案填充】按钮旁的▼，在弹出的列表中选择【边界】选项。

执行【边界】命令的具体方法如下。

step 1 打开图形文件后，在命令行中输入 BOUNDARY 命令。按下 Enter 键，打开【边界创建】对话框。将【对象类型】设置为【面域】，单击【拾取点】按钮图。

step 2 在命令行提示下，单击图形的内部。

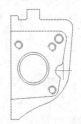

step 3 按下 Enter 键确认，即可创建面域。

使用【边界】命令既可以从任何一个闭合的区域创建一条多段线的边界或多条边界，也可以创建一个面域。与【面域】命令不同，【边界】命令在创建边界时，不会删除原始对象，不需要考虑系统变量的设置；不管对象是共享一个端点，还是出现了自相交。

6.2.2 对面域进行布尔运算

布尔运算是数学上的一种逻辑运算。在

AutoCAD 中，绘图时使用布尔运算，可以提高绘图效率，尤其是在绘制比较复杂的图形时。布尔运算的对象只包括实体和共面的面域，对于普通的线条图形对象，则无法使用布尔运算。

在 AutoCAD 中，用户可以对面域执行【并集】、【差集】和【交集】这 3 种布尔运算，各种运算效果如下图所示。

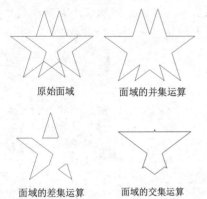

原始面域　　　　面域的并集运算

面域的差集运算　　面域的交集运算

1. 并集运算面域

在 AutoCAD 中，用户可以通过以下几种方法，并集运算面域，将多个面域合并为一个面域。

➤ 选择【修改】|【实体编辑】|【并集】命令。

➤ 在命令行中执行 UNION 命令。

➤ 在【三维建模】工作空间中选择【常用】选项卡，在【实体编辑】面板中单击【实体，并集】按钮◎。

执行【并集】命令的具体方法如下。

step 1 打开图形文件后，在命令行中输入 UNION 命令，按下 Enter 键，在命令行提示下选中图形中的圆和左侧两个矩形对象。

step 2 按下 Enter 键确认，即可并集运算面域，效果如下图所示。

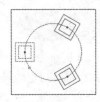

2. 差集运算面域

在 AutoCAD 中，用户可以通过以下几种方法，使用【差集】命令将多个面域进行差集运算，以得到面域相减后的区域。

➤ 选择【修改】|【实体编辑】|【差集】命令。

➤ 在命令行中执行 SUBTRACT 或 SU 命令。

➤ 在【三维建模】工作空间中选择【常用】选项卡，在【实体编辑】面板中单击【实体，差集】按钮◎。

执行【差集】命令的具体方法如下。

step 1 打开图形文件后，在命令行中输入 SUBTRACT 命令，按下 Enter 键，在命令行提示下选择图形中的圆对象。

step 2 按下 Enter 键确认，在命令行提示下选中图形中的 3 个矩形对象。

step 3 按下 Enter 键确认即可差集运算面域。

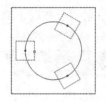

3. 交集运算面域

在 AutoCAD 中，用户可以通过以下几种方法使用【交集】命令，得到多个面域相交的共有区域。

➤ 选择【修改】|【实体编辑】|【交集】命令。

➤ 在命令行中执行 INTERSECT 或 IN。

➤ 在【三维建模】工作空间中选择【常用】选项卡，在【实体编辑】面板中单击【实体，交集】按钮◎。

执行【交集】命令的具体方法如下。

step 1 打开图形文件后，在命令行中输入 INTERSECT 命令。

step 2 在命令行提示下，选中绘图窗口中的两个面域对象。

step 3 按下 Enter 键确认即可交集运算面域。

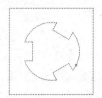

若在不重叠的面域上执行【交集】命令，将删除面域并创建一个空面域，此时，使用 UNDO(恢复)命令可以恢复图形中的面域。

6.2.3 从面域中提取数据

从表面上看，面域和一般的封闭线框没有区别，就像是一张没有厚度的纸。而实际上，面域是二维实体模型，它不但包含边的信息，还包含边界内的信息。通过使用这些信息可以计算工程属性，如面积、质心等。

在 AutoCAD 中，用户可以通过以下两种方法提取面域数据。

　　▶ 选择【工具】|【查询】|【面域/质量特性】命令。

　　▶ 在命令行中执行 MASSPROP 命令。

提取面域数据的具体操作方法如下。

step 1 打开图形文件后，在命令行中输入 MASSPROP 命令，按下 Enter 键。

step 2 在命令行提示下，选择面域对象。

step 3 按下 Enter 键确认，在命令行中弹出的列表中将显示面域的数据。

6.3　绘制圆环与宽线

圆环、宽线与二维填充图形都属于填充图形对象。如果要显示填充效果，可以使用 FILL 命令，并将填充模式设置为【开(ON)】。

6.3.1 绘制圆环

绘制圆环是创建填充圆环或实体填充圆的一个捷径。在 AutoCAD 中，圆环实际上是由具有一定宽度的多段线封闭形成的。

要创建圆环，可以执行以下命令。

　　▶ 选择【绘图】|【圆环】命令。

　　▶ 在命令行中执行 DONUT 命令。

　　▶ 选择【默认】选项卡，在【绘图】面板中单击【圆环】按钮◎。

【例 6-1】在坐标原点绘制一个内径为 10，外径为 15 的圆环。◎视频

step 1 选择【显示菜单栏】命令，然后在弹出的菜单中选择【绘图】|【圆环】命令。

step 2 在命令行的【指定圆环的内径<5.000>:】提示下输入 10，将圆环的内径设置为 10。

step 3 在命令行的【指定圆环的外径<51.000>:】提示下输入 15，将圆环的外径设置为 15。

step 4 在命令行的【指定圆环的中心点或<退出>:】提示下，输入(0,0)，指定圆环的圆点为坐标系原点。

step 5 按下 Enter 键，结束圆环的绘制。圆环对象与圆不同，通过拖动其夹点只能改变形状而不能改变大小。

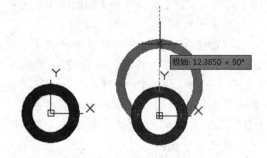

6.3.2 绘制宽线

绘制宽线需要使用 PLINE 命令，其使用方法与【直线】命令相似，绘制的宽线图形类似填充四边形。

【例 6-2】在坐标原点绘制一个线宽为 20，大小为 200×100 的宽线。视频

step① 在命令行的【命令】提示下，输入宽线绘制命令 PLINE。

step② 在命令行的【指定起点:】提示下，输入宽线起点坐标(200,0)。

step③ 在命令行的【指定下一个点或[圆弧(A)/半宽(H)/长度(L)/放弃(U)/宽度(W)]:】提示下，输入 W。

step④ 在命令行的【指定起点宽度<0.0000>:】提示下，指定宽线起点的宽度为 20。

step⑤ 在命令行的【指定端点宽度<0.0000>:】提示下，指定宽线端点的宽度为 20。

step⑥ 在命令行的【指定下一个点或[圆弧(A)/半宽(H)/长度(L)/放弃(U)/宽度(W)]:】提示下，依次输入(200,100)、(0,100)、(0,0)和(200,0)。

step⑦ 按下 Enter 键结束宽线的绘制。

在 AutoCAD 中，如果要调整绘制的宽线，可以先选择该宽线，拉伸其夹点即可。

6.4　案例演练

本章的案例演练将介绍使用 AutoCAD 绘制一个装配件的方法，用户可以通过实例操作巩固所学的知识。

【例 6-3】使用 AutoCAD 2018 中绘制装配件效果图。视频

step① 设置辅助线层、标注层和轮廓层这 3 个图层，并将辅助线层设置为当前图层。在【功能区】选项板中选择【默认】选项卡，在【绘图】面板中单击【直线】按钮，经过点(100,100)和点(220,100)绘制一条水平辅助线。

step② 将轮廓线层设置为当前层，在【功能区】选项板中选择【默认】选项卡，在【绘图】面板中单击【直线】按钮，经过点(120,100)、(@0,30)、(@50,0)、(@0,49)、(@30,0)、(@0,-49)、(@20,0)和(@0,-30)绘制直线。

step③ 选择【默认】选项卡，在【修改】面板中单击【偏移】按钮，将水平辅助线向上偏移 55 个单位。

step④ 在【修改】面板中单击【偏移】按钮，

在右下图将偏移后的直线分别向上、向下偏移 5 个单位。

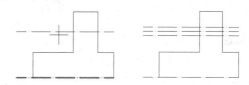

step⑤ 选择步骤 4 绘制的直线，然后在【图层】面板的【图层控制】下拉列表中选择【轮廓线层】，更改直线的图层。

step⑥ 在【修改】面板中单击【修剪】按钮，对图形进行修剪。

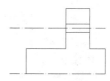

step⑦ 选中上图中除辅助线以外的所有线条，在【修改】面板中单击【镜像】按钮，对图像执行镜像操作，效果如下左图所示。

step⑧ 在【绘图】面板中单击【直线】按钮，在【指定第一点:】提示下输入 from，在【基点:】提示下单击下右图所示 A 点，在【<偏移>:】提示下输入 10，然后指定点的坐标

(@90,0)、(@0,-40)和(@-90,0)绘制直线。

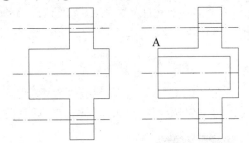

step 9 在【修改】面板中单击【偏移】按钮，在下左图将直线 CD 向下偏移 22 个单位，将直线 EF 向上偏移 22 个单位，并对其进行修剪。

step 10 在【修改】面板中单击【圆角】按钮，在下右图中对图形角 C 进行圆角处理。

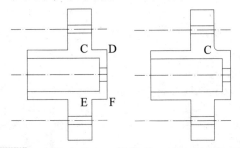

step 11 重复步骤 10 的操作，在下左图对图形的角 D、E 和 F 进行圆角处理。

step 12 选择【默认】选项卡，在【修改】面板中单击【偏移】按钮，在下右图将直线 GH 向右偏移 6 个单位，将直线 IJ 向左分别偏移 2、9 和 17 个单位。

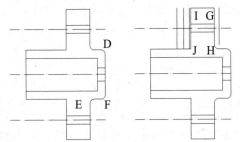

step 13 在【修改】面板中单击【偏移】按钮，将最上面的水平辅助线分别向上和向下偏移 8 和 10 个单位。

step 14 在【修改】面板中单击【延伸】按钮，将水平直线进行延伸处理。

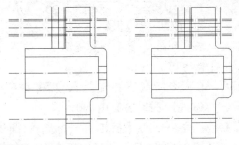

step 15 在【修改】面板中单击【修剪】按钮，在下左图对图形进行修剪。

step 16 在【修改】面板中单击【镜像】按钮，对图形执行镜像操作，效果如下右图所示。

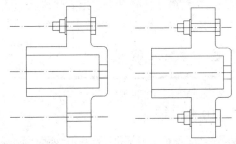

step 17 选择【绘图】|【图案填充】命令，在命令行中输入 T，按下 Enter 键，打开【图案填充和渐变色】对话框，然后单击【图案】下拉列表框后的█按钮。

step 18 在打开的【填充图案选项板】对话框中的 ANSI 选项卡中选择 ANSI31 选项，并单击【确定】按钮。在【图案填充和渐变色】对话框单击【拾取点】按钮，切换到绘图窗口，并在图形中需要的填充位置单击，选择一个填充区域，完成图形的绘制。

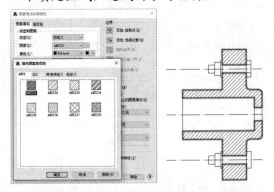

第7章

使用块与外部参照

在绘图时，为避免重复绘制大量相同或相似的内容，用户可以将相同或相似的内容以块的形式直接插入，如机械制图中的标题栏，建筑图中的门窗等。另外，为了更有效地利用本地图纸资源，也可以将这些内容转换为外部参照文件进行共享。

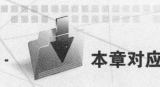 **本章对应视频**

例 7-1 分解图块   例 7-8 附着 DWF 参考底图

例 7-2 重定义图块   例 7-9 附着 DGN 文件

例 7-3 创建块属性   例 7-10 编辑外部参照

例 7-4 创建带属性的图块   例 7-11 绑定外部参照

例 7-5 使用【数据提取】向导   例 7-12 创建指北针图块

例 7-6 附着 DWG 参照   例 7-13 创建轴线编号图块

例 7-7 附着图像参照   例 7-14 创建单扇门图块

7.1 使用块

图块是由单个或多个对象组成的集合，这些对象包括文本、标题栏以及图形本身等类型。在 AutoCAD 中，用户可以将这些需要重复绘制的图形结构定义为一个整体，即图块。在绘制图形时将其插入到指定的位置，这样既可以使多张图纸按特定标准统一，又可以缩短绘图时间，节省存储空间。

在 AutoCAD 中，使用块可以提高绘图速度、节省存储空间、便于修改图形并能为其添加属性。AutoCAD 中的块具有以下特点。

> 提高绘图效率：在 AutoCAD 中绘图时，常常要绘制一些重复出现的图形。如果把这些图形做成块保存起来，绘制它们时就可以用插入块的方法实现，即把绘图变成了拼图，从而避免了大量的重复性工作，提高了绘图效率。

> 节省存储空间：AutoCAD 要保存图形中每一个对象的相关信息，如对象的类型、位置、图层、线型及颜色等，这些信息要占用存储空间。如果一幅图中包含有大量相同的图形，就会占据较大的磁盘空间。但如果把相同的图形事先定义成一个块，绘制它们时就可以直接把块插入到图中的各个相应位置。这样既满足了绘图要求，又可以节省磁盘空间。因为虽然在块的定义中包含了图形的全部对象，但系统只需要一次这样的定义。对块的每次插入，AutoCAD 仅需要记住这个块对象的有关信息(如块名、插入点坐标及插入比例等)。对于复杂但需多次绘制的图形，这一优点更为明显。

> 便于修改图形：一张工程图纸往往需要多次修改。例如，在机械设计中，旧的国家标准用虚线表示螺栓的内径，新的国家标注则用细实线表示。如果对旧图纸上的每一个螺栓按新国家标准修改，既费时又不方便。但如果原来各螺栓是通过插入块的方法绘制的，那么只要简单地对块进行再定义，就可以对图中的所有螺栓进行修改。

> 添加属性：很多块还要求有文字信息

以进一步解释其用途。AutoCAD 允许用户为块创建这些文字属性，并可以在插入的块中指定是否显示这些属性。此外，还可以从图形中提取这些信息并将它们传送到数据库中。

7.1.1 创建内部图块

内部图块根据定义它的图形文件一起保存，存储在图形文件内部，因此用户只能在当前图形文件中调用，而不能在其他图形文件中调用。创建内部图块的方法如下。

> 选择【绘图】|【块】|【创建】命令。

> 在命令行中执行 BLOCK 或 B 命令。

> 选择【插入】选项卡，在【块定义】面板中单击【创建块】按钮。

执行【创建块】命令的具体方法如下。

step 1 打开图形文件后，在命令行中输入 BLOCK 命令，按下 Enter 键。

step 2 打开【块定义】对话框，在【名称】文本框中输入"零件"，然后单击【选择对象】按钮。

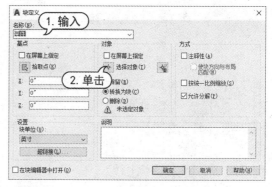

step 3 在命令行提示下，在绘图区中选择所有图形对象。

step 4 按下 Enter 键确认，返回【块定义】对话框，单击【确定】按钮，即可创建图块。

step 5 此时，移动鼠标至图形对象上，将显示下图所示的"块参照"信息。

【块定义】对话框中主要选项的含义分别如下。

▶ 【名称】文本框：用于输入要创建的内部图块名称(该名称应尽量反映创建图块的特征，从而和定义的其他图块有所区别，同时也方便调用)。

▶ 【基点】选项组：用于确定块插入时所用的基准点，相当于移动、复制对象时所指定的基点。该基点关系到块插入操作的方便性，用户可以在其下方的 X、Y、Z 文本框中分别输入基点的坐标值，也可以单击【拾取点】按钮，在绘图区中选取一点作为图块的基点。

▶ 【对象】选项组：用于选取组成块的集合图形对象，单击【选择对象】按钮 ✛ 可以在绘图区中选取要定义为图块的对象。该选项组中包含【保留】、【转换为块】和【删除】这 3 个单选按钮。

▶ 【方式】选项组：在该选项组中可以设置图块的注释性、图块的缩放和图块是否能够进行分解等操作。该选项组中包含【注释性】、【按统一比例缩放】和【允许分解】这 3 个复选框。

7.1.2　创建外部图块

外部图块也称为外部图块文件，它以文件的形式保存在本地磁盘中，可以根据需要随时将外部图块调用到其他图形中。创建外部图块的具体操作方法如下。

step 1 打开图形文件后，在命令行中输入 WBLOCK 命令，按下 Enter 键。

step 2 打开【写块】对话框，单击【选择对象】按钮 ✛。

step 3 在命令行提示下，在绘图窗口中选中所有图形对象。

step 4 返回【写块】对话框，在【目标】选项区域中设置文件名和路径。

step 5 最后，单击【确定】按钮，完成外部图块的创建。

在【写块】对话框中各主要选项的功能说明如下。

▶ 【源】选项区域：用于指定块和对象，将其另存为文件并指定插入点。

▶ 【基点】选项区域：用于设置块的插入基点位置。

▶ 【保留】单选按钮：选中该单选按钮，可以将选定对象另存为文件后，在当前图形中仍保留它们。

▶ 【转换为块】单选按钮：选中该单选按钮，可以将选定对象另存为文件后，在当前图形中将它们转换为块。

▶ 【目标】选项区域：用于指定文件的新名称和新位置以及插入块时所用的测量单位。

7.1.3　插入图块

插入块指的是将创建好的图块插入当前绘图文件中。在 AutoCAD 中，用户可以通过以下几种方法插入图块。

▶ 选择【插入】|【块】命令。

▶ 在命令行中执行 INSERT 或 I 命令。

▶ 选择【插入】选项卡，在【块】面板

中单击【插入】按钮。

在绘图窗口中插入图块的方法如下。

step 1 打开一个图形文件后，在命令行中输入 INSERT 命令。

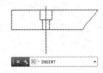

step 2 按下 Enter 键，打开【插入】对话框，单击【浏览】按钮。

step 3 打开【选择图形文件】对话框，选择相应的图块文件，单击【打开】按钮。

step 4 在命令行提示下，在绘图窗口中指定插入基点，插入图块，并将其移动至合适的位置，效果如下图所示。

【插入】对话框中主要选项的功能说明如下。

▶ 【名称】文本框：用于输入插入的图块名称。

▶ 【插入点】选项区域：用于确定图块的插入点坐标。

▶ 【比例】选项区域：用于确定图块插入的比例。

▶ 【旋转】选项区域：用于确定图块插入时的旋转角度。

▶ 【分解】复选框：选中该复选框，可以将插入的图块进行分解，使之还原成一个个单独的图形对象。

7.1.4 分解图块

在 AutoCAD 中，用户可以参考以下方法，使用【分解】命令，分解创建的图块(图块被分解后，其各个组成元素都将成为单独的对象，用户可以对各个组成元素单独进行编辑)。

【例 7-1】将创建的图块分解。

🎬 视频+素材 (素材文件\第 07 章\例 7-1)

step 1 在命令行中输入 X，然后按下 Enter 键。在命令行提示下，选中绘图窗口中如下图所示的图块对象。

step 2 按下 Enter 键，即可分解图块。

7.1.5 重定义图块

如果在一个图形中可以多次重复插入一个图块，又需要将所有相同的图块统一修改或改变另一个标准，则可以参考以下方法，重新定义图块。

【例 7-2】重新定义图块信息。

🎬 视频+素材 (素材文件\第 07 章\例 7-2)

step 1 打开图形素材后执行分解图块命令(快捷命令: X)，将图块分解，然后在命令行中输入 BLOCK 后，按下 Enter 键。

step 2 打开【块定义】对话框，在【名称】文本框中输入相应的名称。

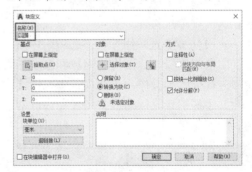

step 3 单击【选择对象】按钮，在绘图窗口中选择所有图形为重定义对象。

step 4 按下 Enter 键确认，返回【块定义】对话框，单击【确定】按钮。

step 5 在打开的【块-重定义块】对话框中单击【重定义块】按钮，即可重新定义图形文件中已经定义的图块。

7.2 设置块

插入图块时，通常需要附带一些文本类的非图形信息，如表面粗糙块中的粗糙度参数值。如果每次插入该类图块都进行分解修改操作，将极大地降低工作效率。这就需要在创建图块之前用文字赋予图块属性，从而增强图块的通用性。

7.2.1 设置带属性的块

块属性是附属于块的非图形信息，它是块的组成部分。块属性包含了组成块的名称、对象特征以及各种注释信息。如果某个图块带有属性，那么用户在插入该图块时可以根据具体情况，通过属性来为图块设置不同的文本信息。

1. 块属性的组成

一般情况下，通过定义属性将其附加至块中，然后通过插入块操作，即可使块属性成为图形中的一部分。这样所创建的属性块将由块标记、属性值、属性提示和默认值这4个部分组成。

> 块标记：每一个属性定义都有一个标记，就像每一个图层或线型都有自己的名称一样。属性标记实际上是属性定义的标识符，显示在属性的插入位置处。一般情况下，属性标记用于描述文本尺寸、文字样式和旋转度。在属性标记中不能包含空格，并且两个名称相同的属性标记不能出现在同一个块定义中。属性标记仅在块定义前出现，在块被插入后将不再显示该标记。但是，如果当块参照被分解后，属性标记将重新显示。

> 属性值：在插入块参照时，属性实际上就是一些显示的字符串文本(如果属性的可见性模式没有设置为开)。无论可见与否，属性值都是直接附着于属性上的，并与块参照关联。这个属性值将来可被写入到数据库文件中。例如，下图所示的图形中为粗糙度符号和基准符号的属性值。如果要多次插入这

些图块，则可以将这些属性值定义给相应的图块。在插入图块的同时，即可为其指定相应的属性值，从而避免了为图块进行多次文字标注的操作。

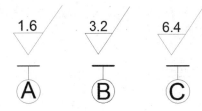

> 属性提示：属性提示是在插入带有可变的或预置的属性值的块参照时，系统显示的提示信息。在定义属性的过程中，可以指定一个文本字符串，在插入块参照时该字符串将显示在提示符中，提示输入相应的属性值。

> 默认值：在定义属性时，可以指定一个属性的默认值。在插入块参照时。该默认值出现在提示后面的括号中。如果按下 Enter 键，则该默认值会自动成为该提示的属性值。

2. 创建块属性

在使用带属性的图块之前，首先需要对图块的属性进行创建。在 AutoCAD 中，用户可以通过以下几种方法创建块属性。

> 选择【绘图】|【块】|【定义属性】命令。

> 在命令行中执行ATTDEF或ATT命令。

> 选择【插入】选项卡，在【块定义】面板中单击【定义属性】按钮 ✎。

【例 7-3】将下图所示的图形定义成表示位置公差基准的符号块。 ◉视频

step1 在快速访问工具栏中选择【显示菜单

栏】命令，在弹出的菜单中选择【绘图】|【块】|【定义属性】命令，打开【属性定义】对话框。

step 2 在【属性】选项区域的【标记】文本框中输入 A，在【提示】文本框中输入"请输入基准符号"，在【默认】文本框中输入 A。

step 3 在【插入点】选项区域中选中【在屏幕上指定】复选框。

step 4 在【文字设置】选项区域的【对正】下拉列表中选择【中间】选项，在【文字高度】后面的文本框中输入 100，其他选项采用默认设置。

step 5 完成以上设置后，单击【确定】按钮，在绘图窗口中单击圆的圆心，确定插入点的位置。完成属性块的定义，同时在图中的定义位置将显示出该属性的标记。

step 6 在命令行中输入命令 WBLOCK，打开【写块】对话框。在【基点】选项区域中单击【拾取点】按钮，然后在绘图窗口中单击两条直线的交点。

step 7 在【对象】选项区域中选择【保留】单选按钮，并单击【选择对象】按钮，然后在绘图窗口中使用窗口方式选择所有图形。

step 8 在【目标】选项区域的【文件名和路径】文本框中输入一个路径，并在【插入单位】下拉列表中选择【毫米】选项，然后单击【确定】按钮。

7.2.2 插入带属性的块

当用户在绘图窗口中插入一个带属性的图块时，命令行中的提示与插入一个不带属性的图块的命令行提示基本相同，只是在后面增加了属性输入提示。

下面将通过一个简单的实例，介绍在绘图窗口中插入带属性图块的方法。

【例7-4】在绘图窗口中创建一个带属性的图块，并将其插入图形中。

视频+素材 (素材文件\第 07 章\例 7-4)

step 1 在绘图窗口中绘制一个如下图所示的图形后，在命令行中输入 BLOCK 命令。

step 2 打开【块定义】对话框，在【名称】文本框中输入"粗糙度"，然后单击【选择对象】按钮，选取绘图窗口中绘制的图形对象。

step 3 返回【块定义】对话框，单击【确定】按钮，创建"粗糙度"图块。

step ④ 在命令行中输入 ATTDEF 命令，按下 Enter 键，打开【属性定义】对话框。在【标记】文本框中输入"粗糙度"，将【对正】设置为【居中】，将【文字高度】设置为 20，然后单击【确定】按钮。

step ⑤ 在绘图区中合适的位置上单击，创建如下图所示的块属性。

step ⑥ 在命令行中输入 WBLOCK 命令，按下 Enter 键，打开【写块】对话框。在【文件名和路径】文本框中设置保存图块的路径，然后单击【选择对象】按钮。

step ⑦ 在绘图窗口中选中所有图形对象，在命令行提示下按下 Enter 键，返回【写块】对话框，单击【确定】按钮，创建一个外部图块。

step ⑧ 打开一个图形文件，在命令行中输入 INSERT 命令，按下 Enter 键。

step ⑨ 打开【插入】对话框，单击【浏览】按钮，打开【选择图形文件】对话框，选中步骤 7 创建的外部图块。

step ⑩ 单击【打开】按钮，返回【插入】对话框，单击【确定】按钮。

step ⑪ 在绘图窗口中的图形文件上捕捉一个合适的位置，如下左图所示，然后单击。

step ⑫ 打开【编辑属性】对话框，在【粗糙度】文本框中输入 3.2，单击【确定】按钮。

step ⑬ 此时，将在图形中插入如下右图所示的图块。

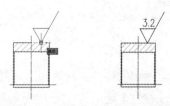

7.2.3 编辑图块属性

对于带属性的块来说，用户可以像修改其他对象一样对其进行编辑。在 AutoCAD 中，用户可以通过以下几种方法编辑块属性。

➤ 选择【修改】|【对象】|【属性】|【单个】命令。

➤ 在命令行中执行 EATTEDIT 命令。

➤ 选择【插入】选项卡，在【块】面板中单击【编辑属性】按钮。

执行以上命令后，在绘图区域中单击图块，将打开【增强属性编辑器】对话框。

【增强属性编辑器】对话框中 3 个选项卡的功能说明如下。

➤ 【属性】选项卡：显示块中每个属性的标识、提示和值。在列表框中选择某一属性后，其【值】文本框中将显示出该属性对应的属性值，可以通过该文本框修改属性值。

➤ 【文字选项】选项卡：用于修改属性

文字的格式，该选项卡如下图所示。在其中可以设置文字样式、对齐方式、高度、旋转角度、宽度比例、倾斜角度等内容。

> 【特性】选项卡：用于修改属性文字的图层以及其线宽、线型、颜色及打印样式等，如下图所示。

7.2.4 使用块属性管理器

执行以下操作，可以打开【块属性管理器】对话框，管理块中的属性。

> 选择【修改】|【对象】|【属性】|【块属性管理器】命令。

> 在命令行中执行 BATTMAN 命令。

> 选择【插入】选项卡，然后在【块定义】面板中单击【管理属性】按钮。

在【块属性管理器】对话框中单击【编辑】按钮，将打开【编辑属性】对话框，可以重新设置属性定义的构成、文字特性和图形特性等。

在【块属性管理器】对话框中单击【设置】按钮，将打开【块属性设置】对话框。用户可以设置在【块属性管理器】对话框的属性列表框中能够显示的内容。

例如，单击【全部选择】按钮，系统将选中全部选项；然后单击【确定】按钮，返回【块属性管理器】对话框；此时，在属性列表中将显示选中的全部选项。

7.2.5 使用 ATTEXT 命令

AutoCAD 的块及其属性中含有大量的数据，如块的名字、块的插入点坐标、插入比例和各个属性的值等。用户可以根据需要将这些数据提取出来，并将其写入到文件中作为数据文件保存起来，以供其他高级语言程序分析使用，也可以将该属性传送给数据库。

在命令行中输入 ATTEXT 命令，即可提

取块属性的数据。此时，将打开【属性提取】
对话框，如下图所示。

该对话框主要选项的功能说明如下。

▶ 【文件格式】选项区域：用于设置数
据提取的文件格式。用户可以在 CDF、SDF、
DXX 这 3 种文件格式中选择，选中相应的
单选按钮即可。

▶ 【选择对象】按钮：用于选择块对象。
单击该按钮，AutoCAD 将切换至绘图窗口，
用户可以选择带有属性的块对象，按 Enter
键后返回【属性提取】对话框。

▶ 【样板文件】按钮：用于设置样板文
件。用户可以直接在【样板文件】按钮右边
的文本框内输入样板文件的名字；也可以单
击【样板文件】按钮，打开【样板文件】对
话框，从中选择样板文件。

▶ 【输出文件】按钮：用于设置提取文
件的名字。可以直接在其右边的文本框中输
入文件名；也可以单击【输出文件】按钮，
打开【输出文件】对话框，并指定存放数据
文件的位置和文件名。

7.2.6　使用【数据提取】向导

执行以下命令，可以打开【数据提取】

向导对话框，该对话框将以向导形式帮助用
户提取图形中块的属性数据。

【例 7-5】使用【数据提取】向导提取图形中定义的
块的属性数据。

视频+素材　（素材文件\第 07 章\例 7-5）

step 1　选择【文件】|【打开】命令，打开下
图所示的图形文件。

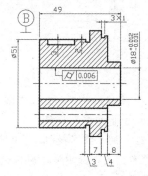

step 2　选择【工具】|【数据提取】命令，打
开【数据提取-开始】对话框。

step 3　在【数据提取-开始】对话框中选中
【创建新数据提取】单选按钮，新建一个提取
作为样板文件，然后单击【下一步】按钮。

step 4　在打开的【数据提取-定义数据源】
对话框中单击【在当前图形中选择对象】单
选按钮，然后单击【在当前图形中选择对象】
按钮。

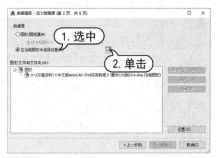

step 5 在图形中选择需要提取属性的块，然后按下 Enter 键。

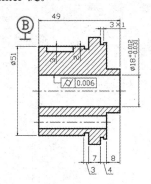

step 6 返回【数据提取-定义数据源】对话框，并单击【下一步】按钮。

step 7 在打开的【数据提取-选择对象】对话框的【对象】列表中选中提取数据的对象，这里选择对象 BASE，然后单击【下一步】按钮。

step 8 在打开的【数据提取-选择特性】对话框的【类别过滤器】列表框中选中对象的特性。这里选择【常规】和【属性】选项，然后单击【下一步】按钮。

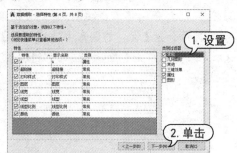

step 9 在打开的【数据提取-优化数据】对话框中可以重新设置数据的排列顺序。这里保持默认设置即可，单击【下一步】按钮。

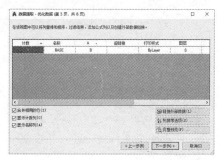

step 10 在打开的【数据提取-选择输出】对话框中，选中【将数据提取处理表插入图形】复选框，然后单击【下一步】按钮。

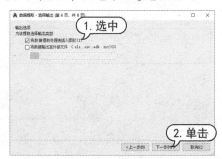

step 11 在打开的【数据提取-表格样式】对话框中，可以设置存放数据的表格样式。这里选择默认样式，单击【下一步】按钮。

step 12 属性数据提取完毕，在打开的【数据提取-完成】对话框中，单击【完成】按钮。

step 13 此时，提取的数据在绘图窗口如下图所示。

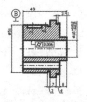

计数	名称	A	超链接	打印样式	图层	线宽	线型	线型比例	颜色
1	BASE	B		ByLayer	0	ByLayer	ByBlock	1.0000	ByLayer

7.3 创建动态图块

动态图块就是将一系列内容相同或相近的图形通过块编辑器将图形创建为块，并设置块具有参数化的动态特性，通过自定义夹点或自定义特性来操作动态块。设置动态图块对于常规图块来说具有极大的灵活性和智能性，不仅提高了绘图的效率，同时也减小了图块库中的块数量。

动态图块是指用【块编辑器】向新的或现有的图块定义中添加参数和动作。

要使块成为动态图块，至少要添加一个参数，然后添加一个动作并将该动作与参数相关联。添加到块定义中的参数和动作类型定义了动态块参照在图形中的使用方式。在AutoCAD 中，用户可以通过以下几种方式执行【块编辑器】命令。

▶ 选择【工具】|【块编辑器】命令。

▶ 在命令行中执行 BEDIT 命令。

▶ 选择【插入】选项卡，在【块定义】面板中单击【块编辑器】按钮。

执行【块编辑器】命令，创建动态块的具体方法如下。

step 1 打开一个图形后，在命令行中输入BEDIT 命令，按下 Enter 键确认。

step 2 打开【编辑块定义】对话框，在对话框左侧的列表框中选中【当前图形】选项，单击【确定】按钮。

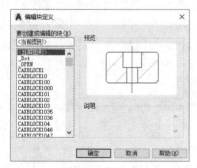

step 3 打开【块编辑器】选项卡，并显示【块编写选项板】面板。

step 4 在【块编写选项板】面板中单击【点】按钮，在命令行提示下捕捉图形中合适的位置。

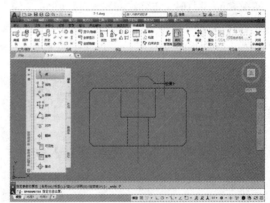

step 5 捕捉图形中的另一点，即可创建动态图块。此时，在【块编辑器】选项卡的【关闭】组中单击【关闭块编辑器】按钮，即可关闭块编辑器。

7.4 使用外部参照

块主要针对小型的图形重复使用，而外部参照则提供了一种比图块更为灵活的图形引用方法，即使用"外部参照"功能可以将多个图形链接到当前图形中，并且包含外部参照的图形会随着原图形的修改而自动更新，这是一种重要的共享数据的方式。

如果把图形作为块插入另一个图形，块定义和所有相关联的集合图形都将存储在当前图形数据库中。修改原图形后，块不会随之更新。插入的块如果被分解，则同其他图形没有本质区别，相当于将一个图形文件中的图形对象复制并粘贴到另一个图形文件中。而外部参照提供了另一种更为灵活的图形引用方法。使用外部参照可以将多个图形链接到当前图形中，并且作为外部参照的图形会随原图形的修改而更新。

当一个图形文件被作为外部参照插入到当前图形时，外部参照中每个图形的数据仍然分别保存在各自的原图形文件中，当前图形中所保存的只是外部参照的名称和路径。因此，外部参照不会明显地增加当前图形的文件大小，从而可以节省磁盘空间，也利于保持系统的性能。无论一个外部参照文件多么复杂，AutoCAD 都会把它作为一个单一对象来处理，而不允许进行分解。用户可以对外部参照进行比例缩放、移动、复制、镜像或旋转等操作，还可以控制外部参照的显示状态，但这些操作都不会影响到原图形文件。

7.4.1 附着 DWG 参照

在 AutoCAD 中，用户可以通过以下几种方法附着 DWG 参照。

➤ 选择【插入】|【DWG 参照】命令。

➤ 在命令行中执行 XATTACH 和 XA 命令。

➤ 选择【插入】选项卡，在【参照】面板中单击【附着】按钮。

【例 7-6】在图形中附着 DWG 参照。

视频+素材 （素材文件\第 07 章\例 7-6）

step ① 打开图形文件后，在命令行中输入 XATTACH 命令，按下 Enter 键。

step ② 打开【选择参照文件】对话框，选择一个合适的参照文件，单击【打开】按钮。

step ③ 打开【附着外部参照】对话框，单击【确定】按钮。

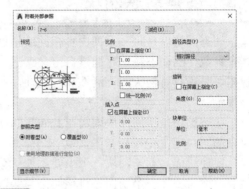

step ④ 此时，即可在绘图窗口中附着 DWG 参照，效果如下图所示。

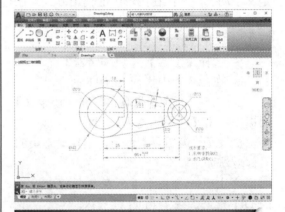

7.4.2 附着图像参照

在 AutoCAD 中，用户可以通过以下两种方法附着图像参照(附着图像参照与外部参照一样，其图像由一些被称为像素的小方块或点的矩形栅格组成，附着后的图像像图块一样作为整体，用户可以对其进行多次重新附着)。

➤ 选择【插入】|【光栅图像参照】命令。

➤ 在命令行中执行 IMAGEATTACH 命令。

【例 7-7】在图形中附着图像参照。

视频+素材 （素材文件\第 07 章\例 7-7）

step ① 打开一个图形文件，在命令行中输入 IMAGEATTACH 命令，按下 Enter 键。

step ② 打开【选择参照文件】对话框，选择一个参照文件，单击【打开】按钮。

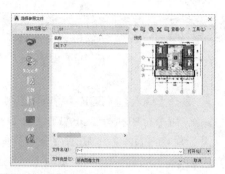

step ③ 打开【附着图像】对话框，单击【确定】按钮。

step ④ 在绘图窗口中合适的位置上单击，然后拖动设置附着图像参照的大小，如下图所示。

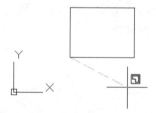

step ⑤ 再次单击，即可附着如下图所示的图像参照。

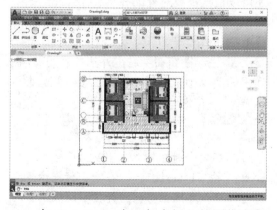

在 AutoCAD 中，每个插入的图像参照

都可以裁剪边界，也可以对图像的亮度、对比度等参数进行设置。

7.4.3 附着 DWF 参考底图

在 AutoCAD 中，用户可以通过以下两种方法，附着 DWF 参考底图。

- ➤ 选择【插入】|【DWF 参考底图】命令。
- ➤ 在命令行中执行 DWFATTACH 命令。

【例 7-8】在图形中附着 DWF 参考底图。

🔴 视频+素材 （素材文件\第 07 章\例 7-8）

step ① 打开一个图形文件，在命令行中输入 DWFATTACH 命令，按下 Enter 键。

step ② 打开【选择参照文件】对话框，选中一个合适的参照文件，单击【打开】按钮。

step ③ 打开【附着 DWF 参考底图】对话框，保持默认设置，单击【确定】按钮。

step ④ 在绘图窗口中合适的位置上单击，然后拖动设置附着 DWF 参考底图的大小，并单击鼠标确定。

step ⑤ 此时，即可附着 DWF 参考底图。

DWF 是一种高度压缩的文件格式，可以将该格式文件作为参考底图附着到图形文件上。通过附着 DWF 文件，用户可以参考文件而不增加图形文件的大小。

7.4.4 附着 DGN 文件

在 AutoCAD 中，用户可以通过以下几种方法附着 DGN 文件。

➤ 选择【插入】|【DGN 参考底图】命令。

➤ 在命令行中执行DGNATTACH命令。

【例7-9】 在图形中附着 DGN 文件。

🔵 视频+素材 （素材文件\第 07 章\例 7-9）

step① 打开图形文件后，在命令行中输入 DGNATTACH 命令，按下 Enter 键。

step② 打开【选择参照文件】对话框，从中选择一个合适的参照文件，然后单击【打开】按钮。

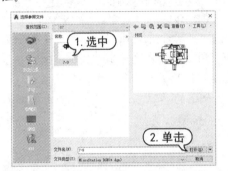

step③ 打开【附着 DGN 参考底图】对话框，保持默认设置，单击【确定】按钮。

step④ 在绘图窗口中捕捉两点后，即可附着 DGN 参考底图。

DGN 是由 MicroStation 绘图软件生成的一种文件格式。该文件格式对精度、层数以及文件和单元的大小没有限制。另外，DGN 文件中的数据都是经过快速优化、检验并压缩的，有利于节省存储空间。

7.5　管理外部参照

在 AutoCAD 中的图形内加入外部参照后，还可以根据需要对外部参照进行管理，如编辑、剪裁、卸载等。

7.5.1　编辑外部参照

在 AutoCAD 中，用户可以通过以下几种方法编辑当前图形中的外部参照。

➤ 选择【工具】|【外部参照和块在位编辑】|【在位编辑参照】命令。

➤ 在命令行中执行 REFEDIT 命令。

➤ 选择【插入】选项卡，在【参照】面板中单击▼，在弹出的面板中单击【编辑参

7.4.5　附着 PDF 文件

在 AutoCAD 中，用户可以通过以下两种方法附着 PDF 文件。

➤ 选择【插入】|【PDF 参考底图】命令。

➤ 在命令行中执行 PDFATTACH 命令。

执行附着 PDF 参考底图命令的具体操作方法如下。

step① 打开一个图形文件后，在命令行中输入 PDFATTACH 命令，按下 Enter 键。

step② 打开【选择参照文件】对话框，从中选择一个合适的参照文件，然后单击【打开】按钮。

step③ 打开【附着 PDF 参考底图】对话框，保持默认设置，单击【确定】按钮。

step④ 此时，即可在绘图窗口中附着 PDF 参考底图。

在附着 PDF 文件时，多页的 PDF 文件可以一次附着一页。此时 PDF 文件中的超文本链接将转换为纯文字，并且不支持数字签名。在 AutoCAD 中，将 PDF 文件附着为参考底图时，可以将该参照文件链接到当前图形。打开或重新加载参照文件时，当前图形中将显示对该文件所做的所有更改。

照】按钮🖾。

➤ 在绘图窗口中右击外部参照图形，在弹出的菜单中选择【在位编辑参照】命令。

【例7-10】 编辑图形中的外部参照。

🔵 视频+素材 （素材文件\第 07 章\例 7-10）

step① 打开一个附着了外部参照的图形文件后，在命令行中输入 REFEDIT 命令。

step② 按下Enter键确认，在命令行提示下单击选择外部参照图形，打开【参照编辑】对话框，保持默认设置，并单击【确定】按钮。

step 3 此时，用户可以在当前绘图窗口中对外部参照图形进行编辑。

step 4 在【插入】选项卡的【编辑参照】面板中单击【保持修改】按钮，可以保存对外部参照的修改。

7.5.2　剪裁外部参照

在 AutoCAD 中，用户可以通过以下几种方法剪裁外部参照。

➤ 选择【修改】|【剪裁】|【外部参照】命令。

➤ 在命令中行执行 XCLIP 命令。

➤ 选择【插入】选项卡，在【参照】面板中单击【剪裁】按钮▣。

➤ 在绘图窗口中右击外部参照图形，在弹出的菜单中选择【剪裁外部参照】命令。

执行 XCLIP 命令剪裁外部按照的具体操作方法如下。

step 1 在命令行中输入 XCLIP 命令，按下 Enter 键。

step 2 在命令行提示下，按下 3 次 Enter 键，捕捉下图所示的端点。

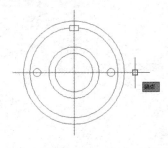

step 3 在命令行提示下，选中下图所示的端点，即可剪裁外部参照。

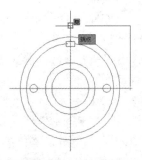

使用【剪裁】命令可以定义剪裁边界。剪裁边界后，只显示边界内的外部参照部分，而不对外部参照定义本身起作用。

7.5.3　拆离外部参照

在 AutoCAD 中，用户可以通过以下几种方法打开【外部参照】面板。

➤ 选择【插入】|【外部参照】命令。

➤ 在命令行中执行 XREF 或 XR 命令。

➤ 选择【插入】选项卡，在【参照】面板中单击【外部参照】按钮▣。

执行 XREF 命令拆离外部按照的具体操作方法如下。

step 1 打开图形文件后，在命令行中输入 XREF 命令，按下 Enter 键确认。

step 2 打开【外部参照】面板，右击参照，在弹出的菜单中选择【拆离】命令。

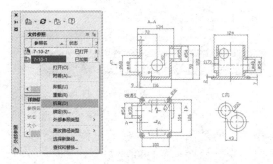

step 3 此时，即可从当前图形中拆离外部参照对象。

在【外部参照】面板中，各主要选项的功能说明如下。

➤ 【附着 DWG】按钮▣：位于【外部参照】面板左上角。单击该按钮右侧的▼按钮，在弹出的下拉列表中可以选择附着

DWG、DWF、DGN、PDF 或图像。

▶【刷新】按钮 ᵉ：单击该按钮右侧的
▼按钮，在弹出的列表中可以选择【刷新】
或【重载所有参照】命令。

▶【文件参照】列表框 ᵉ：在该列表框
中，显示了当前图形中各个外部参照的名称
(可以设置为以列表形式或树状结构显示)。

7.5.4 卸载外部参照

卸载外部参照并不删除外部参照的定
义，而仅仅取消外部参照的图形显示。具体
操作方法如下。

step 1 在命令行中输入 XREF 命令，按下
Enter 键。

step 2 打开【外部参照】面板，右击外部参
照对象，在弹出的菜单中选择【卸载】命令。

step 3 此时，即可看到外部参照对象的【状
态】变为【已卸载】，说明外部参照已经被卸
载，如下图所示。

7.5.5 重载外部参照

AutoCAD 在打开一个附着有外部参照
的图形文件时，将自动重载所有附着的外部
参照，但是在编辑该文件的过程中则不能实
时地反映原图形文件的改变。

重载外部参照的具体操作方法如下。

step 1 在命令行中输入 XREF 命令，按下
Enter 键。

step 2 打开【外部参照】面板，右击外部参
照对象，在弹出的菜单中选择【重载】命令
即可重载外部参照。

7.5.6 绑定外部参照

在 AutoCAD 中，用户可以通过以下两
种方法绑定外部参照。

▶ 选择【修改】|【对象】|【外部参照】
|【绑定】命令。

▶ 在命令行中执行 XBIND 或 XB 命令。

【例7-11】在图形中执行 XBIND 命令绑定外部参照。

🔘 视频+素材 (素材文件\第 07 章\例 7-11)

step 1 打开下图所示的图形后，在命令行中
输入 XBIND 命令，按下 Enter 键。

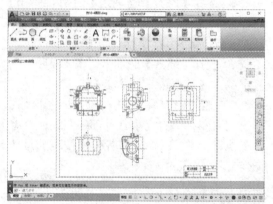

step 2 打开【外部参照绑定】对话框，在左
侧的列表框中选择合适的选项，单击【添加】
按钮。

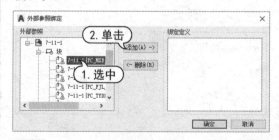

step 3 此时，在【绑定定义】列表框中，将
显示添加的绑定对象。单击【确定】按钮即

可绑定外部参照。

利用绑定外部参照功能，可以将外部参照绑定到当前图形上，使其成为图形中的固定部分，而不再是外部参照文件。

7.6 案例演练

本章的案例演练部分主要通过实例练习在 AutoCAD 中创建指北针、轴线编号、门和窗图块的操作。用户可以通过练习从而巩固本章所学知识。

【例 7-12】绘制一个如下图所示的指北针图案，并将其定位为块。🔘▶视频

step 1 使用【圆】命令，在绘图区任意位置拾取一点为圆心，设置半径为 120，绘制圆。

step 2 经过步骤 1 绘制的圆的圆心绘制竖向构造线，并将构造线向左和向右各偏移 15。

step 3 使用【直线】命令绘制连接构造线与圆交点的直线，如下左图所示。

step 4 删除构造线，使用【图案填充】命令，在步骤 3 绘制的直线与下部圆弧构成的区域内填充 SOLID 图案，如下右图所示。

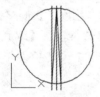 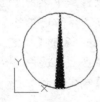

step 5 选择【绘图】|【块】|【创建】命令，打开【块定义】对话框，在【名称】文本框中输入文本"指北针"。

step 6 在【基点】选项区域中单击【拾取点】按钮🔲，在绘图区捕捉圆的圆心为基点，如下左图所示。

step 7 返回【块定义】对话框，在【对象】选项区域中单击【选择对象】按钮🞧，然后

在绘图区中选中整个图像，并按下 Enter 键，如下右图所示。

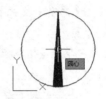 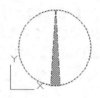

step 8 返回【块定义】对话框，在【方式】选项区域中选中【允许分解】复选框，并单击【确定】按钮。完成指北针图块的创建。

【例 7-13】绘制一个如下图所示的轴线编号图块。🔘▶视频

step 1 使用【圆】命令，在绘图区绘制半径为 400 的圆。

step 2 选择【绘图】|【块】|【定义属性】命令，打开【属性定义】对话框。在【标记】文本框中输入"竖向轴线编号"；在【提示】文本框中输入"请输入轴线编号:"；在【默认】文本框中输入 1；在【对正】下拉列表中选中【正中】选项；在【文字高度】文本框中输入 500。

step 3 单击【确定】按钮，命令行提示指定起点，拾取圆心为起点。

竖向轴线编号

step 4 选择【绘图】|【块】|【创建】命令，打开【块定义】对话框，在【名称】文本框中输入文本【竖向轴线编号】。

step 5 在【基点】选项区域中单击【拾取点】按钮，在绘图区捕捉圆的上象限点。

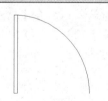
竖向轴线编号

step 6 返回【块定义】对话框，在【对象】选项区域中单击【选择对象】按钮，然后在绘图区中选中整个图像。

step 7 返回【块定义】对话框，单击【确定】按钮。选择【插入】|【块】命令，在绘图区插入定义的块，并打开【编辑属性】对话框。

step 8 在【编辑属性】对话框的【请输入轴线编号】文本框中输入参数 1，并单击【确定】按钮。

【例 7-14】绘制一个如下图所示的单扇门图块。
◉ 视频

step 1 使用【矩形】命令绘制矩形，第 1 点为绘图区的任意点，第 2 点相对坐标为(@40,900)，如下左图所示。

step 2 使用【圆心、起点、角度】方法绘制圆弧，圆心为左下角点，如下右图所示。

step 3 圆弧起点位置设置为右上角点，如下左图所示。

step 4 圆弧的角度设置为-90，完成绘制后的效果如下右图所示。

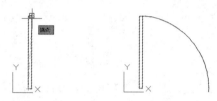

step 5 选择【绘图】|【块】|【创建】命令，打开【块定义】对话框，在【名称】文本框中输入文本"900 单扇门"。

step 6 在【基点】选项区域中单击【拾取点】按钮，然后在绘图区捕捉矩形的左下角为基点。

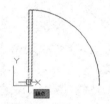

step 7 返回【块定义】对话框，在【对象】选项区域中单击【选择对象】按钮，然后在绘图区中选中整个图像，并按下 Enter 键。

step 8 返回【块定义】对话框，在【方式】选项区域中选中【允许分解】复选框，并单击【确定】按钮。

第8章

使用文字和表格标注图形

文字和表格是 AutoCAD 图形中重要的元素，同时也是机械制图和工程制图中不可缺少的组成部分。文字可用来对图形中不便于表达的内容加以说明，使图形更完整、清晰，表格则可以通过行与列以一种简洁的形式提供信息。

本章对应视频

例 8-1 创建文字样式

例 8-2 创建表格样式

例 8-3 绘制表格

例 8-4 调整表格的行高和列宽

例 8-5 在表格中添加行和列

例 8-6 合并表格中的单元格

例 8-7 在表格中删除行和列

例 8-8 设置表格属性

例 8-9 在图形中添加多行文本

8.1 设置文字

通过对文字样式的设置可以控制文字外观的显示。在默认情况下，AutoCAD 使用当前文字样式；用户也可以根据绘图的要求，对文字样式进行相应设置，从而得到绘图所要求的标注文字。本节将介绍创建与设置文字样式的基本操作。

8.1.1 设置文字样式

使用【文字样式】命令，可以创建新的文字样式，并可根据绘图需要重命名文字样式。

在 AutoCAD 中，用户可以通过以下几种方法执行【文字样式】命令。

➤ 选择【格式】|【文字样式】命令。

➤ 在命令行中执行 STYLE 命令。

➤ 选择【默认】选项卡，在【注释】面板中单击▼，在展开的面板中单击【文字样式】按钮♣。

【例 8-1】创建"机械样式"的文字样式。 ◎ 视频

step 1 打开一个图形后，在命令行中输入 STYLE，然后按下 Enter 键，打开【文字样式】对话框，单击【新建】按钮。

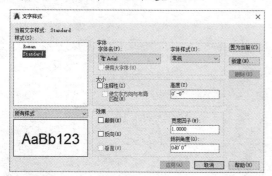

step 2 打开【新建文字样式】对话框，在【样式名】文本框中输入"机械样式"，单击【确定】按钮。

step 3 返回【文字样式】对话框。此时，在对话框的【样式】列表中可以看到新建的文字样式——机械样式。

step 4 右击【样式】列表中的【机械样式】

文字样式，在弹出的列表中选择【重命名】命令。

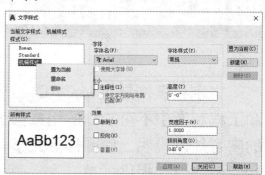

step 5 此时，样式名处于激活状态，输入新的样式名"工程制图"，并按下 Enter 键，即可重命名文字样式。

【文字样式】对话框中各主要选项的功能说明如下。

➤ 【样式】列表框：用于显示图形中已定义的样式。

➤ 【新建】按钮：单击该按钮，可以新建文字样式。

➤ 【字体样式】下拉按钮：用于指定字体格式，如斜体、粗体等。

➤ 【高度】文本框：在该文本框中可以输入具体数值设置文字高度。

➤ 【使用大字体】复选框：选中该复选框，可以设置符合制图标准的字体。

8.1.2 设置文字字体

通过【文字样式】对话框创建文字样式后，用户可以在该对话框的【字体】选项区域中设置其使用的字体属性，具体操作方法如下。

step 1 打开图形文件后，在命令行中执行 STYLE 命令。

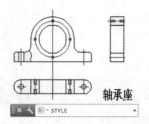

轴承座

step 2 按下 Enter 键打开【文字样式】对话框，并在【样式】组中选中一个需要设置的文字样式"机械样式"，在【字体】选项区域中，单击【字体名】按钮，在弹出的列表中选择一种文本字体样式。

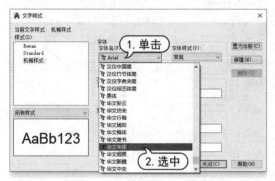

step 3 依次单击【应用】和【关闭】按钮，即可设置文本的字体。

在【字体名】下拉列表中列出了所有注册的 TrueType 字体和 Fonts 文件中编译的向量(SHX)字体的字体名，用户可以选择合适的字体。

8.1.3 设置文字效果

在【文字样式】对话框的【效果】选项区域中，用户可以设置文字显示的效果。该选项区域中各选项的功能说明如下。

▶ 【颠倒】复选框：用于设置是否将文字颠倒过来书写。

▶ 【反向】复选框：用于设置是否将文字反向书写。

▶ 【垂直】复选框：用于设置是否将文字垂直书写，但垂直效果对汉字字体无效。

▶ 【宽度因子】文本框：用于设置文字字符的高度和宽度之比。当宽度因子为 1 时，将按系统定义的高宽比书写文字；当宽度因子小于 1 时，字符将会变窄；当宽度因子大于 1 时，字符将会变宽。

▶ 【倾斜角度】文本框：用于设置文字的倾斜角度。角度为 0 时不倾斜，角度为正值时向右倾斜；为负值时向左倾斜。

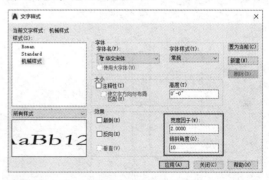

设置文字效果的具体操作方法如下。

step 1 打开图形文件后，在命令行中输入 STYLE 命令，然后按下 Enter 键，打开【文字样式】对话框。

step 2 在【效果】选项区域中设置【宽度因子】为 2、【倾斜角度】为 10，然后依次单击【应用】和【关闭】按钮。

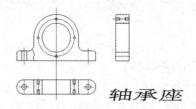

step 3 此时，图形中文本的效果如下图所示。

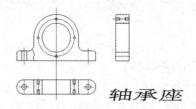

轴承座

8.2 使用单行文字

通过对文字样式的设置可以控制文字外观的显示。在默认情况下，AutoCAD 使用当前文字样式；用户也可以根据绘图的要求，对文字样式进行相应设置，从而得到绘图所要求的标注文字。本节将介绍创建与设置文字样式的基本操作。

8.2.1 创建单行文字

单行文字通常用于不需要使用多种字体的简短内容中。在 AutoCAD 中，用户可以通过以下几种方法创建单行文字。

▶ 选择【绘图】|【文字】|【单行文字】命令。

▶ 在命令行中执行 DTEXT 或 DT 命令。

▶ 选择【默认】选项卡，在【注释】面板中单击【多行文字】按钮，在弹出的列表中选择【单行文字】选项。

执行【单行文字】命令创建单行文字的具体操作方法如下。

step① 打开一个图形文件后，在命令行中输入 DTEXT 命令，然后按下 Enter 键，显示下图所示的命令行提示。

step② 捕捉图形上合适的端点，然后按下 Enter 键，输入"液体存储罐"。

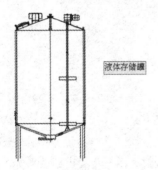

液体存储罐

step③ 按下 Enter 键确认，即可创建单行文字。

执行 DTEXT 命令后，命令行中主要选项的功能说明如下。

▶ 指定文字的起点：该选项为默认项，通过指定单行文字基线的起点位置创建文字。

▶ 对正(J)：选择该选项，可以设置文字的对齐方式。

▶ 样式(S)：选择该选项，可以设置当

前使用的文字样式。

8.2.2 输入特殊字符

在 AutoCAD 中创建单行文字时，用户可以在输入文字的过程中输入一些特殊字符。在绘图时，也经常要标注一些特殊字符，如直径符号、百分号等。由于这些特殊字符无法使用键盘直接输入，因此需要使用 AutoCAD 提供的相应控制符。

AutoCAD 的控制符由两个百分号(%%)及一个字符构成，常用特殊符号的控制符如下表所示。

控制符	功　　能
%%O	打开或关闭文字上划线
%%U	打开或关闭文字下划线
%%D	标注度(°) 符号
%%P	标注正负公差(±)符号
%%C	标注直径(φ)符号

在 AutoCAD 的控制符中，%% O 和 %%U 分别是上划线与下划线的开关。第 1 次出现此符号时，可以打开上划线或下划线，第 2 次出现该符号时，则会关闭上划线或下划线。

在【输入文字:】提示下，输入控制符时，控制符也将临时显示在屏幕上，当结束文本创建命令时，控制符将从屏幕上消失，转换成相应的特殊符号。

8.2.3 编辑单行文字

在 AutoCAD 中，用户可以通过以下几种方法执行【编辑】命令，编辑单行文字的内容。

▶ 选择【修改】|【对象】|【文字】|【编辑】命令。

▶ 在命令行中执行 DDEDIT 命令。

▶ 选择单行文字内容，右击，在弹出的

菜单中选择【编辑】命令。

➤ 在需要编辑的单行文字上双击鼠标。
编辑单行文字的具体方法如下。

step 1 打开一个图形文件后，在命令行中输入 DDEDIT 命令。

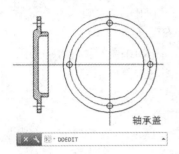

轴承盖

step 2 按下 Enter 键确认后，在命令行提示下选择单行文字，输入"ZWT-4 轴承盖"。

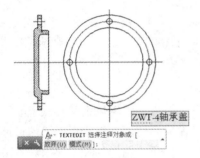

ZWT-4轴承盖

step 3 按下 Enter 键，即可完成对单行文字的编辑。

8.2.4 设置单行文字缩放比例

在编辑单行文字时，用户可以使用【缩放】命令对其进行缩放。在 AutoCAD 中，用户可以通过以下几种方法编辑单行文字的缩放比例。

➤ 选择【修改】|【对象】|【文字】|【比例】命令。

➤ 在命令行中执行 SCALETEXT 命令。

➤ 选择【注释】选项卡，在【文字】面板中单击▼，在展开的面板中单击【缩放】按钮。

执行【缩放】命令，编辑单行文字缩放比例的具体操作方法如下。

step 1 打开一个图形文件后，在命令行中输入 SCALETEXT 命令。

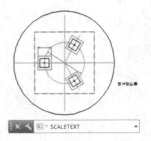

step 2 按下 Enter 键确认后，在命令行提示下选择单行文字对象，连续按下两次 Enter 键，然后在命令行提示信息中输入 S。

step 3 按下 Enter 键确认后，在命令行提示下输入 3。

step 4 按下 Enter 键确认，单行文字的缩放效果如下图所示。

脉冲除尘器

8.2.5 设置单行文字对正方式

在 AutoCAD 中，用户可以通过以下几种方法使用【对正】命令，更改文字对象对正点而不更改其位置。

➤ 选择【修改】|【对象】|【文字】|【对正】命令。

➤ 在命令行中执行 JUSTIFYTEXT 命令。

➤ 选择【注释】选项卡，在【文字】面板中单击【对正】按钮。

执行【对正】命令的具体步骤如下。

step 1 打开图形文件后，选中图形中的单行文字。

step 2 在命令行中输入 JUSTIFYTEXT，按下 Enter 键，在下图所示命令行提示下输入 BC。

step③ 按下 Enter 键即可完成单行文字的编辑，效果对比如下图所示。

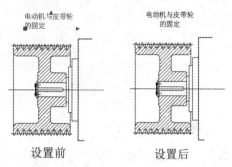

设置前　　　　　　设置后

在执行 JUSTIFYTEXT 命令时，命令行中主要选项的功能说明如下。

➤ 对齐(A)：选择该选项后，系统将提示用户确定文字的起点和终点。按下 Enter 键后，系统将自动调整各行文字的高度。

➤ 布满(F)：确定文字的起点和终点后，在高度不变的情况下，软件将调整宽度系数以使文字布满两点之间的部分。

➤ 左上(TL)：文字将对齐在第一个文字单元的左上角。

➤ 中上(TC)：文字将对齐在最后一个文字单元的中上角。

➤ 右上(TR)：文字将对齐在最后一个文字单元的右上角。

➤ 左中(ML)：文字将对齐在第一个文字单元左侧的垂直中点。

➤ 正中(MC)：文字将对齐在文本的垂直中点和水平中点。

➤ 右中(MR)：文字将对齐在最后一个文字单元格右侧的垂直中点。

➤ 左下(BL)：文字将对齐在第一个文字单元的左下角。

➤ 中下(BC)：文字将对齐在基线中点。

➤ 右下(BR)：文字将对齐在基线的最右侧。

8.3　使用多行文字

多行文字又被称为段落文本，是一种方便管理的文本对象。它可以由两行以上的文本组成，而且各行文本都是作为一个整体来处理的。多行文字应用广泛。例如，在机械设计中，常使用【多行文字】命令创建较为复杂的文字说明，如下图所示图样的技术要求。本节将通过操作，主要介绍创建多行文字的方法。

【注释】面板中的【多行文字】按钮

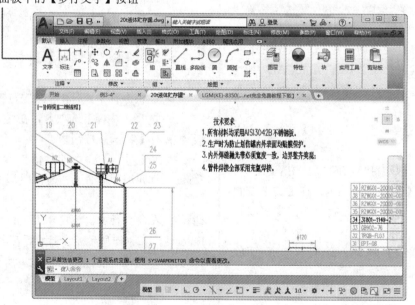

8.3.1 创建多行文字

用户可以通过以下几种方法，利用文字编辑器实现多行文字的创建操作。

➤ 选择【绘图】|【文字】|【多行文字】命令。

➤ 在命令行中执行MTEXT或MT命令。

➤ 选择【注释】选项卡，在【注释】面板中单击【多行文字】按钮A。

执行 MTEXT 命令，创建多行文字的具体操作方法如下。

step① 打开图形文件后，在命令行中输入MTEXT 命令。

step② 按下 Enter 键确认，在命令行提示下，在依次捕捉合适的两个端点。

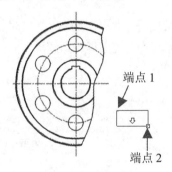

step③ 此时，将在功能区选项板显示【文字编辑器】选项卡，在多行文字输入文本框中输入下图所示的文本。

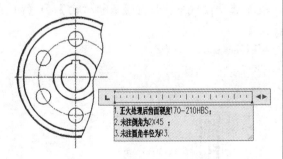

step④ 在空白处单击即可创建多行文本。

8.3.2 创建堆叠文字

在 AutoCAD 中，用户可以参考以下步骤输入堆叠文字，创建一些特殊的字符(例如分数)。

step① 打开图形文件后，在命令行中输入MTEXT 命令。

step② 按下 Enter 键确认，在命令行提示下，依次捕捉合适的两个端点，在弹出的文本框中输入 "%%C83+0.01/-0.02"。

step③ 在文本框中选中 "+0.01/-0.02" 文字为堆叠对象。

step④ 右击，在弹出的菜单中选择【堆叠】命令，然后在任意位置单击，即可创建下图所示的堆叠文字。

$$\varnothing83^{+0.01}_{-0.02}$$

8.3.3 编辑多行文字

在 AutoCAD 中创建多行文字之后，用户可以通过以下两种方法编辑多行文字。

➤ 在命令行中执行 MTEDIT 命令。

➤ 右击多行文字，在弹出的菜单中选择【编辑多行文字】命令。

执行 MTEDIT 命令编辑多行文字的具体操作方法如下。

step① 打开图形文件后，在命令行中输入MTEDIT 命令，按下 Enter 键。

step② 在命令行提示下，选择下图所示的多行文字对象，显示编辑文本框，在功能区选项卡中显示【文字编辑器】选项卡。

step③ 在命令行提示下选中多行文字对象。

step④ 在【文字编辑器】选项卡的【样式】组中的【文字高度】文本框中输入 5。

step 5 将鼠标指针放置在多行文本的前面，按下 Enter 键，输入文本"技术要求："。

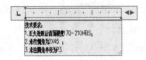

step 6 在绘图窗口空白位置单击，完成多行文字的编辑。

8.3.4 控制文字显示

在 AutoCAD 中执行 QTEXT 命令，可以控制文本的显示，具体方法如下。

8.4 使用表格

在 AutoCAD 中，用户可以使用【表格样式】和【表格】命令创建数据表和标题栏，或从 Excel 软件中直接复制表格，并将其作为 AutoCAD 表格对象粘贴到图形中。

8.4.1 创建表格样式

表格样式控制了表格的外观，通过编辑标注字体、颜色、文本、高度和行距，用户可以根据绘图需要自定义表格样式(也可以使用默认表格样式)。

在 AutoCAD 中，用户可以通过以下几种方法执行【表格样式】命令，创建一个表格样式。

▶ 选择【格式】|【表格样式】命令。

▶ 在命令行中执行TABLESTYLE命令。

▶ 选择【默认】选项卡，在【注释】面板中单击▼，在展开的面板中单击【表格样式】按钮 📊。

【例 8-2】创建一个名为"建筑制图"的表格样式。
🔘 视频

step 1 打开图形文件后，在命令行中输入 TABLESTYLE 命令，按下 Enter 键。

step 2 打开【表格样式】对话框，单击【新建】按钮。

step 3 打开【创建新的表格样式】对话框，设置【新样式名】为"建筑制图"，单击【继

step 1 打开图形文件后，在命令行中输入 QTEXT 命令。

step 2 按下 Enter 键确认，在命令行提示下输入 OFF。

step 3 按下 Enter 键确认，即可控制图形中文字的显示。

续】按钮。

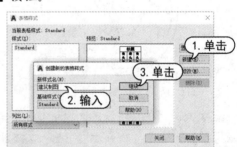

step 4 打开【新建表格样式】对话框，在【常规】选项区域中，设置【表格方向】为【向上】。

step 5 在【常规】选项卡的【特性】选项区

域中设置【对齐】、【类型】等参数，在【页边距】选项区域中设置【垂直】和【水平】参数。

step 6　选择【文字】选项卡，在【特性】选项区域中设置【文字样式】、【文字高度】、【文字颜色】和【文字角度】等参数。

step 7　选择【边框】选项卡，在【特性】选项区域中设置【线宽】、【线型】、【颜色】等参数，然后单击【确定】按钮。

step 8　返回【表格样式】对话框，在【样式】列表框中选择【建筑制图】表格样式，单击【置为当前】按钮，将该样式设置为当前表格样式。

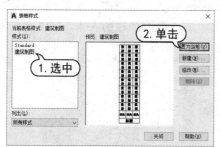

step 9　单击【关闭】按钮，关闭【表格样式】对话框，并返回绘图区。

在【表格样式】对话框中，各主要选项的功能说明如下。

▶　【当前表格样式】选项：用于显示应用于所创建表格的表格样式的名称。

▶　【样式】列表框：用于显示表格样式列表，当前样式被亮显。

▶　【列出】列表框：用于控制【样式】列表框的内容。

▶　【置为当前】按钮：单击该按钮，可以将【样式】列表框中选定的表格样式设定为当前样式，所有新表格都将使用此表格样式创建。

▶　【修改】按钮：单击该按钮，打开【修改表格样式】对话框，从中可以修改表格样式。

▶　【删除】按钮：单击该按钮，可以删除【样式】列表框中选定的表格样式，但不能删除图形中正在使用的样式。

8.4.2　绘制表格

表格是由单元格构成的矩形阵列，通过行和列以一种简洁的形式表示数据，常用于一些组件的图形中。

在 AutoCAD 中，用户可以通过以下几种方法绘制表格。

▶　选择【绘图】|【表格】命令。

▶　在命令行中执行 TABLE 命令。

▶　选择【默认】选项卡，在【注释】面板中单击【表格】按钮🔲。

【例 8-3】执行 TABLE 命令绘制表格。　🔘视频

step 1　打开图形文件后，在命令行中输入 TABLE 命令。打开【插入表格】对话框，设置【列数】为 2，【数据行数】为 8。

step② 单击【确定】按钮，在命令行提示下，捕捉绘图窗口中的一点，确定表格的位置。

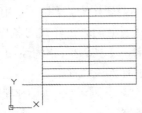

step③ 按下 Enter 键，即可创建表格。

使用绘制表格命令创建表格时，【插入表格】对话框中各选项的功能说明如下。

▶ 在【表格样式】选项区域中，可以从【表格样式】下拉列表框中选择表格样式；或单击其右边的▣按钮，打开【表格样式】对话框，创建新的表格样式。

▶ 在【插入选项】选项区域中，选中【从空表格开始】单选按钮，可以创建一个空的表格；选中【自数据链接】单选按钮，可以从外部导入数据来创建表格；选中【自图形中的对象数据(数据提取)】单选按钮，可以从表格或外部文件的图形中提取数据来创建表格。

▶ 在【插入方式】选项区域中，选中【指定插入点】单选按钮，可以在绘图窗口中的其中一点插入固定大小的表格；选中【指定窗口】单选按钮，可以在绘图窗口中通过拖动表格边框创建任意大小的表格。

▶ 在【列和行设置】选项区域中，可以通过改变【列数】、【列宽】、【数据行数】和【行高】文本框中的数值来调整表格的外观大小。

8.4.3 输入表格内容

在 AutoCAD 中创建表格后，用户可以参考以下步骤在表格中输入数据。

step① 选择表格中合适的单元格对象，双击鼠标即可在表格中输入文本，此时功能区选项板将显示【文字编辑器】选项卡。

step② 选中表格中输入的文本。在【文字编辑器】选项卡的【格式】组中，用户可以设置文本的字体格式。

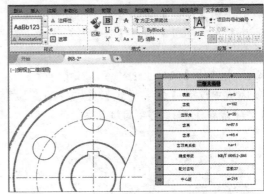

step③ 按下 Enter 键，在弹出的对话框中单击【是】按钮，即可完成表格数据的输入。

8.4.4 编辑表格

表格创建成功后，用户可以使用 AutoCAD 提供的命令，根据绘图的需要调整表格的行高和列宽、添加行或列、合并单元格以及设置表格等。

1. 调整行高和列宽

在 AutoCAD 中，用户可以通过以下几种方法，执行【特性】命令，打开【特性】选项板调整表格的行高和列宽。

▶ 选择【工具】|【选项板】|【特性】命令。

▶ 在命令行中执行PROPRETIES命令。

▶ 右击绘图窗口的空白处，在弹出的菜单中选择【特性】命令。

▶ 选择【默认】选项卡，在【特性】面板中单击【特性】按钮 ↘。

【例 8-4】调整表格的行高和列宽。
🔵 视频+素材 (素材文件\第 08 章\例 8-4)

step① 右击需要编辑的表格，在弹出的菜单中选择【特性】命令。

step② 打开【特性】选项板，设置【表格宽度】为 220、【表格高度】为 155。

step③ 按下 Enter 键确认，关闭【特性】选项板，然后按下 Esc 键，即可调整表格的行高和列宽。

2. 添加行或列

在 AutoCAD 中，用户可以通过以下几种方法在表格中添加行。

▶ 选中表格单元格后，选择【表格单元格】选项卡，在【行】组中单击【从下方插入】按钮，或单击【从上方插入】按钮。

▶ 在选择的单元格上右击，在弹出的菜单中选择【在下方插入行】命令或【在上方插入行】命令。

在 AutoCAD 中，用户可以通过以下几种方法在表格中添加列。

▶ 选中表格单元格后，选择【表格单元】选项卡，单击【列】组中的【从左侧插入】按钮，或单击【从右侧插入】按钮。

▶ 在选择的单元格上右击，在弹出的菜单中选择【从左侧插入列】命令或【在右侧插入列】命令。

【例8-5】 在表格中添加行和列。

视频+素材 (素材文件\第08章\例8-5)

step① 在绘图窗口中从左向右拖动，选择表格最下方的一行单元格对象。

step② 右击，在弹出的菜单中选择【行】|

【在上方插入行】命令，可以在选中单元格的上方插入一行空行，如下左图所示。

step③ 右击鼠标，在弹出的菜单中选择【行】|【在下方插入行】命令，可以在选中单元格的下方插入一行空行。

step④ 从左向右拖动，选中表格中第1列中的一部分单元格，如下右图所示。

step⑤ 右击，在弹出的菜单中，选择【列】|【在左侧插入】命令，可以在表格第1列的左侧插入一列空白列；选择【列】|【在右侧插入】命令，可以在选中列的右侧插入一列空白列。

3. 合并单元格

在 AutoCAD 中，用户可以通过以下两种方法，执行【合并单元格】命令，将多个连续的单元格进行合并。

▶ 选中需要合并的单元格后，在【表格单元】选项卡的【合并】面板中单击【合并单元】按钮。

▶ 在需要合并的单元格上右击，在弹出的菜单中选择【合并】|【全部】命令。

【例8-6】 合并表格中的单元格。

视频+素材 (素材文件\第08章\例8-6)

step① 在绘图窗口中拖动选择需要合并的表格对象。此时，功能区选项板中将显示【表格单元】选项卡。

step② 在【表格单元】选项卡中的【合并】面板中单击【合并单元】按钮,在弹出的列表中选择【合并全部】选项。

step③ 打开【表格-合并单元】对话框,单击【是】按钮。

step④ 此时,绘图窗口中选中的单元格将被合并,在其中输入相应的数据后,表格的效果如下图所示。

step⑤ 在【表格单元】选项卡的【单元样式】面板中单击【对齐方式】按钮,在弹出的列表中选择【正中】选项。

step⑥ 按下 Esc 键,表格效果如下图所示。

4. 删除行或列

在 AutoCAD 中,用户可以通过以下两种方法删除表格中的行。

▶ 选中需要删除的行后,在【表格单元】选项卡的【行】面板中单击【删除行】按钮。

▶ 右击需要删除的行,在弹出的菜单中选择【删除行】命令。

在 AutoCAD 中,用户可以通过以下两种方法删除表格中的列。

▶ 选中需要删除的列后,在【表格单元】选项卡的【列】面板中单击【删除列】按钮。

▶ 右击需要删除的列,在弹出的菜单中选择【删除列】命令。

【例8-7】在表格中删除行和列。

🎥 视频+素材 (素材文件\第 08 章\例 8-7)

step① 在绘图窗口中拖动,选中一行需要删除的单元格。右击,在弹出的菜单中选择【行】|【删除】命令。

step② 此时,表格中被选中的行将被删除。

step③ 拖动选中表格右侧顶部如下图所示的 3 个单元格。

step④ 右击,在弹出的菜单中选择【列】|【删除】命令,可以将选中单元格所在的整列全部删除。

5. 设置表格属性

成功创建表格后,用户可以参考以下操作,在 AutoCAD 中根据绘图需要设置表格的底纹、线型等属性。

【例 8-8】设置表格的边框、底纹、颜色等属性。

（素材文件\第 08 章\例 8-8）

step ① 单击选中任意单元格，然后单击表格的左上角，选中整个表格。

step ② 此时，在功能区选项板中将显示【表格单元】选项卡，在【单元样式】面板中单击【表格单元背景色】按钮，在弹出的列表中选择【青】选项。

step ③ 单击【编辑边框】按钮，打开【单元边框特性】对话框，将【线宽】设置为 0.40；将【颜色】设置为【红】，并单击【所有边框】

按钮田，如下左图所示。

step ④ 单击【确定】按钮，按下 Esc 键，图形中表格的效果如下右图所示。

8.5　使用注释

　　注释是说明或其他类型的说明性符号或对象，通常用于向图形中添加信息。在 AutoCAD 中，用于创建注释的对象类型包括文字、表格、图案填充、标注、公差、多重引线、块和属性等。用于注释图形的对象有一个特性称为注释性。如果这些对象的注释性特性处于启用状态，则称其为注释性对象。

8.5.1　设置注释比例

　　注释比例控制注释对象相对于图形中的模型几何图形的大小。它是与模型空间、布局视口和模型视图一起保存的设置。将注释性对象添加到图形中时，它们将支持当前的注释比例，根据该比例设置进行缩放，并自动以正确的大小显示在模型空间中。

　　将注释性对象添加到模型中之前，要设置注释比例。注释比例(或从模型空间打印时的打印比例)应与布局中的视口(在该视口中将显示注释性对象)比例相同。例如，如果注释性对象将在比例为 1:2 的视口中显示，则将注释比例设置为 1:2。

　　使用模型选项卡时，或选定某个视口后，当前注释比例将显示在应用程序状态栏或图

像状态栏上。在绘图窗口的状态栏中单击【当前视图的注释比例】按钮，在弹出的菜单中选择合适的比例就可以重新设置注释比例。

8.5.2　创建注释性对象

　　在 AutoCAD 中，用户可以使用两种方法来创建注释性对象。一种是通过设置对象的样式对话框来设置，另一种是通过对象的特性选项板来设置。

　　例如，要将文字对象定义为注释性的对象，可以在输入文字之前，在快速访问工具栏中选择【显示菜单栏】命令；在弹出的菜单中选择【格式】|【文字样式】命令，打开【文字样式】对话框。在【大小】选项区域中选择【注释性】复选框即可。

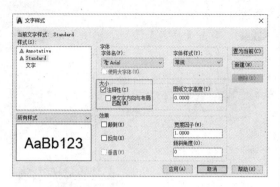

如果要将已存在的文字对象定义为注释性对象，可以右击文字，在弹出的快捷菜单中选择【特性】命令，打开【特性】选项板；在【文字】选项区域的【注释性】下拉列表中选择【是】选项即可。

此后，选择被定义的注释性对象时，就会显示注释性标志。

8.5.3　设置注释性对象的比例

默认情况下，在绘制的图形中创建的可注释性对象只有一个注释比例，该比例是在创建对象时使用的实际比例。在 AutoCAD 中，允许用户给注释性对象添加或删除注释比例，以适应对象的更改。

1. 添加注释性对象的比例

要添加注释性对象的比例，可以在快速访问工具栏中选择【显示菜单栏】命令，在弹出的菜单中选择【修改】|【注释性对象比例】|【添加/删除比例】命令；或在【功能区】选项板中选择【注释】选项卡，在【注释缩放】面板中单击【添加/删除比例】按钮。然后选择需要添加比例的注释性对象，按下

Enter 键，打开【注释对象比例】对话框。在【对象比例列表】中显示了该注释对象的所有注释比例。

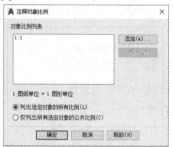

单击【添加】按钮，打开【将比例添加到对象】对话框，可以在【比例列表】中选择需要添加的比例。

如果要添加当前的注释比例，可以在绘图窗口的状态栏中，单击【注释比例】按钮，在弹出的菜单中选择需要添加的比例；然后在快速访问工具栏中选择【显示菜单栏】命令，在弹出的菜单中选择【修改】|【注释性对象比例】|【添加当前比例】命令。或在【功能区】选项板中选择【注释】选项卡，在【注释缩放】面板中单击【添加当前比例】按钮；并选择需要添加比例的注释性对象，按下 Enter 键即可。

有多个比例的注释性对象就有多种比例表示方法。在选择包含多种比例的注释性对象时，当前比例表示方法亮显，其他比例表示方法呈暗淡显示。

2. 删除注释性对象的比例

如果用户需要删除注释性对象的比例，可以在快速访问工具栏中选择【显示菜单栏】命令，在弹出的菜单中选择【修改】|【注释

性对象比例】|【添加/删除比例】命令。或在
【功能区】选项板中选择【注释】选项卡，在
【注释缩放】面板中单击【添加/删除比例】
按钮，然后选择需要删除比例的注释性对象，

按下 Enter 键，打开【注释对象比例】对话
框；在【对象比例列表】中选择需要删除的
注释比例，单击【删除】按钮即可。

8.6 案例演练

本章的案例演练部分将介绍使用 AutoCAD 为图形创建技术要求的方法，用户通过练习
从而巩固本章所学知识。

【例 8-9】在图形中创建技术要求文本。

视频+素材 (素材文件\第 08 章\例 8-9)

step 1 打开图形文件后，在命令行中输入
STYLE 命令，按下 Enter 键。

step 2 打开【文字样式】对话框，单击【新
建】按钮。

step 3 打开【新建文字样式】对话框，在【样
式名】文本框中输入"技术要求"。

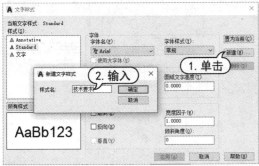

step 4 单击【确定】按钮，返回【文字样式】
对话框，在【字体】选项区域中单击【字体名】
下拉按钮，在弹出的列表中选择【仿宋】选项；
在【大小】选项区域中将【图纸文字高度】设
置为 7。

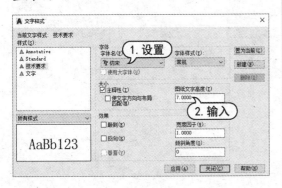

step 5 单击【应用】按钮，再单击【关闭】

按钮，关闭【文字样式】对话框。

step 6 在命令行中输入 MT 命令，按下 Enter
键，在命令行提示下指定绘图窗口中的两点。

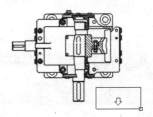

step 7 在多行文字编辑框中输入多行文字
内容，并选中"技术要求"文本。

step 8 在【文字编辑器】选项卡的【格式】
面板中单击【下划线】按钮U，为选中的文
字添加下划线。

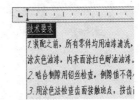

step 9 在【文字编辑器】选项卡的【段落】
面板中单击【居中】按钮，将选择的文字
居中显示。

step⑩ 在多行文字编辑框中选择技术要求的说明文字内容。

step⑪ 在【文字编辑器】选项卡的【段落】面板中单击【段落】按钮。

step⑫ 打开【段落】对话框，在【左缩进】选项区域的【悬挂】文本框中输入 5，指定段落缩进距离，单击【确定】按钮。

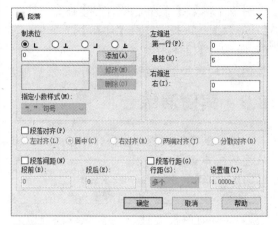

step⑬ 在【文字编辑器】选项卡的【关闭】面板中单击【关闭】按钮，完成技术要求的文字输入。

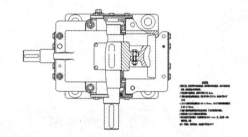

第9章
尺寸标注与公差标注

　　在图形设计中，尺寸标注是设计工作中的一项重要内容。因为绘制图形的根本目的是反映对象的形状，而图形中各个对象的真实大小和相互位置只有经过尺寸标准后才能确定。AutoCAD 包含了一套完整的尺寸标注命令和实用程序，可以帮助用户轻松完成图纸中要求的尺寸标注。另外，AutoCAD 还提供了形位公差标注，用于表示特征的形状、轮廓、方向、位置和允许偏差。

本章对应视频

例 9-1 创建机械制图标注样式　　　　例 9-5 添加圆心标记
例 9-2 标注图形尺寸　　　　　　　　例 9-6 添加折弯线性标注
例 9-3 使用【连续】标注命令　　　　例 9-7 使用【快速标注】命令
例 9-4 标注两个同心圆的半径　　　　例 9-8 标注蜗杆后盖零件图形

9.1　尺寸标注的规则与组成

　　尺寸标注对传达有关设计元素的尺寸和材料等信息有着非常重要的作用，在对图形进行标注前，用户应先了解尺寸标注的组成、类型、规则及步骤等。

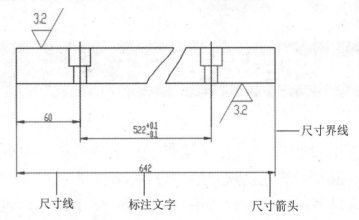

9.1.1　尺寸标注的组成

　　在机械制图或其他工程绘图中，一个完整的尺寸标注应由标注文字、尺寸线、尺寸界线、尺寸线的端点符号及起点等组成，如上图所示。

　　▶ 标注文字：表示图形的实际测量值。标注文字可以只反映基本尺寸，也可以带尺寸公差。标注文字应按标准字体书写，同一张图纸上的字高须一致。在图形中遇到图线时须将图线断开。如果图线断开影响图形表达，则需要调整尺寸标注的位置。

　　▶ 尺寸线：表示标注的范围。AutoCAD通常将尺寸线放置在测量区域中。如果空间不足，则将尺寸线或文字移到测量区域的外部，这取决于标注样式的放置规则。尺寸线是一条带有双箭头的线段，一般分为两段，可以分别控制其显示。对于角度标注，尺寸线是一段圆弧。尺寸线应使用细实线绘制。

　　▶ 尺寸线的端点符号(即箭头)：该箭头显示在尺寸线的末端，用于指出测量的开始和结束位置。AutoCAD默认使用闭合的填充箭头符号。此外，AutoCAD还提供了多种箭头符号，以满足不同的行业需要，如建筑标记、小斜线箭头、点和斜杠等。

　　▶ 起点：尺寸标注的起点是尺寸标注对象标注的定义点，系统测量的数据均以起点为计算点。起点通常是尺寸界线的引出点。

　　▶ 尺寸界线：该界线是从标注起点引出的标明标注范围的直线，可以从图形的轮廓线、轴线、对称中心线引出。同时，轮廓线、轴线及对称中心线也可以作为尺寸界线。尺寸界线也应使用细实线绘制。

9.1.2　尺寸标注的规则

　　在 AutoCAD 中，对绘制的图形进行尺寸标注时应遵循以下规则。

　　▶ 物体的真实大小应以图样上所标注的尺寸数值为依据，与图形的大小及绘图的准确度无关。

　　▶ 图样中的尺寸以 mm 为单位时，无须标注计量单位的代号或名称。如果使用其他单位，则必须注明相应计量单位的代号或名称，如 °、m 及 cm 等。

　　▶ 图样中所标注的尺寸为该图样所表示的物体的最后完工尺寸，否则应另加说明。

9.1.3　尺寸标注的类型

　　AutoCAD 提供了 10 余种标注工具以标

注图形对象，分别位于【标注】菜单、【注释】面板或【标注】工具栏中。使用它们可以进行角度、直径、半径、线性、对齐、连续、圆心及基线等标注。

9.1.4　尺寸标注的创建步骤

在 AutoCAD 中对图形进行尺寸标注的基本步骤如下。

step 1 在菜单栏中选择【格式】|【图层】命令，可以在打开的【图层特性管理器】选项

板中创建一个独立的图层，用于尺寸标注。

step 2 在菜单栏中选择【格式】|【文字样式】命令，可以在打开的【文字样式】对话框中创建一种文字样式，用于尺寸标注。

step 3 在菜单栏中选择【格式】|【标注样式】命令，可以在打开的【标注样式管理器】对话框中设置标注样式。

step 4 使用对象捕捉和标注等功能，对图形中的元素进行标注。

9.2　创建与设置标注样式

在 AutoCAD 中，使用标注样式可以控制标注的格式和外观，建立强制执行的绘图标准，并有利于对标注格式及用途进行修改。本节将着重介绍使用【标注样式管理器】对话框创建标注样式的方法。

9.2.1　新建标注样式

若要创建标注样式，用户可以在菜单栏中选择【格式】|【标注样式】命令，或在【功能区】选项板中选择【注释】选项卡，然后在【标注】面板中单击【标注样式】按钮 ，打开【标注样式管理器】对话框。

单击【新建】按钮，在打开的【创建新标注样式】对话框中即可创建新标注样式。

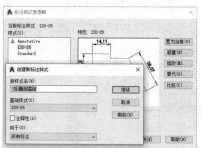

新建标注样式时，可以在【新样式名】文本框中输入新样式的名称。并在【基础样式】下拉列表框中选择一种基础样式，新样式将在该样式的基础上进行修改。

设置了新样式的名称、基础样式和使用

范围后，单击该对话框中的【继续】按钮，将打开【新建标注样式】对话框，可以设置标注中的线、符号和箭头、文字等内容。

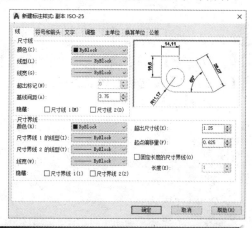

9.2.2　设置线

在【新建标注样式】对话框中，在【线】选项卡中可以设置尺寸线和尺寸界线的格式和位置。

1. 尺寸线

在【尺寸线】选项区域中，可以设置尺寸线的颜色、线宽、超出标记以及基线间距等属性，其主要选项的具体功能说明如下。

▶ 【颜色】下拉列表框：用于设置尺寸

线的颜色。默认情况下，尺寸线的颜色随块，也可以使用变量 DIMCLRD 进行设置。

▶【线型】下拉列表框：用于设置尺寸线的线型，该选项没有对应的变量。

▶【线宽】下拉列表框：用于设置尺寸线的宽度。默认情况下，尺寸线的线宽也是随块，也可以使用变量 DIMLWD 进行设置。

▶【超出标记】文本框：当尺寸线的箭头使用倾斜、建筑标记、小点或无标记等样式时，使用该文本框可以设置尺寸线超出尺寸界线的长度。

▶【基线间距】文本框：当进行基线尺寸标注时可以设置各尺寸线之间的距离。

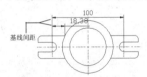

▶【隐藏】选项：通过选中【尺寸线 1】或【尺寸线 2】复选框，可以隐藏第 1 段或第 2 段尺寸线及其相应的箭头。

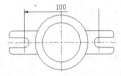

2. 尺寸界线

在【尺寸界线】选项区域中，可以设置尺寸界线的颜色、线型、线宽、超出尺寸线的长度和起点偏移量，隐藏控制等属性，其主要选项的具体功能说明如下。

▶【颜色】下拉列表框：用于设置尺寸界线的颜色，也可以使用变量DIMCLRE设置。

▶【线宽】下拉列表框：用于设置尺寸界线的宽度，也可以使用变量 DIMLWE 设置。

▶【尺寸界线 1 的线型】和【尺寸界线 2 的线型】下拉列表框：用于设置尺寸界线的线型。

▶【超出尺寸线】文本框：用于设置尺寸界线超出尺寸线的距离，也可以使用变量 DIMEXE 设置。

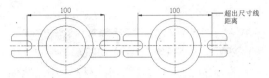

▶【起点偏移量】文本框：用于设置尺寸界线的起点与标注定义点的距离。

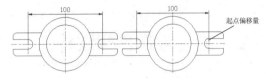

▶【隐藏】选项：如果选中【尺寸界线 1】或【尺寸界线 2】复选框，可以隐藏相应的尺寸界线，否则不予隐藏。

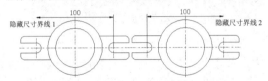

▶【固定长度的尺寸界线】复选框：选中该复选框，可以使用具有特定长度的尺寸界线标注图形，其中在【长度】文本框中可以输入尺寸界线的数值。

9.2.3 设置符号和箭头

在【新建标注样式】对话框中，使用【符号和箭头】选项卡可以设置箭头、圆心标记、弧长符号和半径标注折弯的格式与位置。

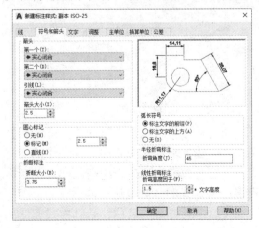

1. 箭头

在【箭头】选项区域中可以设置尺寸线和引线箭头的类型及尺寸大小等。通常情况下，尺寸线的两个箭头应一致。

为了适用于不同类型的图形标注需要，在 AutoCAD 中提供了 20 多种箭头样式。可以从对应的下拉列表框中选择箭头，并在【箭头大小】文本框中设置其大小。也可以使用自定义箭头。此时可以在下拉列表框中选择【用户箭头】选项，即可打开【选择自定义箭头块】对话框。在【从图形块中选择】下拉列表框中选择当前图形中已有的块名，然后单击【确定】按钮。AutoCAD 将以该块作为尺寸线的箭头样式，此时块的插入基点与尺寸线的端点重合。

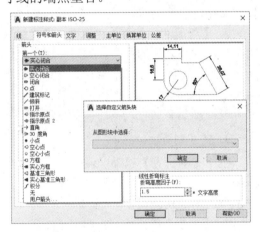

2. 圆心标记

在【圆心标记】选项区域中可以设置圆或圆弧的圆心标记类型，如【标记】、【直线】和【无】。其中，选中【标记】单选按钮可对圆或圆弧绘制圆心标记。选中【直线】单选按钮，可对圆或圆弧绘制中心线；选中【无】单选按钮，则没有任何标记。

标记效果　　　　直线效果

当选中【标记】或【直线】单选按钮时，可以在【大小】文本框中设置圆心标记的大小。

3. 弧长符号

在【弧长符号】选项区域中可以设置弧长符号显示的位置，包括【标注文字的前缀】、【标注文字的上方】和【无】这 3 种方式。

4. 半径折弯标注

在【半径折弯标注】选项区域的【折弯角度】文本框中，可以设置标注圆弧半径时标注线的折弯角度大小。

5. 打断标注

在【折断标注】选项区域的【折断大小】文本框中，可以设置标注折断时标注线的长度大小。

6. 线性折弯标注

在【线性折弯标注】选项区域的【折弯高度因子】文本框中，可以设置折弯标注打断时折弯线的高度大小。

9.2.4　设置标注文字样式

在【新建标注样式】对话框中，可以使用【文字】选项卡设置标注文字的外观、位置和对齐方式。

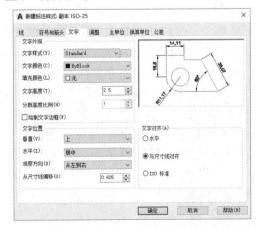

1. 文字外观

在【文字外观】选项区域中，可以设置文字的样式、颜色、高度和分数高度比例，以及控制是否绘制文字边框等。各选项的功能说明如下。

▶ 【文字样式】下拉列表框：用于选择标注的文字样式。也可以单击其右边的 ⬜ 按钮，打开【文字样式】对话框，从中选择文字样式或新建文字样式。

▶ 【文字颜色】下拉列表框：用于设置标注文字的颜色，也可以使用变量DIMCLRT 设置。

▶ 【填充颜色】下拉列表框：用于设置标注文字的背景色。

▶ 【文字高度】文本框：用于设置标注文字的高度，也可以使用变量 DIMTXT 设置。

▶ 【分数高度比例】文本框：用于设置标注文字中的分数相对于其他标注文字的比例。AutoCAD 将该比例值与标注文字高度的乘积作为分数的高度。

▶ 【绘制文字边框】复选框：用于设置是否给标注文字加边框。

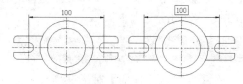

2. 文字位置

在【文字位置】选项区域中可以设置文字的垂直、水平位置等。各选项的功能说明如下。

▶ 【垂直】下拉列表框：用于设置标注文字相对于尺寸线在垂直方向的位置，如【居中】、【上】、【外部】和 JIS。其中，选择【居中】选项可以将标注文字放在尺寸线中间；选择【上】选项，将标注文字放在尺寸线的上方；选择【外部】选项可以将标注文字放在远离第 1 定义点的尺寸线一侧；选择JIS 选项则按 JIS 规则放置标注文字。

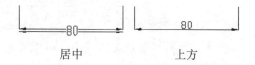

居中   上方

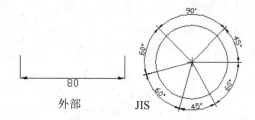

外部   JIS

▶ 【水平】下拉列表框：用于设置标注文字相对于尺寸线和尺寸界线在水平方向的位置，如【居中】、【第一条尺寸界线】、【第二条尺寸界线】、【第一条尺寸界线上方】以及【第二条尺寸界线上方】。

▶ 【观察方向】下拉列表框：用于控制标注文字的观察方向。

▶ 【从尺寸线偏移】文本框：设置标注文字与尺寸线之间的距离。如果标注文字位于尺寸线的中间，则表示断开处尺寸线端点与尺寸文字的间距。如果标注文字带有边框，则可以控制文字边框与其中文字的距离。

3. 文字对齐

在【文字对齐】选项区域中，可以设置标注文字是保持水平还是与尺寸线平行。其中 3 个选项的功能说明如下。

▶ 【水平】单选按钮：选中该按钮，可以使标注文字水平放置。

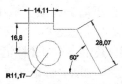

▶ 【与尺寸线对齐】单选按钮：选中该按钮，可以使标注文字方向与尺寸线方向一致。

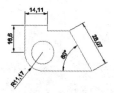

▶ 【ISO 标准】单选按钮：选中该按钮，

可以使标注文字按 ISO 标准放置。当标注文字在尺寸界线之内时，其方向与尺寸线方向一致，而在尺寸界线之外时将水平放置。

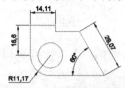

9.2.5 设置调整样式

在【新建标注样式】对话框中，用户可以使用【调整】选项卡设置标注文字、尺寸线、尺寸箭头的位置。

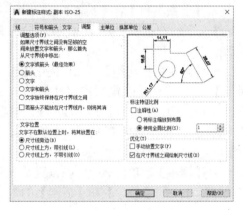

1. 调整选项

在【调整选项】选项区域中，用户可以确定当尺寸界线之间没有足够的空间同时放置标注文字和箭头时，应从尺寸界线之间移出对象。

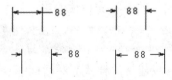

其中各选项的功能说明如下。

➤ 【文字或箭头(最佳效果)】单选按钮：选中该单选按钮，可按照最佳效果自动移出文本或箭头。

➤ 【箭头】单选按钮：选中该按钮，用于首先将箭头移出。

➤ 【文字】单选按钮：选中该按钮，用于首先将文字移出。

➤ 【文字和箭头】单选按钮：选中该按钮，用于将文字和箭头都移出。

➤ 【文字始终保持在尺寸界线之间】单选按钮：选中该按钮，用于将文本始终保持在尺寸界线之内。

➤ 【若箭头不能放在尺寸界线内，则将其消除】复选框：选中该复选框，则箭头将不被显示。

2. 文字位置

在【文字位置】选项区域中，用户可以设置当文字不在默认位置时的位置。其中各选项的功能说明如下。

➤ 【尺寸线旁边】单选按钮：选中该按钮，可以将文本放在尺寸线旁边。

➤ 【尺寸线上方，带引线】单选按钮：选中该按钮，可以将文本放在尺寸线的上方，并带引线。

➤ 【尺寸线上方，不带引线】单选按钮：选中该按钮，可以将文本放在尺寸线的上方，但不带引线。

3. 标注特征比例

在【标注特征比例】选项区域中，用户可以设置标注尺寸的特征比例，以便通过设置全局比例来增加或减少各标注的大小。各选项的功能说明如下。

➤ 【注释性】复选框：选择该复选框，可以将标注定义为可注释性对象。

➤ 【将标注缩放到布局】单选按钮：选中该按钮，可以根据当前模型空间视口与图纸空间之间的缩放关系设置比例。

➤ 【使用全局比例】单选按钮：选中该按钮，可以对全部尺寸标注设置缩放比例。该比例不会改变尺寸的测量值。

4. 优化

在【优化】选项区域中，可以对标注文字和尺寸线进行细微调整。该选项区域包括以下两个复选框，各选项的功能说明如下。

▶ 【手动放置文字】复选框：选中该复选框，则忽略标注文字的水平设置，在标注时可将标注文字放置在指定的位置。

▶ 【在尺寸界线之间绘制尺寸线】复选框：选中该复选框，当尺寸箭头放置在尺寸界线之外时，也可以在尺寸界线之内绘制尺寸线。

9.2.6 设置主单位

在【新建标注样式】对话框中，用户可以使用【主单位】选项卡，设置主单位的格式与精度等属性。

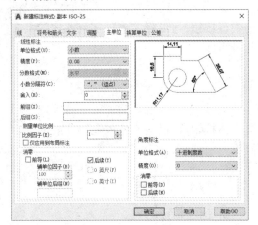

1. 线性标注

在【线性标注】选项区域中，可以设置线性标注的单位格式与精度，主要选项的功能说明如下。

▶ 【单位格式】下拉列表框：用于设置除角度标注之外的其他各标注类型的尺寸单位，包括【科学】、【小数】、【工程】、【建筑】、【分数】等选项。

▶ 【精度】下拉列表框：用于设置除角度标注之外的其他标注的尺寸精度，如下图所示即是将精度设置为0.000时的标注效果。

▶ 【分数格式】下拉列表框：当单位格式是分数时，可以设置分数的格式。

▶ 【小数分隔符】下拉列表框：用于设置小数的分隔符，包括【逗点】、【句点】和【空格】这3种方式。

▶ 【舍入】文本框：用于设置除角度标注外的尺寸测量值的舍入值。

▶ 【前缀】和【后缀】文本框：用于设置标注文字的前缀和后缀，用户在相应的文本框中输入字符即可。

▶ 【测量单位比例】选项：使用【比例因子】文本框可以设置测量尺寸的缩放比例，AutoCAD 的实际标注值的方法是测量值与该比例的积。选中【仅应用到布局标注】复选框，可以设置该比例关系仅适用于布局。

▶ 【消零】选项区域：可以设置是否显示尺寸标注中的【前导】和【后续】的零。

2. 角度标注

在【角度标注】选项区域中，可以使用【单位格式】下拉列表框设置标注角度时的单位；使用【精度】下拉列表框设置标注角度的尺寸精度；使用【消零】选项设置是否消除角度尺寸的前导和后续的零。

9.2.7 设置单位换算

在【新建标注样式】对话框中，用户可以使用【换算单位】选项卡设置换算单位的格式。

选中【显示换算单位】复选框后，对话框的其他选项才可用，可以在【换算单位】选项区域中设置换算单位的【单位格式】、【精度】、【换算单位倍数】、【舍入精度】、【前缀】及【后缀】等，使用方法与设置主单位的方法相同。

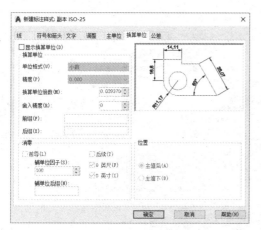

在 AutoCAD 中，通过换算标注单位，可以转换使用不同测量单位制的标注，通常是显示英制标注的等效公制标注，或公制标注的等效英制标注。在标注文字中，换算标注单位将显示在主单位旁边的方括号[]中。

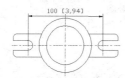

9.2.8 设置公差

在【新建标注样式】对话框中，用户可以使用【公差】选项卡设置是否标注公差，以及以何种方式进行标注。

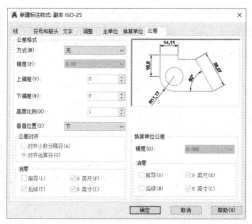

在【公差格式】选项区域中，可以设置公差的标注格式，部分选项的功能说明如下。

➤ 【上偏差】、【下偏差】文本框：用于设置尺寸的上偏差和下偏差。

➤ 【高度比例】文本框：用于确定公差文字的高度比例因子。确定后，AutoCAD 将该比例因子与尺寸文字高度之积作为公差文字的高度。

➤ 【垂直位置】下拉列表框：用于控制公差文字相对于尺寸文字的位置，包括【上】、【中】和【下】3 种方式。

➤ 【换算单位公差】选项：当标注换算单位时，可以设置换算单位精度和是否消零。

【例 9-1】根据下列要求，创建机械制图标注样式 MyType。 视频

➤ 基线标注尺寸线间距为 7 毫米。

➤ 尺寸界限的起点偏移量为 1 毫米，超出尺寸线的距离为 2 毫米。

➤ 箭头使用【实心闭合】形状，大小为 2.0。

➤ 标注文字的高度为 3 毫米，位于尺寸线的中间，文字从尺寸线偏移距离为 0.5 毫米。

➤ 标注单位的精度为 0.0。

step 1 选择【注释】选项卡，然后在【标注】面板中单击【标注样式】按钮 ，打开【标注样式管理器】对话框。

step 2 单击【新建】按钮，打开【创建新标注样式】对话框。在【新样式名】文本框中输入新建样式的名称 MyType，然后单击【继续】按钮。

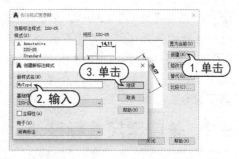

step 3 打开【新建标注样式：MyType】对话框，在【线】选项卡的【尺寸线】选项区域中，设置【基线间距】为 7 毫米；在【尺寸界线】选项区域中，设置【超出尺寸线】为 2 毫米，设置【起点偏移量】为 1 毫米。

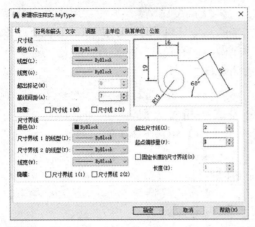

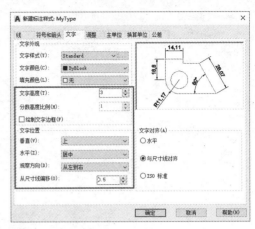

step 4 选择【符号和箭头】选项卡，在【箭头】选项区域的【第一个】和【第二个】下拉列表框中选择【实心闭合】选项，并设置【箭头大小】为 2。

step 6 选择【主单位】选项卡，设置标注的【精度】为 0.0。

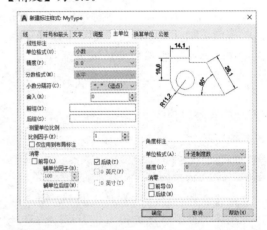

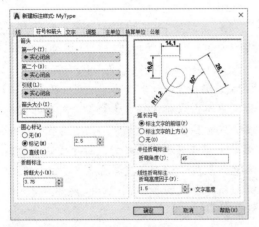

step 7 设置完毕，单击【确定】按钮，关闭【新建标注样式：MyType】对话框。然后再单击【关闭】按钮，关闭【标注样式管理器】对话框。

step 5 选择【文字】选项卡，在【文字外观】选项区域中设置【文字高度】为 3 毫米；在【文字位置】选项区域中的【水平】下拉列表框中选择【居中】选项，设置【从尺寸线偏移】为 0.5 毫米。

9.3 长度型尺寸标注

长度型尺寸标注用于标注图形中两点间的长度，可以是端点、交点、圆弧弦线端点或能够识别的任意两个点。在 AutoCAD 中，长度型尺寸标注包括多种类型，如线性标注、对齐标注、弧长标注、基线标注和连续标注等。

9.3.1 线性标注

线性标注主要用于对水平尺寸、垂直尺寸及旋转尺寸等长度尺寸进行标注。在 AutoCAD 中，用户可以通过以下几种方法创建线性尺寸标注。

➤ 选择【标注】|【线性】命令。

➤ 在命令行中执行 DIMLINEAR 命令。

➤ 选择【默认】选项卡,在【注释】面板中单击【线性】按钮┌┐。

线性标注可以创建用于标注用户坐标系 XY 平面中的两个点之间的距离测量值,并通过指定点或选择一个对象来实现。执行以上命令后,命令行提示如下信息。

指定第一个尺寸界线原点或 <选择对象>:

1. 指定起点

默认情况下,在命令行提示下直接指定第一条尺寸界线的原点,并在【指定第二条尺寸界线原点:】提示下指定第二条尺寸界线原点后,命令行提示如下。

指定尺寸线位置或[多行文字(M)/文字(T)/角度(A)/水平(H)/垂直(V)/旋转(R)]:

默认情况下,指定尺寸线的位置后,系统将按照自动测量出的两个尺寸界线起始点间的相应距离标注出尺寸。此外,其他各选项的功能说明如下。

➤ 【多行文字(M)】选项:选择该选项,将进入多行文字编辑模式,可以使用【多行文字编辑器】对话框输入并设置标注文字。其中,文字输入窗口中的尖括号(< >)表示系统测量值。

➤ 【文字(T)】选项:可以以单行文字的形式输入标注文字,此时将显示【输入标注文字 <1>:】提示信息,要求输入标注文字。

➤ 【角度(A)】选项:用于设置标注文字的旋转角度。

➤ 【水平(H)】选项和【垂直(V)】选项:用于标注水平尺寸和垂直尺寸。可以直接确定尺寸线的位置,也可以选择其他选项来指定标注的标注文字内容或标注文字的旋转角度。

➤ 【旋转(R)】选项:用于旋转标注对象的尺寸线。

2. 选择对象

如果在线性标注的命令行提示下,直接按 Enter 键,则要求选择标注尺寸的对象。当选择对象以后,AutoCAD 将该对象的两个端点作为两条尺寸界线的起点,并显示如下提示信息(可以使用前面介绍的方法标注对象)。

指定尺寸线位置或[多行文字(M)/文字(T)/角度(A)/水平(H)/垂直(V)/旋转(R)]:

创建线性尺寸标注的具体方法如下。

step 1 打开图形文件后,在命令行中输入 DIMLINEAR 命令。

step 2 在命令行提示下依次捕捉下图所示的端点 A、B。

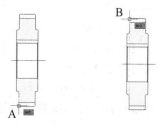

step 3 向左侧引导光标,在合适的位置单击,即可创建线性尺寸标注。

9.3.2 对齐标注

在 AutoCAD 中,用户可以通过以下几种方法创建对齐标注。对齐标注主要用于创建平行线对象,或者平行于两条尺寸线原点连线的直线。

➤ 选择【标注】|【对齐】命令。

➤ 在命令行中执行DIMALIGNED命令。

➤ 选择【默认】选项卡,在【注释】面板中单击【线性】按钮边的▼,在弹出的列表中选择【对齐】选项。

执行以上命令后，命令行提示如下信息。

指定第一个尺寸界线原点或 <选择对象>:

由此可见，对齐标注是线性标注尺寸的一种特殊形式。在对直线段进行标注时，如果该直线的倾斜角度未知，那么使用线性标注方法将无法得到准确的测量结果，此时就可以使用对齐标注。

【例9-2】标注下图所示图形的尺寸。

视频+素材 (素材文件\第09章\例9-2)

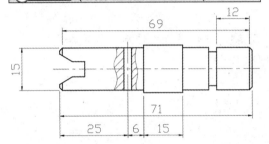

step 1 选择【注释】选项卡，然后在【标注】面板中单击【线性】按钮。

step 2 在状态栏上单击【对象捕捉】按钮，将打开对象捕捉模式。在图形中捕捉点A，指定第一条尺寸界线的原点，在图形中捕捉点B，指定第二条尺寸界线的原点。

step 3 在命令行提示下输入H，创建水平标注，然后拖动，在绘图窗口的适当位置单击，确定尺寸线的位置。

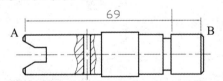

step 4 重复上述步骤，捕捉点A和点C，并在命令行提示下输入V，创建垂直标注，然后拖动鼠标，在绘图窗口的适当位置单击，确定尺寸线的位置。

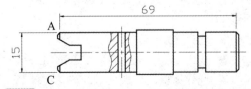

step 5 使用同样的方法，标注其他水平和垂直标注。

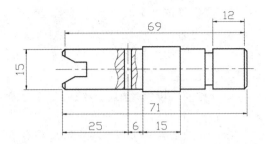

step 6 选择【注释】选项卡，然后在【标注】面板中单击【已对齐】按钮。

step 7 捕捉点D和点E，然后拖动，在绘图窗口的适当位置单击，确定尺寸线的位置。

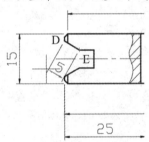

9.3.3 弧长标注

弧长标注用于测量圆弧或多段线上的距离。弧长标注的典型用法包括测量围绕凸轮距离或表示电缆的长度。为区别它们是线性标注还是角度标注，在默认情况下，弧长标注将显示一个圆弧号。在AutoCAD中，用户可以通过以下几种方法创建弧长尺寸标注。

➤ 选择【标注】|【弧长】命令。

➤ 在命令行中执行DIMARC命令。

➤ 选择【默认】选项卡，在【注释】面板中单击【线性】按钮边的▼，在弹出的列表中选择【弧长】选项。

执行以上命令，即可标注圆弧线段或多段线圆弧线段部分的弧长。当选择需要的标注对象后，命令行提示如下信息。

指定弧长标注位置或 [多行文字(M)/文字(T)/角度(A)/部分(P)/引线(I)]:

当指定尺寸线的位置后，系统将按照实际测量值标注出圆弧的长度。也可以通过使用【多行文字(M)】、【文字(T)】或【角度(A)】选项，确定尺寸文字或尺寸文字的旋转角度。另外，如果选择【部分(P)】选项，可以标注选定圆弧某一部分的弧长。

执行【弧长标注】命令标注图形的具体操作方法如下。

step 1 在命令行中输入 DIMARC 命令，按下 Enter 键。

step 2 在命令行提示下，选择图形中的圆弧对象，向上移动光标。

step 3 在绘图窗口中合适的位置处单击，即可创建弧长尺寸标注。

9.3.4 连续标注

在 AutoCAD 中，用户可以通过以下几种方法，使用【连续】命令创建连续标注。连续标注可以创建从先前创建的标注尺寸界线开始的标注。

➢ 选择【标注】|【连续】命令。

➢ 命令行中执行 DIMCONTINUE 命令。

➢ 选择【注释】选项卡，在【标注】面板中单击【连续】按钮。

在进行连续标注之前，必须先创建(或选择)一个线性、坐标或角度标注作为基准标注，以确定连续标注所需要的前一尺寸标注的尺寸界线，然后执行以上命令，此时命令行提示如下。

指定第二条尺寸界线原点或 [放弃(U)/选择(S)] <选择>:

在该提示下，当确定下一个尺寸的第二条尺寸界线原点后，AutoCAD 按连续标注方式标注出尺寸，即将上一个或所选标注的第二条尺寸界线作为新尺寸标注的第一条尺寸界线标注尺寸。当标注完成后，按下 Enter 键，即可结束该命令。

【例9-3】使用【连续】命令标注图形。

视频+素材 (素材文件\第 09 章\例 9-3)

step 1 选择【注释】选项卡，然后在【标注】面板中单击【线性】按钮，创建点 A 与点 B 之间的水平线性标注和点 B 与点 C 之间的垂直线性标注。

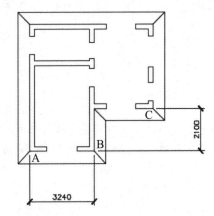

step 2 继续创建点 C 和点 D 之间的水平标注，在【功能区】选项板中选择【注释】选项卡，在【标注】面板中单击【连续】按钮。

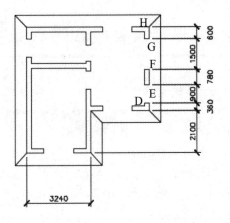

step 3 系统将以最后一次创建的尺寸标注 CD 的点 D 作为基点。依次在图形中单击点 E、F、G 和 H，指定连续标注尺寸界限的原点，最后按下 Enter 键。

step 4 选择【注释】选项卡，然后在【标注】面板中单击【线性】按钮，创建点 H 与点 I 之间的水平线性标注。

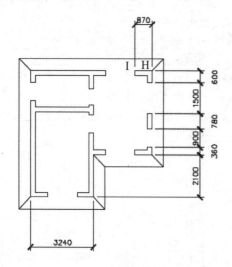

step 5 在【标注】面板中单击【基线】按钮，系统将以最后一次创建的尺寸标注 HI 的原点 H 作为基点。

step 6 在图形中单击点 J、点 K，指定基线标注尺寸界限的原点，然后按下 Enter 键结束标注。

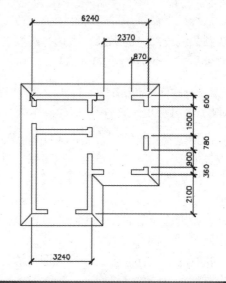

9.3.5 基线标注

在菜单栏中选择【标注】|【基线】命令 (DIMBASELINE)，或在【功能区】选项板中选择【注释】选项卡，然后在【标注】面板中单击【基线】按钮，即可创建一系列由相同的标注原点测量出的标注。

与连续标注一样，在进行基线标注之前也必须先创建(或选择)一个线性、坐标或角度标注作为基准标注，然后执行 DIMBASELINE 命令，此时命令行提示如下信息。

指定第二条尺寸界线原点或 [放弃(U)/选择(S)]<选择>:

在该提示下，可以直接确定下一个尺寸的第二条尺寸界线的起始点。AutoCAD 将按照基线标注方式标注出尺寸。

9.4 半径、直径和圆心标注

在 AutoCAD 中，可以使用【标注】菜单中的【半径】、【直径】与【圆心】命令，标注圆或圆弧的半径尺寸、直径尺寸及圆心位置。

9.4.1 半径标注

在 AutoCAD 中，用户可以通过以下几种方法创建半径标注。半径标注可以标注圆或圆弧的半径尺寸，并显示前面带有一个半径符号的标注文字。

▶ 选择【标注】|【半径】命令。

▶ 在命令行中执行 DIMRADIUS 命令。

▶ 选择【默认】选项卡，在【注释】面板中单击【线性】按钮边的▼，在弹出的列表中选择【半径】选项○。

执行以上命令，并选择需要标注半径的

圆弧或圆，此时命令行将提示如下信息。

指定尺寸线位置或 [多行文字(M)/文字(T)/角度(A)]:

当指定尺寸线的位置后，系统将按照实际测量值标注出圆或圆弧的半径。

另外，用户也可以通过使用【多行文字(M)】、【文字(T)】或【角度(A)】选项，确定尺寸文字或尺寸文字的旋转角度。其中，当通过【多行文字(M)】和【文字(T)】选项重新确定尺寸文字时，只有在输入的尺寸文字加前缀 R，才能使标出的半径尺寸旁有半径符号 R，否则系统将不会显示该符号。

创建半径尺寸标注的具体方法如下。

step① 在命令行中输入 DIMRADIUS 命令，按下 Enter 键。

step② 在命令行提示下，选择图形中的圆，向右上方移动光标。

step③ 按下 Enter 键确认，即可创建半径尺寸标注。

9.4.2 折弯标注

在 AutoCAD 中，用户可以通过以下几种方法创建折弯标注。当圆弧或圆的中心位于图形边界处，且无法显示在实际位置时，可以使用折弯标注。

➤ 选择【标注】|【折弯】命令。

➤ 在命令行中执行 DIMJOGGED 命令。

➤ 选择【默认】选项卡，在【标注】面板中单击【线性】按钮边的▼，在弹出的列表中选择【折弯】选项②。

创建折弯标注方法与半径标注的方法基本相同，但需要指定一个位置代替圆或圆弧的圆心。

【例9-4】标注两个同心圆的半径。

🔘 视频+素材 (素材文件\第 09 章\例 9-4)

step① 选择【注释】选项卡，然后在【标注】面板中单击【半径标注】按钮。

step② 在命令行的【选择圆弧或圆】提示下，单击圆，将显示半径标注。

step③ 在命令行的【指定尺寸线位置或 [多行文字(M)/文字(T)/角度(A)]:】提示信息下，单击圆外适当位置，确定尺寸线位置。

step④ 选择【标注】|【折弯】命令，在命令行的【选择圆弧或圆】提示下，单击圆。

step⑤ 在命令行的【指定图示中心位置:】提示下，单击圆外的适当位置，确定用于替代中心位置的点。此时将显示半径的标注文字。

step⑥ 在命令行的【指定尺寸线位置或 [多行文字(M)/文字(T)/角度(A)]: 】提示下，单击圆外的适当位置，确定尺寸线位置。

step⑦ 在命令行的【指定折弯位置:】提示下，指定折弯位置。

9.4.3 直径标注

在 AutoCAD 中，用户可以通过以下几种方法创建直径标注。直径标注用于测量选定圆或圆弧的直径，并显示前面带有一个直径符号的标注文字。

> ▶ 选择【标注】|【直径】命令。

> ▶ 在命令行中执行DIMDIAMETER命令。

> ▶ 选择【默认】选项卡，在【注释】组中单击【线性】按钮边的▼，在弹出的列表中选择【直径】选项◎。

直径标注的方法与半径标注的方法相同。当选择需要标注直径的圆或圆弧后，直接确定尺寸线的位置，系统将按照实际测量值标注出圆或圆弧的直径。并且，当通过使用【多行文字(M)】和【文字(T)】选项重新确定尺寸文字时，需要在尺寸文字前加前缀%%C，才能使标出的直径尺寸有直径符号Φ，否则系统将不会显示该符号。

9.4.4 圆心标注

在 AutoCAD 中，用户可以通过以下几种方法创建圆心标记标注，标记圆和圆弧的圆心或中心线。

> ▶ 选择【标注】|【圆心标记】命令。

> ▶ 在命令行中执行 DIMCENTER 命令。

> ▶ 选择【注释】选项卡，在【中心线】面板中单击【圆心标记】按钮⊕。

圆心标记的形式可以由系统变量DIMCEN 设置。当该变量的值大于 0 时，可作圆心标记，且该值是圆心标记线长度的一

半；当变量的值小于 0 时，画出中心线，且该值是圆心处小十字线长度的一半。

【例9-5】 在 AutoCAD 2018 中对图形进行直径标注并添加圆心标记。

🎬 视频+素材 （素材文件\第 09 章\例9-5）

step 1 选择【注释】选项卡，然后在【标注】面板中单击【直径】按钮。

step 2 在命令行的【选择圆弧或圆:】提示下，选中图形中上部的圆弧。

step 3 在命令行的【指定尺寸线位置或 [多行文字(M)/文字(T)/角度(A)]:】提示下，单击圆弧外部的适当位置，标注出圆弧的直径。

step 4 使用同样的方法，标注图形中小圆的直径。

step 5 选择【标注】|【圆心标记】命令，在命令行的【选择圆弧或圆:】提示下，选中图形下方的圆弧，标记圆心。

9.5 角度标注与其他类型标注

在 AutoCAD 中，除了前面介绍的几种常用的尺寸标注外，还可以使用角度标注及其他类型的标注功能，对图形中的角度、坐标等元素进行标注。

9.5.1 角度标注

在 AutoCAD 中，用户可以通过以下几种方法使用【角度】命令，创建角度标注，测量两条直线或三个点之间的角度。

> ▶ 选择【标注】|【角度】命令。

> ▶ 在命令行中执行 DIMANGULAR 命令。

> ▶ 选择【默认】选项卡，在【标注】面

板中单击【线性】按钮边的▼，在弹出的列表中选择【角度】选项△。

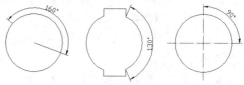

执行 DIMANGULAR 命令，此时命令行提示信息如下。

选择圆弧、圆、直线或 <指定顶点>:

在该命令提示下，可以选择需要标注的对象，其功能说明如下。

➤ 标注圆弧角度：当选中圆弧时，命令行显示【指定标注弧线位置或 [多行文字(M)/文字(T)/角度(A)]:】提示信息。此时，如果直接确定标注弧线的位置，AutoCAD 将按照实际测量值标注出角度。也可以使用【多行文字(M)】、【文字(T)】及【角度(A)】选项，设置尺寸文字和旋转角度。

➤ 标注圆角度：当选中圆时，命令行显示【指定角的第二个端点:】提示信息，要求确定另一点作为角的第二个端点。该点可以在圆上，也可以不在圆上，然后再确定标注弧线的位置。此时，标注的角度将以圆心为角度的顶点，以通过所选择的两个点为尺寸界线。

➤ 标注两条不平行直线之间的夹角：首先需要选中这两条直线，然后确定标注弧线的位置，AutoCAD 将自动标注出这两条直线的夹角。

➤ 根据 3 个点标注角度：此时首先需要确定角的顶点，然后分别指定角的两个端点，最后指定标注弧线的位置。

创建角度尺寸标注的具体方法如下。

step 1 在命令行中输入 DIMANGULAR 命令，按下 Enter 键。

step 2 在命令行提示下，依次选择图形中的水平直线 A 和倾斜直线 B。

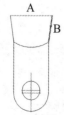

step 3 向左下方移动光标，至合适的位置后，单击即可创建角度标注。

创建角度尺寸标注后，可以相对于现有角度标注创建基线和连续角度标注。一般情况下，基线和连续角度标注小于或等于180°。

9.5.2 折弯线性标注

在 AutoCAD 中，用户可以通过以下几种方法创建折弯线性标注。

➤ 选择【标注】|【折弯线性】命令。

➤ 在命令行中执行DIMJOGLINE命令。

➤ 选择【注释】选项卡，在【标注】面板中单击【标注，折弯标注】按钮⌄。

【例9-6】对图形添加角度标注，并且为标注添加折弯线。

🔘视频+素材 (素材文件\第 09 章\例 9-6)

step 1 选择【注释】选项卡，然后在【标注】面板中单击【角度】按钮。

step 2 在命令行的【选择圆弧、圆、直线或<指定顶点>:】提示下，选中直线 OA。

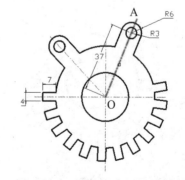

step 3 在命令行的【选择第二条直线:】提示下，选中直线 OB。在命令行的【指定标注弧线位置或[多行文字(M)/文字(T)/角度(A)]:】提示下，在直线 OA、OB 之间或者之外单击，确定标注弧线的位置，即可标注出两直线之间的夹角。

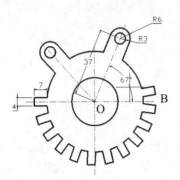

step 4 选择【注释】选项卡,然后在【标注】面板中单击【标注、折弯标注】按钮。在命令行的【选择要添加折弯的标注或 [删除(R)]:】提示下,选择标注 37。

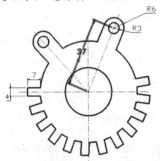

step 5 在命令行的【指定折弯位置(或按ENTER 键):】提示下,在绘图窗口适当的位置单击,进行折弯标注。

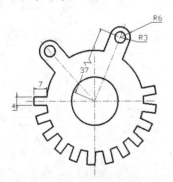

9.5.3 坐标标注

在 AutoCAD 中,用户可以通过以下几种方法创建坐标标注。坐标标注可以标注测量原点到标注特征点的垂直距离(这种标注保持特征点与基准点的精确偏移量,从而能够避免产生误差)。

▶ 选择【标注】|【坐标】命令。

▶ 在命令行中执行 DIMORDINATE命令。

▶ 选择【默认】选项卡,在【标注】面板中单击【线性】按钮边的▼,在弹出的列表中选择【角度】选项。

执行以上命令后,命令行提示如下信息。

> 指定点坐标:

在该命令提示下确定需要标注坐标尺寸的点,然后系统将显示【指定引线端点或 [X基准(X)/Y 基准(Y)/多行文字(M)/文字(T)/角度(A)]:】提示信息。默认情况下,指定引线的端点位置后,系统将在该点标注出指定点坐标。

此外,在命令提示中,【X 基准(X)】、【Y基准(Y)】选项分别用于标注指定点的 X、Y坐标;【多行文字(M)】选项用于通过当前文本输入窗口输入标注的内容;【文字(T)】选项用于直接输入标注的内容;【角度(A)】选项则用于确定标注内容的旋转角度。

9.5.4 快速标注

使用快速标注可以快速创建成组的基线、连续或坐标标注。快速标注允许用户同时标注多个对象的尺寸,也可以对现有的尺寸标注进行快速编辑,或者创建新的尺寸标注。

在 AutoCAD 中,用户可以通过以下几种方法创建快速标注。

▶ 选择【标注】|【快速标注】命令。

▶ 在命令行中执行 QDIM 命令。

▶ 选择【注释】选项卡,在【标注】面板中单击【快速标注】按钮。

执行【快速标注】命令,并选择需要标注尺寸的各图形对象后,命令行提示信息如下。

> 指定尺寸线位置或[连续(C)/并列(S)/基线(B)/坐标(O)/半径(R)/直径(D)/基准点(P)/编辑(E)/设置(T)] <连续>:

由此可见,使用该命令可以进行【连续

(C)】、【并列(S)】、【基线(B)、【坐标(O)】、【半径(R)】及【直径(D)】等一系列标注。

> 【例9-7】使用【快速标注】命令，标注图形中的圆和圆弧的半径或直径。
>
> 📹视频+素材 (素材文件\第09章\例9-7)

step 1 选择【注释】选项卡，在【标注】面板中单击【快速】按钮。

step 2 在命令行提示下，选中要标注半径的圆和圆弧，然后按下 Enter 键。

step 3 在命令行的【指定尺寸线位置或[连续(C)/并列(S)/基线(B)/坐标(O)/半径(R)/直径(D)/基准点(P)/编辑(E)/设置(T)]<连续>:】提示下输入 R，然后按下 Enter 键。

step 4 移动鼠标光标至适当的位置，然后单击，即可快速标注出所选择圆和圆弧的半径。

step 5 选择【注释】选项卡，在【标注】面板中单击【快速】按钮，标注图形下方圆弧的直径。

9.5.5 多重引线标注

执行【多重引线】命令标注图形的主要方法有以下几种。

> ▶ 选择【标注】|【多重引线】命令。
> ▶ 在命令行中执行 MLEADER 命令。
> ▶ 选择【注释】选项卡，然后在【引线】面板中单击【多重引线】按钮 🔍 。

1. 创建多重引线标注

执行【多重引线】命令，命令行将提示【指定引线箭头的位置或 [引线钩线优先(L)/内容优先(C)/选项(O)] <选项>:】信息，在图形中单击确定引线箭头的位置，然后在打开的文字输入窗口输入注释内容即可。下图所示为添加倒角的文字注释。

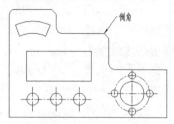

在【引线】面板中单击【添加引线】按钮 🖋，用户可以为图形继续添加多个引线和注释。下图所示为在上图所示的图形中再添加一个倒角引线注释。

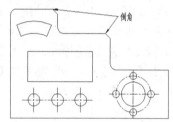

在【引线】面板中单击【对齐】按钮 📐，可以将多个引线注释进行对齐排列；单击【合并】按钮 🖋，可以将相同引线注释进行合并显示。

2. 管理多重引线标注

在【引线】面板中单击【多重引线样式管理器】按钮 ↘，打开【多重引线样式管理器】对话框。

该对话框和【标注样式管理器】对话框功能类似，可以设置多重引线的格式。单击【新建】按钮，可以打开【创建新多重引线样式】对话框。

设置新样式的名称和基础样式后，单击该对话框中的【继续】按钮，将打开【修改多重引线样式】对话框，从中可以创建多重引线的格式、结构和内容。

用户新建多重引线样式后，单击【确定】按钮。然后在【多重引线样式管理器】对话框中将新样式置为当前即可。

9.5.6 标注间距

如果需要修改已经标注的图形中的标注线的位置间距大小，可以执行以下命令。

➤ 选择【标注】|【标注间距】命令。

➤ 选择【注释】选项卡，然后在【标注】面板中单击【调整间距】按钮。

执行【标注间距】命令，命令行将提示信息【选择基准标注:】，在图形中选择第一个标注线；然后命令行提示信息【选择要产生间距的标注:】，此时再选择第二个标注线；接下来命令行提示信息【输入值或 [自动(A)] <自动>:】，输入标注线的间距数值，按 Enter 键完成标注间距。

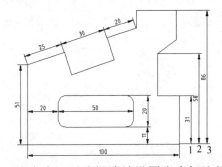

该命令可以选择连续设置多个标注线之间的间距。下图所示为上图中 1、2、3 处的标注线设置标注间距后的效果。

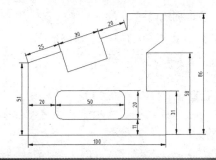

9.5.7 标注打断

执行以下两种命令之一，可以在标注线和图形之间产生一个隔断。

➤ 选择【标注】|【标注打断】命令。

➤ 选择【注释】选项卡，然后在【标注】面板中单击【打断】按钮。

执行以上命令，命令行将提示以下信息。

选择标注或 [多个(M)]:

在图形中选择需要打断的标注线；然后命令行提示信息【选择要打断标注的对象或 [自动(A)/恢复(R)/手动(M)] <自动>:】，此时，选择该标注对应的线段，按 Enter 键完成标注打断。

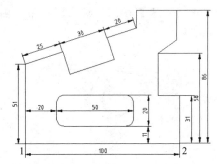

下图所示为上图的 1、2 处的标注线设置标注打断后的效果。

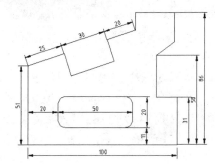

9.6 标注形位公差

在菜单栏中选择【标注】|【公差】命令，或在【功能区】选项板中选择【注释】选项卡，然后在【标注】面板中单击【公差】按钮，打开【形位公差】对话框，即可设置公差的符号、值及基准等参数。

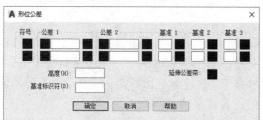

【形位公差】对话框中，各选项的功能说明如下。

▶ 【符号】选项：单击该列的■框，将打开【特征符号】对话框，可以为第 1 个或第 2 个公差选择几何特征符号。

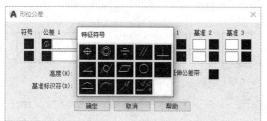

▶ 【公差 1】和【公差 2】选项：单击该列前面的■框，将插入一个直径符号。在

中间的文本框中，可以输入公差值。单击该列后面的■框，将打开【附加符号】对话框，可以为公差选择包容条件符号。

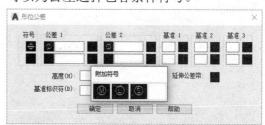

▶ 【延伸公差带】选项：单击该■框，可以在延伸公差带值的后面插入延伸公差带符号。

▶ 【基准 1】、【基准 2】和【基准 3】选项：用于设置公差基准和相应的包容条件。

▶ 【高度】文本框：用于设置投影公差带的值。投影公差带控制固定垂直部分延伸区的高度变化，并以位置公差控制公差精度。

▶ 【基准标识符】文本框：用于创建由参照字母组成的基准标识符号。

9.7 案例演练

本章的案例演练将通过实例介绍标注零件图形的方法，用户可以通过具体的操作进一步掌握各种尺寸标注的方法和技巧。

【例 9-8】 在下图所示的蜗杆后盖零件图中创建各种尺寸标注。

🎬 视频+素材 （素材文件\第 09 章\例 9-8）

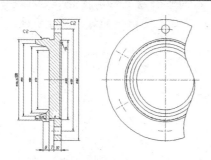

step 1 打开图形文件后，在命令行中输入 D，按下 Enter 键。打开【标注样式管理器】对话框，单击【创建】按钮。

step 2 在打开的对话框中，设置【新样式名】为"标注"，设置【基础样式】为 GB。

step③ 单击【继续】按钮，打开【新建标注样式】对话框。选择【线】选项卡，在【尺寸界线】选项区域中，将【超出尺寸线】设置为2，将【起点偏移量】设置为0。

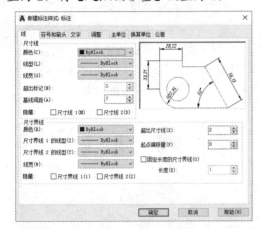

step④ 选择【文字】选项卡，在【文字外观】选项区域中将【文字高度】设置为5，在【文字位置】选项区域中将【垂直】设置为【上】，将【从尺寸线偏移】设置为0.5，在【文字对齐】选项区域中选中【与尺寸线对齐】单选按钮。

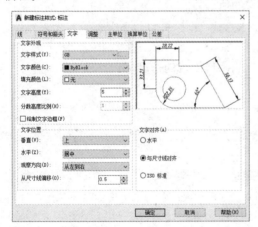

step⑤ 选择【符号和箭头】选项卡，在【箭头】栏中将【箭头大小】设置为5。

step⑥ 单击【确定】按钮，返回【标注样式管理器】对话框，在【样式】列表框中添加【标注】样式。

step⑦ 单击【关闭】按钮，关闭【标注样式管理器】对话框。

step⑧ 选择【格式】|【图层】命令，打开【图层特性管理器】选项板，单击【新建图层】按钮，创建如下图所示的【尺寸线】图层，并将其设置为当前图层。

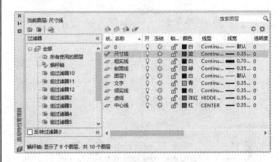

step⑨ 关闭【图层特性管理器】选项板，在命令行中输入 DIMLINEAR。

step⑩ 按下 Enter 键确认，在命令行提示下捕捉图形中下左图所示的端点。

step⑪ 在命令行提示下捕捉下右图所示的端点。

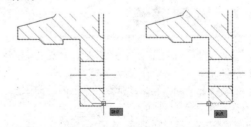

step⑫ 向下移动光标，至合适的位置后单击，创建如下图所示的线性尺寸标注。

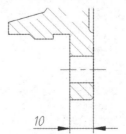

step ⑬ 在命令行中输入 DIMTEDIT 命令，按下 Enter 键，在命令行提示下选中创建的线性尺寸标注，然后调整标注中文字的位置，完成后单击鼠标。

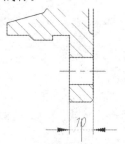

step ⑭ 在命令行中输入 DIMCONTINUE，按下 Enter 键。

step ⑮ 在命令行提示下，选中图形中的线性尺寸标注，按下 Enter 键后，捕捉图形中下图所示的端点。

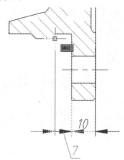

step ⑯ 在命令行提示下，选中下图所示的端点，然后按下 Enter 键确认，创建连续标注。

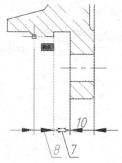

step ⑰ 在命令行中输入 DIMTEDIT 命令，按下 Enter 键。

step ⑱ 在命令提示下，调整连续尺寸标注中文本的位置，如下图所示。

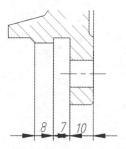

step ⑲ 在命令行中输入 EXPLODE 命令，按下 Enter 键确认。

step ⑳ 在命令行提示下，选中图形中创建的标注，按下 Enter 键，将尺寸标注分解。

step ㉑ 删除分解后多余的尺寸标准图形，如下图所示。

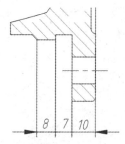

step ㉒ 在命令行中输入 DIMLINEAR，按下 Enter 键确认。

step ㉓ 在命令行提示下，依次捕捉下图中的 A 点和 B 点。

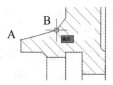

step ㉔ 向下移动光标，单击鼠标，创建如下图所示的尺寸标注。

step ㉕ 使用同样的方法，标注图形中下图所示的位置。

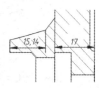

step㉖ 在命令行中输入 DIMLINEAR，捕捉图形中的 C、D 点，创建线性尺寸标注。

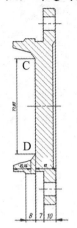

step㉗ 在命令行中输入 PROPERTIES，按下 Enter 键。打开【特性】选项板，选中步骤 26 创建的尺寸标注，在【文字替代】文本框中输入 "%%c78"。

step㉘ 按下 Enter 键确认，编辑标注文本替代，效果如下左图所示。

step㉙ 使用同样的方法，标注图形中的其他位置，并为标注设置文本替代，完成后的效果如下右图所示。

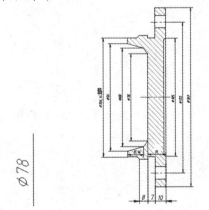

step㉚ 在命令行中输入 MLEADER，按下 Enter 键，在命令行提示下选中下左图所示的中点。

step㉛ 向左移动光标，至合适的位置单击，然后输入 C2，如下右图所示。

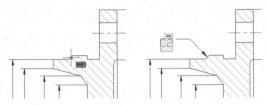

step㉜ 在空白处单击，创建如下图所示的引线标记标注。

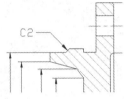

step㉝ 使用同样的方法，在图形中的其他位置创建引线标记标注。

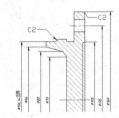

step㉞ 在命令行中输入 DIMRADIUS 命令，按下 Enter 键确认。

step㉟ 在命令行提示下选中下左图所示的圆弧。移动光标至合适的位置，单击鼠标，创建如下图所示的半径尺寸标注。

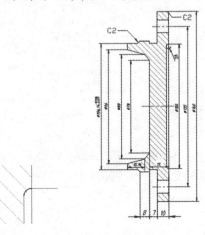

第10章

绘制三维图形

在工程设计和绘图过程中，三维图形的应用越来越广泛。AutoCAD为用户提供了3种方式来创建三维图形，即线架模型方式、曲面模型方式和实体模型方式。线架模型方式为一种轮廓模型，其由三维的直线和曲线组成，没有面和体的特征。曲面模型则用面描述三维对象，不仅定义了三维对象的边界，而且还定义了表面，即具有面的特征。实体模型不仅具有线和面的特征，而且还具有体的特征，各实体对象间可以进行各种布尔运算操作，从而创建复杂的三维实体图形。

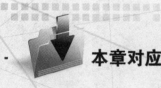 **本章对应视频**

例 10-1 绘制三维螺旋线

例 10-2 绘制三维面

例 10-3 绘制旋转网格

例 10-4 绘制平移网格

例 10-5 绘制直纹网格

例 10-6 绘制边界网格

例 10-7 绘制 U 型多段体

例 10-8 绘制长方体

例 10-9 绘制楔体

例 10-10 绘制圆柱体

例 10-11 绘制圆锥体

例 10-12 绘制球体

例 10-13 绘制圆环体

例 10-14 创建拉伸实体

例 10-15 创建旋转实体

本章其他视频参见视频二维码列表

10.1　三维绘图的基本术语

三维实体模型需要在三维实体坐标系下进行描述。在三维坐标系下，可以使用直角坐标或极坐标方法定义点。此外，在绘制三维图形时，还可以使用柱坐标和球坐标定义点。在创建三维实体模型前，用户应先了解下面的一些基本术语。

> XY 平面：XY 平面是 X 轴垂直于 Y 轴组成的一个平面，此时 Z 轴的坐标是 0。

> Z 轴：Z 轴是一个三维坐标系的第 3 轴，而且总是垂直于 XY 平面。

> 高度：高度主要是 Z 轴上的坐标值。

> 厚度：主要是 Z 轴的长度。

> 相机位置：在观察三维模型时，相机的位置相当于视点。

> 目标点：当用户眼睛通过照相机观看某物体时，用户将聚焦在一个清晰点上，该点即是所谓的目标点。

> 视线：即假想的线，是将视点和目标点连接起来的线。

> 和 XY 平面的夹角：即视线与其在 XY 平面的投影线之间的夹角。

> XY 平面角度：即视线在 XY 平面的投影线与 X 轴之间的夹角。

10.2　认识用户坐标系

本书前面的章节已经详细介绍了平面坐标系的使用方法，其所有变换和使用方法同样适用于三维坐标系。例如，在三维坐标系下，同样可以使用直角坐标或极坐标方法来定义点。此外，在绘制三维图形时，还可以使用柱坐标和球坐标来定义点。

1. 柱坐标

柱坐标使用 XY 平面的角和沿 Z 轴的距离表示。

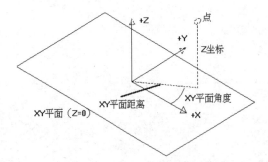

上图所示柱坐标的格式描述如下。

> XY 平面距离<XY 平面角度，Z 坐标(绝对坐标)。

> @XY 平面距离<XY 平面角度，Z 坐标(相对坐标)。

2. 球坐标

球坐标系具有 3 个参数：点到原点的距离，在 XY 平面上的角度和 XY 平面的夹角。

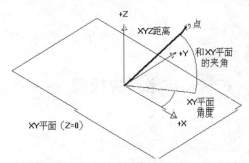

上图所示球坐标的格式描述如下。

> XYZ 距离<XY 平面角度<和 XY 平面的夹角(绝对坐标)。

> @XYZ 距离<XY 平面角度<和 XY 平面的夹角(相对坐标)。

10.3　设置视点

视点是指观察图形的方向。例如，绘制三维球体时，如果使用平面坐标系，即 Z 轴垂直于屏幕，此时仅能看到该球体在 XY 平面上的投影；如果调整视点至东南等轴测视图，则看到的是三维球体，如下图所示。

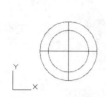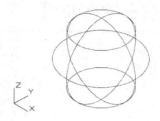

在平面坐标系和三维视图中的球体

在 AutoCAD 中，用户可以使用视点预置，视点命令等多种方法设置视点，下面将分别进行介绍。

10.3.1　使用【视点预设】对话框

使用以下两种方法，可以打开【视点预设】对话框设置视点。

> 选择【视图】|【三维视图】|【视点预设】命令。

> 在命令行中执行 DDVPOINT 命令。

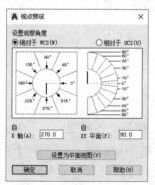

默认情况下，观察角度是绝对于 WCS 坐标系的。选中【相对于 UCS】单选按钮，则可以设置相对于 UCS 坐标系的观察角度。

无论是相对于哪种坐标系，用户都可以直接单击对话框中的坐标图获取观察角度，或是在【X 轴】、【XY 平面】文本框中输入角度值。其中，对话框中的左图用于设置原点和视点之间的连线，在 XY 平面的投影与 X 轴正向的夹角；右面的半圆形图用于设置该连线与投影线之间的夹角。

此外，若单击【设置为平面视图】按钮，则可以将坐标系设置为平面视图。

10.3.2　使用罗盘确定视点

在菜单栏中选择【视图】|【三维视图】|【视点】命令(VPOINT)，即可为当前视口设置视点。该视点均是相对于 WCS 坐标系的，可以通过屏幕上显示的罗盘定义视点。

在上图所示的坐标球和三轴架中，三轴架的 3 个轴分别代表 X、Y 和 Z 轴的正方向。当光标在坐标球范围内移动时，三维坐标系通过绕 Z 轴旋转可以调整 X、Y 轴的方向。坐标球中心及两个同心圆可以定义视点和目标点连线与 X、Y、Z 平面的角度。

例如，在如下左图所示绘制的球体中，使用罗盘定义视点后的效果如下右图所示。

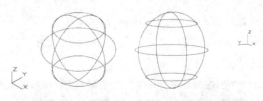

10.3.3　使用【三维视图】菜单

在菜单栏中选择【视图】|【三维视图】

子菜单中的【俯视】、【仰视】、【左视】、【右视】、【前视】、【后视】、【西南等轴测】、【东

南等轴测】、【东北等轴测】和【西北等轴测】命令，用户可以从多个方向观察图形。

10.4 绘制三维点和线

在 AutoCAD 中，用户可以使用点、直线、样条曲线、三维多段线及三维网格等命令绘制简单的三维图形。

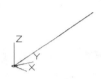

简单的三维图形

10.4.1 绘制三维点

在【功能区】选项板中选择【常用】选项卡，然后在【绘图】面板中单击【单点】按钮，或在菜单栏中选择【绘图】|【点】|【单点】命令，即可在命令行中直接输入三维坐标来绘制三维点。

由于三维图形对象上的一些特殊点，如交点、中点等不能通过输入坐标的方法实现，用户可以使用三维坐标下的目标捕捉法来拾取点。

二维图形方式下的所有目标捕捉方式，在三维图形环境中都可以继续使用。不同之处在于，在三维环境下只能捕捉三维对象的顶面和底面(即平行与 XY 平面的面)等的一些特殊点，而不能捕捉柱体等实体侧面的特殊点(即在柱状体侧面竖线上无法捕捉目标点)，因为柱体侧面上的竖线只是帮助模拟曲线显示的。在三维对象的平面视图中也不能捕捉目标点，因为在顶面上的任意一点都对应着底面上的一点，此时的系统无法辨别所选的点在图形的哪个面上。

10.4.2 绘制三维直线和多段线

1. 绘制三维直线

在二维平面绘图中，两点决定一条直线。

同样，在三维空间中，也是通过指定两个点来绘制三维直线。

例如，若要在视图方向 VIEWDIR 为(3,-2,1)的视图中，绘制过点(0,0,0)和点(1,1,1)的三维直线，可以在【功能区】选项板中选择【常用】选项卡，然后在【绘图】面板中单击【直线】按钮，最后输入这两个点坐标即可。

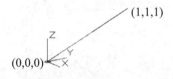

2. 绘制三维多段线

在二维坐标系下，通过使用【功能区】选项板中的【默认】选项卡，并在【绘图】面板中单击【多段线】按钮↰，可以绘制多段线。此时可以设置各段线条的宽度和厚度，但其必须是共面。在三维坐标系下，多段线的绘制过程和二维多段线基本相同，但其使用的命令不同，并且在三维多段线中只有直线段，没有圆弧段。用户在【功能区】选项板中选择【常用】选项卡，然后在【绘图】面板中单击【三维多段线】按钮⌓，或在菜单栏中选择【绘图】|【三维多段线】命令(3DPOLY)，此时命令行提示依次输入不同的三维空间点，以得到一个三维多段线。例如，经过点(40,0,0)、(0,0,0)、(0,60,0)和(0,60,30)

绘制的三维多段线。

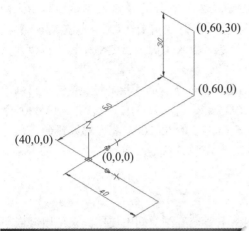

10.4.3 绘制三维样条曲线和螺旋线

在三维坐标系下，通过使用【功能区】选项板中的【常用】选项卡，然后在【绘图】面板中单击【样条曲线】按钮~，或在菜单栏中选择【绘图】|【样条曲线】|【拟合点】或【控制点】命令，即可绘制三维样条曲线。此时定义样条曲线的点不是共面点，而是三维空间点。例如，经过点(0,0,0)、(10,10,10)、(0,0,20)、(-10,-10,30)、(0,0,40)、(10,10,50)和(0,0,60)绘制的三维样条曲线如下图所示。

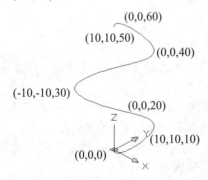

同样，在【功能区】选项板中选择【常用】选项卡，然后在【绘图】面板中单击【螺旋】按钮，或在菜单栏中选择【绘图】|【螺旋】命令，即可绘制三维螺旋线。

当分别指定螺旋线底面的中心点、底面半径(或直径)和顶面半径(或直径)后，命令行显示如下提示信息。

指定螺旋高度或 [轴端点(A)/圈数(T)/圈高(H)/扭曲(W)] <2.0000>:

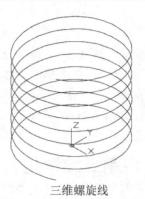

三维螺旋线

在上面所示的命令提示下，可以直接输入螺旋线的高度绘制螺旋线。也可以选择【轴端点(A)】选项，通过指定轴的端点，绘制出以底面中心点到该轴端点的距离为高度的螺旋线；选择【圈数(T)】选项，可以指定螺旋线的螺旋圈数，默认情况下，螺旋圈数为 3，当指定螺旋圈数后，仍将显示上述提示信息，此时可以进行其他参数设置；选择【圈高(H)】选项，可以指定螺旋线各圈之间的间距；选择【扭曲(W)】选项，可以指定螺旋线的扭曲方式是【顺时针(CW)】还是【逆时针(CCW)】。

【例 10-1】绘制上图所示的三维螺旋线，其中，底面中心为(0,0,0)，底面半径为 100，顶面半径为 100，高度为 200，顺时针旋转 8 圈。 视频

step① 选择【视图】|【三维视图】|【东南等轴测】命令，切换至三维东南等轴测视图。

step② 选择【常用】选项卡，然后在【绘图】面板中单击【螺旋】按钮。

step③ 在命令行的【指定底面的中心点:】提示信息下输入(0,0,0)，指定螺旋线底面的中心点坐标。

step④ 在命令行的【指定底面半径或 [直径(D)] <1.0000>:】提示信息下输入 100，指定螺旋线底面的半径。

step⑤ 在命令行的【指定顶面半径或 [直径(D)] <100.0000>:】提示信息下输入 100，指

定螺旋线顶面的半径。

step 6 在命令行的【指定螺旋高度或 [轴端点(A)/圈数(T)/圈高(H)/扭曲(W)] <1.0000>:】提示信息下输入 T，以设置螺旋线的圈数。

step 7 在命令行的【输入圈数 <3.0000>: 】提示信息下输入 8，指定螺旋线的圈数为 8。

step 8 在命令行的【指定螺旋高度或 [轴端点(A)/圈数(T)/圈高(H)/扭曲(W)] <1.0000>:】提示信息下输入 W，以设置螺旋线的扭曲

方向。

step 9 在命令行的【输入螺旋的扭曲方向 [顺时针(CW)/逆时针(CCW)] <CCW>: 】提示信息下输入 CW，指定螺旋线的扭曲方向为顺时针。

step 10 在命令行的【指定螺旋高度或 [轴端点(A)/圈数(T)/圈高(H)/扭曲(W)] <1.0000>:】提示信息下输入 200，指定螺旋线的高度。此时完成螺旋线的绘制。

10.5 绘制三维网格

在三维模型空间可以创建三维网格图形，该网格主要在三维空间中使用。它使用镶嵌面来表示对象的网格，不仅定义了三维对象的边界，还定义了其表面，类似于使用行和列组成的栅格。

10.5.1 绘制三维面和多边三维面

绘制三维面的操作主要有以下两种。

▶ 选择【绘图】|【建模】|【网格】|【三维面】命令。

▶ 在命令行中执行 3DFACE 命令。

三维面是三维空间的表面，既没有厚度，也没有质量属性。由【三维面】命令创建的每个面的各顶点可以有不同的 Z 坐标，但构成各个面的顶点最多不能超过 4 个。如果构成面的 4 个顶点共面，消隐命令认为该面是不透明的，则可以消隐。反之，消隐命令对其无效。

【例 10-2】绘制如下图所示的图形。 🔘视频

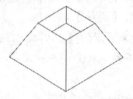

step 1 在菜单栏中选择【视图】|【三维视图】|【东南等轴测】命令，切换至三维东南等轴测视图。

step 2 选择【绘图】|【建模】|【网格】|【三维面】命令，执行绘制三维面命令。

step 3 在命令行提示下，依次输入三维面上的点坐标 A(60,40,0)、B(80,60,40)、C(80,100,40)、D(60,120,0)、E(140,120,0)、F(120,100,40)、G(120,60,40)、H(140,40,0)，最后按 Enter 键结束命令。

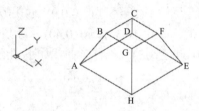

step 4 最后，选择【视图】|【消隐】命令消隐图形。

使用【三维面】命令只能生成 3 条或 4 条边的三维面，如果需要生成多边曲面，则必须使用 PFACE 命令。在该命令提示信息下，可以输入多个点。

例如，若要在下图所示的带有厚度的正六边形中添加一个面，可以在命令行提示下，输入 PFACE。

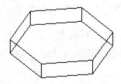

然后依次单击下图所示的点 1~6，在命

令行提示下，依次输入顶点编号 1~6，并选择【视图】|【消隐】命令消隐图形。

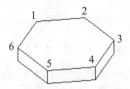

10.5.2 设置三维面的边的可见性

在命令行中输入【边】命令(EDGE)，可以修改三维面的边的可见性。执行该命令时，命令行显示如下提示信息。

指定要切换可见性的三维表面的边或 [显示(D)]:

默认情况下，选择三维表面的边后，按 Enter 键将隐藏该边。若选择【显示】选项，则可以选择三维面的不可见边，使其表面的边重新显示，此时命令行显示如下提示信息。

输入用于隐藏边显示的选择方法 [选择(S)/全部选择(A)] <全部选择>:

其中，选择【全部选择】选项，则可以将已选中图形的所有三维面的隐藏边显示出来；选择【选择】选项，则可以选择部分可见的三维面的隐藏边并显示。

例如，在下图中，设置隐藏 AD、DE、DC 边。可以在命令行提示中输入【边】命令(EDGE)，然后依次单击 AD、DE、DC 边，最后按 Enter 键。

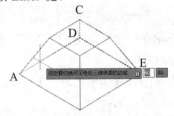

10.5.3 绘制三维网格

在命令行提示中输入【三维网格】命令(3DMESH)，可以根据指定的 M 行 N 列个顶点和每一顶点的位置生成三维空间多边形网格。M 和 N 的最小值为 2，表示定义多边形网格至少需要 4 个点，其最大值为 256。

例如，若要绘制如下图所示的 4×4 网格，可在命令行提示中输入【三维网格】命令(3DMESH)，并设置 M 方向的网格数量为 4，N 方向的网格数量为 4，然后依次指定 16 个顶点的位置。

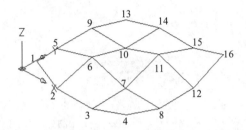

如果选择【修改】|【对象】|【多段线】命令，则可以编辑绘制的三维网格。其中，若选择该命令的【平滑曲面】选项，则可以将该三维网格转换为平滑曲面。

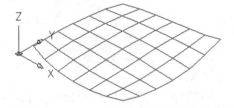

10.5.4 绘制旋转网格

绘制旋转网格的主要方法有以下几种。

▶ 选择【绘图】|【建模】|【网格】|【旋转网格】命令。

▶ 在命令行中执行 REVSURF 命令。

▶ 选择【网格】选项卡，在【图元】面板中单击【建模,网格,旋转曲面】按钮❸。

【例 10-3】通过旋转网格绘制三维图形。 ●视频

step 1 在命令行中输入 REVSURF 命令，按下 Enter 键。

step 2 在命令行提示下，选中图形中的多段线，然后按下 Enter 键确认。

选中多段线

step ③ 在命令行提示下，选中图形中的直线，然后按下 Enter 键确认。

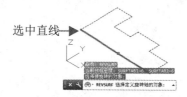

选中直线

执行以上操作后，可以将曲线绕旋转轴旋转一定的角度，形成旋转网格。此时，旋转方向的分段数由系统变量 SURFTAB1 确定，旋转轴方向的分段数由系统变量 SURFTAB2 确定。

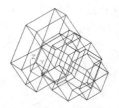

在绘制旋转网格时，可以将直线、圆弧、椭圆、多段线等图形对象进行旋转处理。

10.5.5 绘制平移网格

绘制平移网格的主要方法有以下几种。

▶ 选择【绘图】|【建模】|【网格】|【平移网格】命令。

▶ 在命令行中执行 TABSURF 命令。

▶ 选择【网格】选项卡，在【图元】面板中单击【建模，网格，平移曲面】按钮。

【例 10-4】通过平移网格绘制三维图形。 🔘视频

step ① 在命令行中输入 TABSURF 命令，按下 Enter 键。

step ② 在命令行提示下选择图形中的曲线为轮廓对象。

选中曲线

step ③ 在命令行提示下，选中图形中的直线为方向矢量对象。

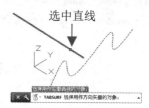

选中直线

step ④ 此时，即可创建下图所示的平移网格。

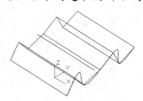

平移曲面的分段数由系统变量 SURFTAB1 确定。

10.5.6 绘制直纹网格

绘制直纹网格的主要方法有以下几种：

▶ 选择【绘图】|【建模】|【网格】|【直纹网格】命令。

▶ 在命令行中执行 RULESURF 命令。

▶ 选择【网格】选项卡，在【图元】面板中单击【建模，网格，直纹曲面】按钮。

【例 10-5】绘制一个直纹网格。 🔘视频

step ① 在命令行中输入 RULESURF 命令，按下 Enter 键。

step ② 在命令行提示下选取图形中的小圆。

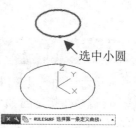

选中小圆

step③ 在命令行提示下选中图形中的大圆。

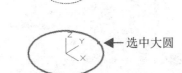

← 选中大圆

step④ 此时即可创建如下图所示的直纹网格。

在绘制直纹网格时，命令行中各主要选项的功能说明如下。

➤ 第一条定义曲线：用于指定对象以及新网格对象的起点。

➤ 第二条定义曲线：用于指定对象以及新网格对象扫掠的起点。

10.5.7　绘制边界网格

绘制边界网格的主要方法有以下几种。

➤ 选择【绘图】|【建模】|【网格】|【边界网格】命令。

➤ 在命令行中执行 EDGESURF 命令。

➤ 选择【网格】选项卡，在【图元】面板中单击【建模，网格，边界曲面】按钮。

【例 10-6】绘制一个边界网格。 📀视频

step① 在命令行中输入 EDGESURF 命令，按下 Enter 键。

step② 在命令行提示下选中图形最顶部的直线，确定曲面边界对象。

选中直线

step③ 在图形的其他 3 条直线对象上，依次单击，即可创建下图所示的边界网格。

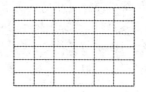

10.6　绘制三维实体

在 AutoCAD 中，最基本的实体对象包括多段体、长方体、楔体、圆锥体、球体、圆柱体、圆环体及棱锥体，需要绘制这些实体对象，可以在菜单栏中选择【绘图】|【建模】子菜单中的命令来创建。另外，将工作空间切换为【三维建模】，在【常用】选项卡的【建模】面板中，可以选择相应的命令按钮进行绘图。

三维实体

10.6.1　绘制多段体

绘制多段体的方法有以下几种：

➤ 选择【绘图】|【建模】|【多段体】命令。

➤ 在命令行中执行 POLYSOLID 命令。

➤ 选择【常用】选项卡，在【建模】面板中单击【多段体】按钮。

执行以上命令绘制多段体时，命令行显示如下提示信息。

指定起点或 [对象(O)/高度(H)/宽度(W)/对正(J)] <对象>：

选择【高度】选项，可以设置多段体的高度；选择【宽度】选项，可以设置多段体的宽度；选择【对正】选项，可以设置多段体的对正方式，如左对正、居中和右对正，系统默认为居中对正。当设置高度、宽度和对正方式后，可以通过指定点绘制多段体，也可以选择【对象】选项将图形转换为多段体。

【例10-7】绘制一个 U 型多段体。 🔵 视频

step ① 选择【视图】|【三维视图】|【东南等轴测】命令，切换至三维东南等轴测视图。

step ② 选择【常用】选项卡，然后在【建模】面板中单击【多段体】按钮，执行绘制三维多段体命令。

step ③ 在命令行的【指定起点或 [对象(O)/高度(H)/宽度(W)/对正(J)] <对象>：】提示信息下，输入 H，并在【指定高度 <10.0000>：】提示信息下输入 80，指定三维多段体的高度为 80。

step ④ 在命令行的【指定起点或 [对象(O)/高度(H)/宽度(W)/对正(J)] <对象>：】提示信息下，输入 W，并在【指定宽度 <2.0000>：】提示信息下输入 8，指定三维多段体的宽度为 8。

step ⑤ 在命令行的【指定起点或 [对象(O)/高度(H)/宽度(W)/对正(J)] <对象>：】提示信息下，输入 J，并在【输入对正方式 [左对正(L)/居中(C)/右对正(R)] <居中>：】提示信息下输入 C，设置对正方式为居中。

step ⑥ 在命令行的【指定起点或 [对象(O)/高度(H)/宽度(W)/对正(J)] <对象>：】提示信息下指定起点坐标为(0,0)

step ⑦ 在命令行的【指定下一个点或 [圆弧(A)/放弃(U)]：】提示信息下指定下一点的坐标为(100,0)。

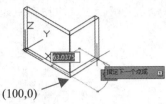

(100,0)

step ⑧ 在命令行的【指定下一个点或 [圆弧(A)/放弃(U)]：】提示信息下输入 A，绘制圆弧。

step ⑨ 在命令行的【指定圆弧的端点或 [闭合(C)/方向(D)/直线(L)/第二个点(S)/放弃(U)]：】提示信息下，输入圆弧端点为(@0,50)。绘制下图所示效果。

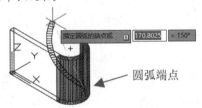

圆弧端点

step ⑩ 在命令行的【指定下一个点或[圆弧(A)/闭合(C)/放弃(U)]:指定圆弧的端点或[闭合(C)/方向(D)/直线(L)/第二个点(S)/放弃(U)]：】提示信息下，输入 l，绘制直线。

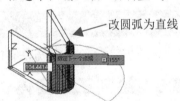

改圆弧为直线

step ⑪ 在命令行的【指定下一个点或 [圆弧(A)/ 闭合(C)/放弃(U)]：】提示信息下输入坐标 (@-100,0)。

step ⑫ 按 Enter 键，结束多段体绘制命令。

10.6.2 绘制长方体

绘制长方体的方法有以下几种：

▶ 选择【绘图】|【建模】|【长方体】命令。

▶ 在命令行中执行 BOX 命令。

▶ 选择【常用】选项卡，在【建模】面板中单击【长方体】按钮█。

执行以上命令绘制长方体时，命令行显示如下提示信息。

指定第一个角点或 [中心(C)]:

在创建长方体时，其底面应与当前坐标系的 XY 平面平行，方法主要有：指定长方体角点和中心两种。

默认情况下，可以根据长方体的某个角点位置创建长方体。当在绘图窗口中指定一角点后，命令行将显示如下提示。

指定其他角点或 [立方体(C)/长度(L)]:

如果在该命令提示下直接指定另一角点，可以根据另一角点位置创建长方体。当在绘图窗口中指定角点后，如果该角点与第一个角点的 Z 坐标不一样，系统将以这两个角点作为长方体的对角点创建出长方体。如果第二个角点与第一个角点位于同一高度，系统则需要用户在【指定高度:】提示下指定长方体的高度。

在命令行提示下，选择【立方体(C)】选项，可以创建立方体。创建时需要在【指定长度:】提示下指定立方体的边长；选择【长度(L)】选项，可以根据长、宽、高创建长方体，此时，用户需要在命令行提示下，依次指定长方体的长度、宽度和高度值。

在创建长方体时，如果在命令的【指定第一个角点或 [中心(C)]:】提示下，选择【中心(C)】选项，则可以根据长方体的中心点位置创建长方体。在命令行的【指定中心:】提示信息下指定中心点的位置后，将显示如下提示信息，用户可以参照【指定角点】的方法创建长方体。

指定角点或 [立方体(C)/长度(L)]:

创建长方体的各边应分别与当前 UCS 的 X 轴、Y 轴和 Z 轴平行。在根据长度、宽度和高度创建长方体时，长、宽、高的方向分别与当前 UCS 的 X 轴、Y 轴和 Z 轴方向平行。在系统提示中输入长度、宽度及高度时，输入的值可以是正或者是负，正值表示沿相应坐标轴的正方向创建长方体，反之沿坐标轴的负方向创建长方体。

【例 10-8】绘制一个 200×100×150 的长方体。
🔑 视频

step1 选择【视图】|【三维视图】|【东南等轴测】命令，切换至三维东南等轴测视图。

step2 选择【常用】选项卡，然后在【建模】面板中单击【长方体】按钮█，执行长方体绘制命令。

step3 在命令行的【指定第一个角点或 [中心(C)]:】提示信息下，输入(0,0,0)，通过指定角点绘制长方体。

step4 在命令行的【指定其他角点或 [立方体(C)/长度(L)]:】提示信息下输入 L，根据长、宽、高绘制长方体。

step5 在命令行的【指定长度:】提示信息下输入 200，指定长方体的长度。

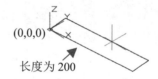
长度为 200

step6 在命令行的【指定宽度:】提示信息下输入 100，指定长方体的宽度。

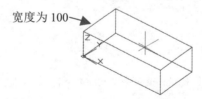
宽度为 100

step7 在命令行的【指定高度:】提示信息下输入 150，指定长方体的高度，此时绘制的长方体。

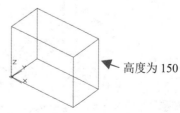
高度为 150

10.6.3 绘制楔体

楔体实际上是一个三角形的实体模型，常用于绘制垫块、装饰品等。绘制楔体的方法有以下几种。

➤ 选择【绘图】|【建模】|【楔体】命令。

➤ 在命令行中执行 WEDGE 命令。

➤ 选择【常用】选项卡，在【建模】面板中单击【长方体】按钮边的▼，在弹出的列表中选择【楔体】选项◌。

创建【长方体】和【楔体】的命令不同，但创建方法却相同，因为楔体是长方体沿对角线切成两半后的结果。因此可以使用与绘制长方体同样的方法绘制楔体。

【例 10-9】绘制一个楔体。 🔘 视频

step 1 在例 10-8 完成的绘图区中捕捉合适的中心点，绘制两条直线。

step 2 在命令行中输入 WEDGE 命令，按下 Enter 键确认。

step 3 在命令行提示下，捕捉图中的交点 A，在命令行提示【指定其他角点或[立方体(C)长度(L)]:】下输入 L。

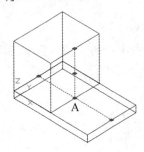

step 4 按下 Enter 键确认，在命令行提示下输入 230。

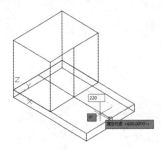

step 5 按下 Enter 键确认，在命令行提示下输入 75。

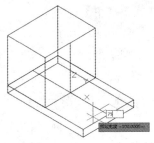

step 6 按下 Enter 键确认，在命令行提示下输入 250。

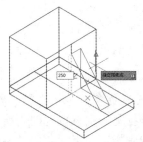

step 7 按下 Enter 键确认，即可在图形中创建楔体。

10.6.4 绘制圆柱体或椭圆柱体

绘制圆柱体或椭圆柱体的方法有以下几种。

➤ 选择【绘图】|【建模】|【圆柱体】命令。

➤ 在命令行中执行 CYLINDER 命令。

➤ 选择【常用】选项卡，在【建模】面板中单击【长方体】按钮边的▼，在弹出的列表中选择【圆柱体】选项◻。

执行以上命令绘制圆柱体或椭圆柱体时，命令行将显示如下提示。

指定底面的中心点或 [三点(3P)/两点(2P)/相切、相切、半径(T)/椭圆(E)]

默认情况下，可以通过指定圆柱体底面的中心点位置绘制圆柱体。在命令行的【指定底面半径或 [直径(D)]:】提示下指定圆柱体底面的半径或直径后，命令行显示如下提示信息。

指定高度或 [两点(2P)/轴端点(A)]:

可以直接指定圆柱体的高度，根据高度创建圆柱体；也可以选择【轴端点(A)】选项，根据圆柱体另一底面的中心位置创建圆柱体。此时，两中心点位置的连线方向为圆柱体的轴线方向。

当执行 CYLINDER 命令时，如果在命令行提示下，选择【椭圆(E)】选项，可以绘制椭圆柱体。此时，用户首先需要在命令行的【指定第一个轴的端点或 [中心(C)]:】提示下指定基面上的椭圆形状(其操作方法与绘制椭圆相似)。然后在命令行的【指定高度或 [两点(2P)/轴端点(A)]:】提示下指定椭圆柱体的高度或另一个圆心位置即可。

【例 10-10】绘制半径为 28，高度为 50 的圆柱体。
🎬 视频

step❶ 在命令行中输入 CYLINDER 命令，按下 Enter 键。

step❷ 在命令行提示下，输入(0,0,0)，按下 Enter 键确认，指定圆柱体底面中心点。

step❸ 在命令行提示下输入 28，按下 Enter 键确认，指定圆柱体的底面半径。

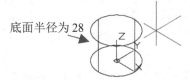
底面半径为 28

step❹ 在命令行提示下输入 50，按下 Enter 键确认，指定圆柱体的高度，即可绘制如下图所示的圆柱体。

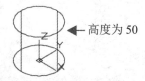
← 高度为 50

10.6.5 绘制圆锥体或椭圆椎体

绘制圆锥体或椭圆椎体的方法有以下几种。

➤ 选择【绘图】|【建模】|【圆锥体】命令。

➤ 输入 CONE 命令，按下 Enter 键。

➤ 选择【常用】选项卡，在【建模】面板中单击【长方体】按钮边的▼，在弹出的列表中选择【圆锥体】选项△。

绘制圆锥体或椭圆锥体时，命令行显示如下提示信息。

指定底面的中心点或 [三点(3P)/两点(2P)/相切、相切、半径(T)/椭圆(E)]：

在该提示信息下，如果直接指定点即可绘制圆锥体。此时，需要在命令行的【指定底面半径或 [直径(D)]:】提示信息下指定圆锥体底面的半径或直径，以及在命令行的【指定高度或 [两点(2P)/轴端点(A)/顶面半径(T)]:】提示下，指定圆锥体的高度或圆锥体的锥顶点位置。如果选择【椭圆(E)】选项，则可以绘制椭圆锥体。此时，需要先确定椭圆的形状(方法与绘制椭圆的方法相同)，然后在命令行的【指定高度或 [两点(2P)/轴端点(A)/顶面半径(T)]:】提示信息下，指定椭圆锥体的高度或顶点位置即可。

【例 10-11】绘制半径为 7，高度为-10 的圆锥体。
🎬 视频+素材 (素材文件\第 10 章\例 10-12)

step❶ 在命令行中输入 CONE，按下 Enter 键。

step❷ 在命令行提示下捕捉图形上的圆心，以确定圆锥体底面中心点。

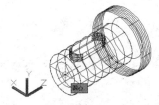

step❸ 在命令行提示【指定底面半径或[直径(D)]】下输入 7，按下 Enter 键确认，指定圆锥体底面半径。

step❹ 在命令行提示【指定高度或[两点(2p)轴端点(A)顶面半径(T)]:】下输入-10，按下 Enter 键确认，指定圆锥体的高度。

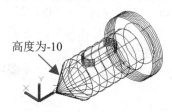
高度为-10

step 5 按下 Enter 键，即可绘制如上图所示的圆锥体。

10.6.6　绘制球体

球体常用于绘制球形门把手、球形建筑主体和轴承的钢珠等。

绘制球体的方法有以下几种。

➤ 选择【绘图】|【建模】|【球体】命令。

➤ 在命令行中执行 SPHERE 命令。

➤ 选择【常用】选项卡，在【建模】面板中单击【长方体】按钮边的▼，在弹出的列表中选择【球体】选项○。

使用以上命令绘制球体时，只需要在命令行的【指定中心点或 [三点(3P)/两点(2P)/相切、相切、半径(T)]:】提示信息下指定球体的球心位置，在命令行的【指定半径或 [直径(D)]:】提示信息下指定球体的半径或直径即可。绘制球体时可以通过改变 ISOLINES 变量来确定每个面上的线框密度。

【例 10-12】绘制半径为 50 的球体。○视频

step 1 在命令行中输入 SPHERE 命令，按下 Enter 键。

step 2 在命令行提示下输入(0,0,0)。

step 3 按下 Enter 键确认，在命令行提示【指定半径或[直径(D)]:】下输入 50，指定球体半径。

step 4 按下 Enter 键确认，即可绘制出如下图所示的球体.

10.6.7　绘制圆环体

在 AutoCAD 中，用户可以通过以下几种方法绘制圆环体(圆环体可以用于绘制环形装饰品或手镯等实体)。

➤ 选择【绘图】|【建模】|【圆环体】命令。

➤ 在命令行中执行 TORUS 命令。

➤ 选择【常用】选项卡，在【建模】面板中单击【长方体】按钮边的▼，在弹出的列表中选择【圆环体】选项◎。

执行以上命令绘制圆环体时，需要指定圆环的中心位置、圆环的半径或直径，以及圆管的半径或直径。

【例 10-13】绘制一个圆环半径为 150，圆管半径为 50 的圆环体。○视频

step 1 选择【视图】|【三维视图】|【东南等轴测】命令，切换至三维东南等轴测视图。

step 2 选择【常用】选项卡，然后在【建模】面板中单击【圆环体】按钮◎，执行圆环体绘制命令。

step 3 在命令行的【指定中心点或 [三点(3P)/两点(2P)/切点、切点、半径(T)]:】提示信息下，指定圆环的中心位置(0,0,0)。

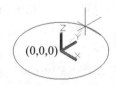

step 4 在命令行的【指定半径或 [直径(D)]:】提示信息下，输入 150，指定圆环的半径。

step 5 在命令行的【指定圆管半径或 [两点(2P)/直径(D)]:】提示信息下，输入 50，指定圆管的半径。

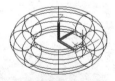

10.6.8　绘制棱锥体

绘制棱锥体的方法有以下几种。

➤ 选择【绘图】|【建模】|【棱锥体】命令。

➤ 在命令行中执行 PYRAMID 命令。

➤ 选择【常用】选项卡，然后在【建模】面板中单击【棱锥体】按钮△。

绘制棱锥体时命令行显示如下提示信息。

指定底面的中心点或 [边(E)/侧面(S)]:

在该提示信息下，如果直接指定点即可绘制棱锥体。此时，需要在命令行的【指定底面半径或 [内接(I)]:】提示信息下指定棱锥体底面的半径，以及在命令行的【指定高度或 [两点(2P)/轴端点(A)/顶面半径(T)]:】提示下指定棱锥体的高度或棱锥体的锥顶点位置。如果选择【顶面半径(T)】选项，可以绘

制有顶面的棱锥体，在命令行【指定顶面半径:】提示下输入顶面的半径，然后在【指定高度或[两点(2P)/轴端点(A)]:】提示下指定棱锥体的高度或棱锥体的锥顶点位置即可。

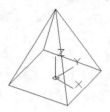

10.7　通过二维对象创建三维对象

在AutoCAD中，除了可以通过实体绘制命令绘制三维实体外，还可以使用拉伸、旋转、扫掠、放样等方法，通过二维对象创建三维实体或曲面。用户可以在菜单栏中选择【绘图】|【建模】命令的子命令，或在【功能区】选项板中选择【常用】选项卡，然后在【建模】面板中单击相应的工具按钮即可实现。

10.7.1　创建拉伸实体

在 AutoCAD 中，用户可以通过以下几种方法使用【拉伸】命令，创建拉伸实体。

▶ 选择【绘图】|【建模】|【拉伸】命令。

▶ 在命令行中执行 EXTRUDE 或 EXT 命令。

▶ 选择【常用】选项卡，在【建模】面板中单击【拉伸】按钮 。

拉伸对象被称为断面，在创建实体时，断面可以是任何二维封闭多段线、圆、椭圆、封闭样条曲线和面域。其中，多段线对象的顶点数不能超过 500 个且不小于 3 个。若创建三维曲面，则断面是不封闭的二维对象。

默认情况下，可以沿 Z 轴方向拉伸对象，此时需要指定拉伸的高度和倾斜角度。其中，拉伸高度值可以为正或为负，表示拉伸的方向。拉伸角度也可以为正或为负，其绝对值不大于 90°，默认值为 0°，表示生成的实体的侧面垂直于 XY 平面，没有锥度。如果为正，将产生内锥度，生成的侧面向内；如果为负，将产生外锥度，生成的侧面向外。

通过指定一个拉伸路径，也可以将对象

拉伸为三维实体，拉伸路径可以是开放的，也可以是封闭的。

【例 10-14】绘制一个 S 型轨道。　🎬视频

step 1　选择【视图】|【三维视图】|【东南等轴测】命令，切换至三维东南等轴测视图。

step 2　选择【可视化】选项卡，然后在【坐标】面板中单击 X 按钮，将当前坐标系绕 X 轴旋转 90°。

step 3　选择【常用】选项卡，然后在【绘图】面板中单击【多段线】按钮，依次指定多段线的起点和经过点，即(0,0)、(18,0)、(18,5)、(23,5)、(23,9)、(20,9)、(20,13)、(14,13)、(14,9)、(6,9)、(6,13)和(0,13)，绘制闭合多段线。

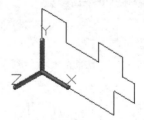

step 4　选择【常用】选项卡，然后在【修改】面板中单击【圆角】按钮 ，设置圆角半径为 2，然后对绘制的多段线 A、B 处修圆角。

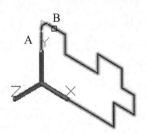

step 5 选择【常用】选项卡，然后在【修改】面板中单击【倒角】按钮，设置倒角距离为 1，然后对绘制的多段线 C、D 处修倒角。

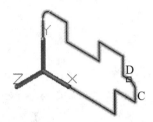

step 6 选择【可视化】选项卡，然后在【坐标】面板中单击【世界】按钮，恢复到世界坐标系。

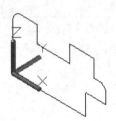

step 7 选择【常用】选项卡，然后在【绘图】面板中单击【多段线】按钮，以点(18,0)为起点，点(68,0)为圆心，角度为 180° 和以(118,0)为起点，点(168,0)为圆心，角度为 -180°，绘制两个半圆弧。

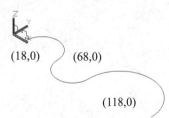

(18,0)   (68,0)

(118,0)

step 8 选择【常用】选项卡，然后在【建模】面板中单击【拉伸】按钮，将绘制的多段线沿圆弧路径拉伸。

step 8 选择【视图】|【消隐】命令，消隐图形。

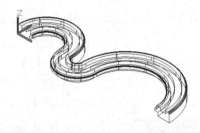

10.7.2　创建旋转实体

在 AutoCAD 中，用户可以通过以下几种方法使用【旋转】命令，通过绕轴旋转二维对象创建三维实体或曲面。

▶ 选择【绘图】|【建模】|【旋转】命令。

▶ 在命令行中执行 REVOLVE 命令。

▶ 选择【常用】选项卡，在【建模】面板中单击【拉伸】按钮边的▼，在弹出的列表中选择【旋转】选项。

在创建实体时，用于旋转的二维对象可以是封闭多段线、多边形、圆、椭圆、封闭样条曲线、圆环及封闭区域。三维对象包含在块中的对象，有交叉或自干涉的多段线不能被旋转，而且每次只能旋转一个对象。若创建三维曲面，则用于旋转的二维对象是不封闭的。

【例 10-15】通过旋转的方法，绘制实体模型。
🎬视频

step 1 选择【常用】选项卡，然后在【绘图】面板中综合运用多种绘图命令，绘制直线和图形，其尺寸可由自行确定。

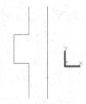

step 2 选择【视图】|【三维视图】|【视点】命令，并在命令行【指定视点或 [旋转(R)] <显示坐标球和三轴架>:】提示下输入 (1,1,1)，指定视点。

step 3 选择【常用】选项卡,然后在【建模】面板中单击【旋转】按钮,执行 REVOLVE 命令。

step 4 在命令行的【选择对象:】提示下,选择多段线作为要旋转的二维对象,按下Enter键。

step 5 在命令行的【指定轴起点或根据以下选项之一定义轴 [对象(O)/X /Y /Z] 提示下, 输入 O, 绕指定的对象旋转。

step 6 在命令行的【选择对象: 】提示下,选择直线作为旋转轴对象。

step 7 在命令行的【指定旋转角度<360>:】提示下输入 360,指定旋转角度。

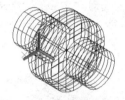

step 8 选择【视图】|【消隐】命令,消隐图形。

10.7.3 创建扫掠实体

在 AutoCAD 中,用户可以通过以下几种方法使用【扫掠】命令创建扫掠实体。该命令可以通过沿开放或闭合的二维或三维路径,扫掠开放或闭合的平面曲线(轮廓)来创建新实体或曲面。

➤ 选择【绘图】|【建模】|【扫描】命令。

➤ 输入 SWEEP 命令,按下 Enter 键。

➤ 选择【常用】选项卡,在【建模】面板中单击【拉伸】按钮边的▼,在弹出的列表中选择【扫掠】选项。

如果扫掠的对象不是封闭的图形,那么使用【扫掠】命令后得到的将是网格面,如果扫掠的对象是封闭的图像,得到的是三维实体。

使用【扫掠】命令绘制三维对象时,当用户指定封闭图形作为扫掠对象后,命令行显示如下提示信息。

选择扫掠路径或 [对齐(A)/基点(B)/比例(S)/扭曲(T)]:

在该命令提示下,可以直接指定扫掠路径创建三维对象,也可以设置扫掠时的对齐方式、基点、比例和扭曲参数。其中,【对齐】选项用于设置扫掠前是否对齐垂直于路径的扫掠对象;【基点】选项用于设置扫掠的基点;【比例】选项用于设置扫掠的比例因子,当指定该参数后,扫掠效果与单击扫掠路径的位置有关;【扭曲】选项用于设置扭曲角度或允许非平面扫掠路径倾斜。

【例 10-16】使用【扫掠】命令,将二维对象创建成三维实体。 视频

step 1 在命令行中输入 SWEEP 命令,按下 Enter 键。

step 2 在命令行提示下,选中绘图窗口中的圆形对象。

◀── 选中圆形

step 3 按下 Enter 键确认,选中绘图窗口中的直线并单击,确定扫掠路径。

step 4 此时将创建如下图所示的扫掠实体。

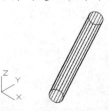

10.7.4 创建放样实体

在 AutoCAD 中,用户可以通过以下几种方法使用【放样】命令,通过对两条或两条以上的横截面曲线来放样创建实体。

➤ 选择【绘图】|【建模】|【放样】命令。

➤ 在命令行中执行 LOFT 命令。

➤ 选择【常用】选项卡,在【建模】面

板中单击【拉伸】按钮边的▼，在弹出的列表中选择【放样】选项。

如果放样的对象不是封闭的图形，那么使用【放样】命令后得到的将是网格面，如果放样的对象是封闭的图形，得到的是三维实体。下图所示即是三维空间中 3 个圆放样后得到的实体。

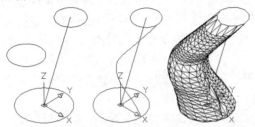

在放样时，当依次指定放样截面后(至少两个)，命令行显示如下提示信息。

输入选项 [导向(G)/路径(P)/仅横截面(C)/设置(S)] <仅横截面>:

在该命令提示下，需要选择放样方式。其中，【导向】选项用于使用导向曲线控制放样，每条导向曲线必须与每一个截面相交，并且起始于第 1 个截面，结束于最后一个截面；【路径】选项用于使用一条简单的路径控制放样，该路径必须与全部或部分截面相交；【仅横截面】选项用于只使用截面进行放样，选择【设置】选项可打开【放样设置】对话框，可以设置放样横截面上的曲面控制选项。

【例 10-17】使用【放样】命令，将二维对象创建成三维实体。〇—●视频

step① 在命令行中输入 LOFT 命令，按下 Enter 键。在命令行提示下，选中绘图窗口中最上方的圆。

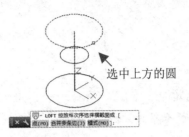

选中上方的圆

step② 依次选中绘图窗口中间和底部的第 2 个和第 3 个圆。

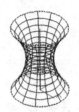

step③ 在命令行提示【输入选项[导向(G)/路径(P)/仅横截面(C)/设置(S)] <仅横截面>:】下输入 P，然后按下 Enter 键确认。

step④ 在命令行提示下选中绘图窗口中的垂直直线。

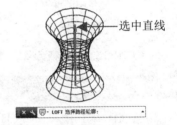

选中直线

step⑤ 此时将创建如下图所示的放样实体。

10.7.5 根据标高和厚度创建实体

用户在绘制二维对象时，可以为对象设置标高和延伸厚度。如果设置了标高和延伸厚度，就可以使用二维绘图的方法绘制出三维图形对象。

绘制二维图形时，绘图面应是当前 UCS 的 XY 面或与其平行的平面。标高就是用于确定这个面的位置，它用绘图面与当前 UCS

的 XY 面的距离表示。厚度则是所绘二维图形沿当前 UCS 的 Z 轴方向延伸的距离。

在 AutoCAD 中，规定当前 UCS 的 XY 面的标高为 0，沿 Z 轴正方向的标高为正，沿负方向为负。沿 Z 轴正方向延伸时的厚度为正，反之则为负。

实现标高、厚度设置的命令是 ELEV。执行该命令，AutoCAD 提示如下信息。

指定新的默认标高 <0.0000>:　（输入新标高）
指定新的默认厚度 <0.0000>:　（输入新厚度）

设置标高、厚度后，用户就可以创建在标高方向上各截面形状和大小相同的三维对象。

【例 10-18】绘制三维图形　◎视频

step 1 选择【默认】选项卡，然后在【绘图】面板中单击【矩形】按钮，绘制一个长度为 300，宽度为 200，厚度为 50 的矩形。

step 2 在菜单栏中选择【视图】|【三维视图】|【东南等轴测】命令，此时将看到绘制的是一个有厚度的矩形。

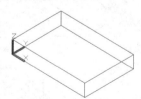

step 3 选择【可视化】选项卡，然后在【坐标】面板中单击【原点】按钮 └，再单击矩形的角点 A 处，将坐标原点移到该点上。

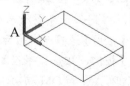

step 4 选择【视图】|【三维视图】|【平面视图】|【当前 UCS】命令，将视图设置为平面视图。

step 5 在命令行中输入命令 ELEV，在【指定新的默认标高 <0.0000>:】提示信息下，设置新的标高为 0，在【指定新的默认厚度 <0.0000>:】提示信息下，设置新的厚度为 100。

step 6 选择【默认】选项卡，然后在【绘图】面板中单击【正多边形】按钮，绘制一个内接于半径为 15 的圆的正六边形。

step 7 选择【默认】选项卡，然后在【修改】面板中单击【阵列】按钮，打开【阵列】对话框，选择阵列类型为【矩形阵列】，并设置阵列的行数为 2，列数为 2，行偏移为 140，列偏移为 230，然后单击【确定】按钮，阵列效果如下图所示。

step 8 选择【视图】|【三维视图】|【东南等轴测】命令，绘图窗口将显示如下图所示的三维视图效果。

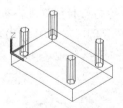

step 9 选择【可视化】选项卡，然后在【坐标】面板中单击【原点】按钮 └，再单击矩形的角点 B，将坐标系移动至该点上。

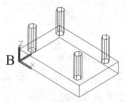

step 10 选择【可视化】选项卡，然后在【坐标】面板中分别单击 Y 按钮和 Z 按钮，将坐

标系分别绕 Z 轴和 Y 轴旋转 90°。

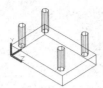

step⑪ 选择【视图】|【三维视图】|【平面视图】|【当前 UCS】命令，将视图设置为平面视图。

step⑫ 在命令行中输入命令 ELEV，在【指定新的默认标高 <0.0000>:】提示信息下，设置新的标高为 0，在【指定新的默认厚度 <0.0000>:】提示信息下，设置新的厚度为 255。

step⑬ 选择【默认】选项卡，然后在【绘图】

面板中单击【直线】按钮，通过端点捕捉点 C 和点 D 绘制一条直线。

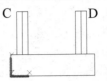

step⑭ 选择【视图】|【三维视图】|【东南等轴测】命令，得到如下图所示的三维视图效果。

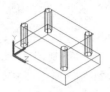

10.8 案例演练

本章的案例演练将通过实例介绍使用 AutoCAD 绘制各种三维实体模型的方法，用户可以通过操作练习所学的知识。

【例 10-19】绘制三维圆管模型。 ◎视频

step① 选择【视图】|【三维视图】|【东南等轴测】命令，切换至三维视图模式下。

step② 选择【常用】选项卡，然后在【绘图】面板中单击【三维多段线】按钮，并依次指定多段线的起点和经过点，即(100,0,0)、(@0,0,50)、(@-50,0,0)、(@0,50,0)和(@50,0,0)，绘制一条三维多段线。

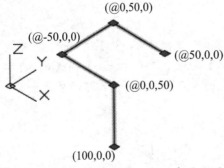

step③ 选择【常用】选项卡，然后在【绘图】面板中单击【两点】按钮，以点 A 和点 B 为端点，在 XY 平面上绘制一个圆。

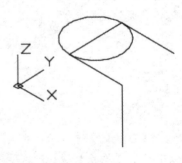

step④ 选择【可视化】选项卡，然后在【坐标】面板中单击 X 按钮，将当前坐标系绕 X 轴旋转 90°，得到如下左图所示效果。

step⑤ 选择【常用】选项卡，然后在【绘图】面板中单击【相切，相切，半径】按钮，绘制一个与线段 AM 和 OM 相切，半径为 20 的圆，如下右图所示。

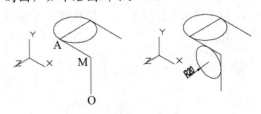

step⑥ 选择【常用】选项卡，然后在【修改】面板中单击【修剪】按钮，对图形进行修剪，并恢复世界坐标系，如下图所示。

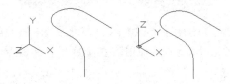

step⑦ 在【绘图】面板中单击【圆心，半径】按钮，以点(100,0,0)为圆心，绘制半径分别为 12 和 10 的圆。

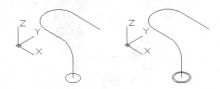

step⑧ 选择【可视化】选项卡，然后在【坐标】面板中单击 Y 按钮，将坐标系绕 Y 轴旋转 90°。

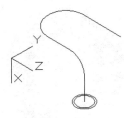

step⑨ 选择【常用】选项卡，然后在【绘图】面板中单击【圆心，半径】按钮，以点 P 为圆心，绘制半径分别为 12 和 10 的圆。

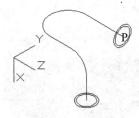

step⑩ 在【绘图】面板中单击【面域】按钮，选择所绘制的 4 个圆，将其转换为面域，如下左图所示。

step⑪ 在【实体编辑】面板中单击【差集】按钮，使用半径为 12 的面域减去半径为 10 的面域，将得到两个圆环形面域。

step⑫ 在【修改】面板中单击【复制】按钮，

分别在如下右图所示的位置复制环形面域。

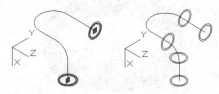

step⑬ 在命令行中输入 ISOLINES 命令，设置 ISOLINES 变量为 32。

step⑭ 在【建模】面板中单击【拉伸】按钮，将创建的圆环形面域分别以多段线为路径进行拉伸。

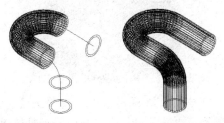

step⑮ 在菜单栏中选择【视图】|【消隐】命令，消隐图形。

【例 10-20】绘制深沟球轴承模型。⊙▶视频

step① 选择【视图】|【三维视图】|【西南等轴测】命令，切换至三维西南等轴测视图。

step② 选择【常用】选项卡，在【建模】面板中单击【圆柱体】按钮⬚。

step③ 以原点(0,0,0)为中心，依次绘制半径为 45、38，高为 20 的圆柱体，效果如下左图所示。

step④ 选择【视图】|【视觉样式】|【概念】命令，将视觉样式修改为【概念】，效果如下右图所示。

step⑤ 在【实体编辑】面板中单击【实体，差集】按钮⊚，先选择半径为 45 的圆柱体，按下 Enter 键，再拾取半径为 38 的圆柱体，按下 Enter 键，对两个圆柱体执行差集运算。

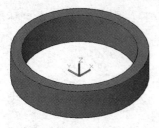

step 6 在【建模】面板中再次单击【圆柱体】按钮，以原点(0,0,0)为中心，绘制半径为32、25，高为20的圆柱体。

step 7 在【实体编辑】面板中单击【实体,差集】按钮，选择半径为32的圆柱体，按下Enter键，拾取半径为25的圆柱体，按下Enter键，执行差集运算。

step 8 在【建模】面板中单击【圆环体】按钮，以原点(0,0,10)为中心，绘制半径为35、圆管半径为5的圆环体。

step 9 在【实体编辑】面板中单击【实体,差集】按钮，选择轴承内外圈，按下Enter键，拾取圆环体(如下左图所示)，按下Enter键(如下右图所示)，执行差集运算。

step 10 选择【视图】|【三维视图】|【俯视】命令，切换至俯视图，在【建模】面板中单击【球体】按钮，以(35,0,10)为圆心，绘制半径为5的球体。

step 11 在【修改】面板中单击【环形阵列】按钮，以原点(0,0,0)为中心，拾取球体，设置【项目总数】为10，进行环形阵列。

step 12 选择【视图】|【三维视图】|【西南等轴测】命令，切换至三维西南等轴测视图。模型效果如下图所示。

【例10-21】绘制方墩模型。 视频

step 1 选择【视图】|【三维视图】|【西南等轴测】命令，切换至三维西南等轴测视图。选择【常用】选项卡，在【建模】面板中单击【长方体】按钮，指定原点(0,0,0)为第

一角点，输入(101,101,21)，按下 Enter 键创建下图所示的长方体。

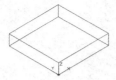

step 2　重复以上操作，在绘图区域中任意位置上单击，确定第一点，输入(@101,61,51)，按下 Enter 键确认，创建长方体。

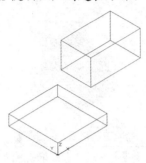

step 3　在【绘图】面板中单击【直线】按钮，在命令行提示下，连接高为 21 的长方体顶面对角线。

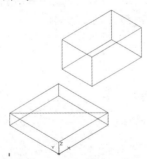

step 4　重复以上操作。在命令行提示下，连接高为 51 的长方体底面对角线。

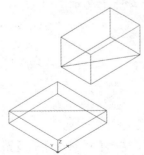

step 5　在【修改】面板中单击【移动】按钮，在命令行提示下，选中高为 51 的长方体

和其上的直线，按下 Enter 键，选取直线上的中点，按下 Enter 键。

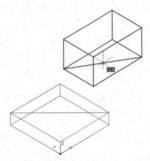

step 6　在命令行提示下捕捉高为 21 的长方体上直线的中点，按下 Enter 键。

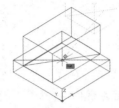

step 7　在【绘图】面板中单击【直线】按钮，在命令行提示下，连接高为 51 的长方体顶面对角线。

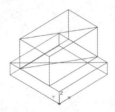

step 8　在【建模】面板中单击【圆柱体】按钮，捕捉步骤 7 创建的直线的中点为中心点，创建半径为 21，高为 51 的圆柱体。

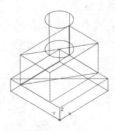

step 9　在【建模】面板中再次单击【圆柱体】按钮，捕捉步骤 8 绘制的圆柱体的顶面中心为中心点，创建半径为 16，高为-121 的圆柱体，效果如下图所示。

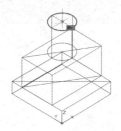
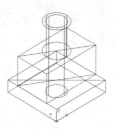

step 10 在【绘图】面板中单击【直线】按钮 ✎，在命令行提示下连接高为51的长方体左侧面的对角线，然后删除不需要的辅助直线。

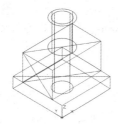
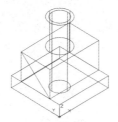

step 11 选择【视图】|【三维视图】|【左视】命令，切换至左视图。

step 12 在【建模】面板中单击【圆柱体】按钮，捕捉新创建的对角线的中心点为圆心点，创建半径为 16，高为-101 的圆柱体。

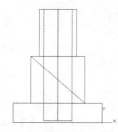
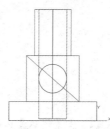

step 13 选择【视图】|【三维视图】|【西南等轴测】命令，切换至三维西南等轴测视图。在【实体编辑】面板中单击【实体，并集】按钮，依次选取长方体和外侧圆柱体，执行并集运算，并删除辅助线段。

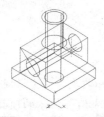
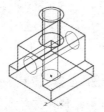

step 14 在【实体编辑】面板中单击【实体，差集】按钮，选择实体，按下 Enter 键，

拾取内侧的两个圆柱体，执行差集运算。

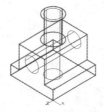
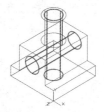

step 15 选择【视图】|【视觉样式】|【概念】命令，将视觉样式修改为"概念"，效果如下图所示。

【例 10-22】绘制三通模型。 ▣ 视频

step 1 选择【视图】|【三维视图】|【东南等轴测】命令，切换至三维视图模式下。

step 2 在【建模】面板中单击【长方体】按钮，以(0,0,0)为第一角点，绘制长为80，宽为80，高为 8 的长方体。

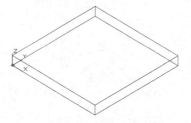

step 3 在【修改】面板中单击【圆角】按钮，对长方体的 4 条棱边修圆角，圆角半径为 5，效果如下图所示。

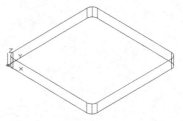

step 4 在【建模】面板中单击【圆柱体】按钮，以点(10,10,0)为底面中心，绘制直径为 7，高为 8 的圆柱体。

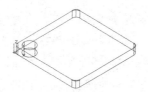

step 5 在【修改】面板中单击【矩形阵列】按钮 ⊞，设置阵列行数为 2，列数为 2，行偏移为 60，列偏移为 60，对创建的圆柱体执行矩形阵列复制。

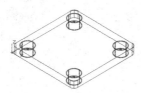

step 6 在【修改】面板中单击【分解】按钮 ⊡，选中阵列后的对象，按下 Enter 键将对象分解。

step 7 在【实体编辑】面板中单击【实体，差集】按钮 ⊚，对长方体和分解而来的 4 个圆柱体执行差集运算。

step 8 选择【视图】|【消隐】命令，图形效果如下图所示。

step 9 在【建模】面板中单击【圆柱体】按钮 ⊡，以点(40,40,8)为圆柱体底面中心，在命令行提示下依次输入 20、40，按下 Enter 键，绘制直径为 40，高为 40 的圆柱体，效果如下图所示。

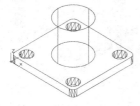

step 10 再次单击【圆柱体】按钮 ⊡，以点(40,40,8)为圆柱体底面中心，绘制直径为 28，高为 40 的圆柱体。

step 11 在【实体编辑】面板中单击【实体，并集】按钮 ⊚，对方向接头和直径为 40 的圆柱体进行并集运算。

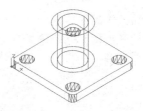

step 12 选择【视图】|【消隐】命令，图形效果如下图所示。

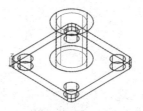

step 13 在【建模】面板中单击【圆柱体】按钮 ⊡，以点(40,40,48)为底面圆心，绘制直径为 40，高为 65 的圆柱体，如下左图所示。

step 14 在【建模】面板中单击【圆柱体】按钮 ⊡，以点(40,40,48)为底面圆心，绘制直径为 48，高为 65 的圆柱体，如下右图所示。

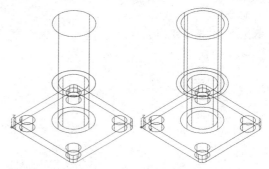

step 15 在【建模】面板中单击【圆柱体】按钮 ⊡，以点(40,40,102)为底面圆心，绘制直径为 80，高为 8 的圆柱体，如下左图所示。

step 16 在【实体编辑】面板中单击【实体，并集】按钮 ⊚，对方形接头与直径为 48、80

的圆柱体执行并集运算。

step⑰ 选择【视图】|【消隐】命令，图形效果如下右图所示。

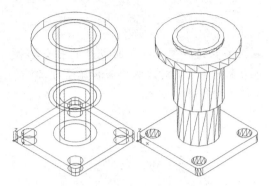

step⑱ 在【建模】面板中单击【圆柱体】按钮◻，以点(40,10,102)为底面中心，绘制直径为7，高为8的圆柱体。

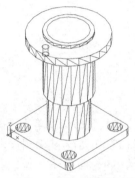

step⑲ 在【修改】面板中单击【环形阵列】按钮❖，以(40,40)为中心点，拾取步骤18绘制的圆柱体，设置【项目总数】为4，进行环形阵列。

step⑳ 选择【视图】|【消隐】命令，图形效果如下图所示。

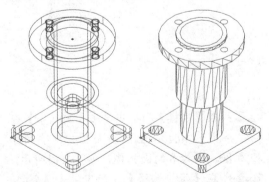

step㉑ 选择【工具】|【新建 UCS】|Y 命令，

将坐标系绕 Y 轴旋转 90°，如下左图所示。

step㉒ 在【建模】面板中单击【圆柱体】按钮◻，以点(-65,40,40)为底面中心，绘制直径为 40，高为 52 的圆柱体。

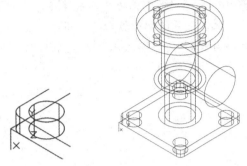

step㉓ 在【建模】面板中单击【圆柱体】按钮◻，以点(-65,40,40)为底面中心，绘制直径为 30，高为 52 的圆柱体。

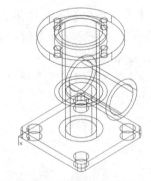

step㉔ 在【实体编辑】面板中单击【实体,并集】按钮◉，将三通实体与所绘制的直径为 40 的圆柱体进行并集运算。

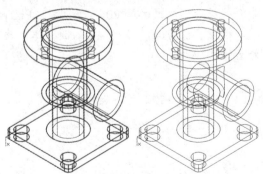

step㉕ 在【实体编辑】面板中单击【实体,差集】按钮◉，用三通实体减去直径为 40 和 28 的圆柱体，如下左图所示。

step 26 选择【视图】|【消隐】命令，图形效果如下右图所示。

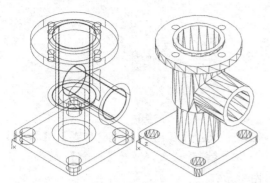

step 27 选择【工具】|【新建 UCS】|【原点】命令，将坐标系原点移动至(-65,40,92)处。

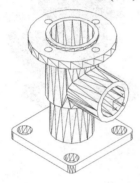

step 28 在【绘图】面板中单击【圆心,半径】按钮⊙，以原点(0,0,0)为圆心，绘制半径为 25 的圆。

step 29 在【绘图】面板中单击【圆心,半径】按钮⊙，以点(0,35)为圆心，绘制半径为 12 的圆，如下图所示。

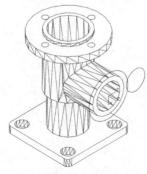

step 30 在【修改】面板中单击【镜像】按钮△，以(0,0)和(10,0)两点为镜像线，对半径为 12 的圆执行镜像复制。

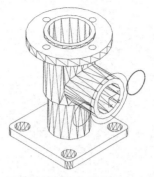

step 31 在【绘图】面板中单击【直线】按钮╱，在命令行提示下，通过捕捉切点，将半径分别为 25 和 12 的圆连接起来。

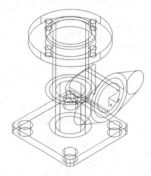

step 32 在【绘图】面板中单击【修剪】按钮╱，对轮廓进行修剪处理，然后在【绘图】面板中单击【面域】按钮◎，将修剪后的线条转换为面域。

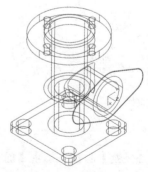

step 33 在【建模】面板中单击【拉伸】按钮，分别指定点(0,0,0)和(0,0,-8)，将创建的面域沿 Z 轴负方向拉伸 8 个单位。

step 34 选择【视图】|【消隐】命令，消隐图形，效果如下图所示。

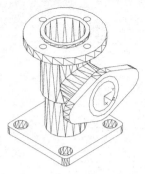

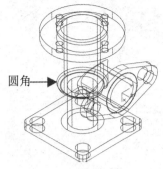

圆角——→

step 35 在【建模】面板中单击【圆柱体】按
钮◎，以(0,35,0)和(0,-35,0)为底面圆心，绘
制直径为 13，高为-8 的圆柱体。

step 38 选择【视图】|【视觉样式】|【概念】
命令，将视觉样式修改为【概念】，效果如下
图所示。

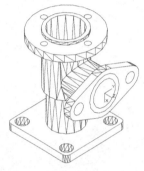

step 36 在【实体编辑】面板中单击【实体，
差集】按钮⑩，用步骤 32 拉伸的实体，减
去直径为 13 和 30 的圆柱体。

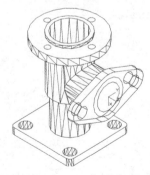

step 37 在【修改】面板中单击【圆角】按钮
◻，对圆柱体的边进行圆角处理，圆角半径
为 3，如下图所示。

第11章

编辑三维图形

在 AutoCAD 中，通过使用三维操作命令和实体编辑命令，用户可以对三维对象进行移动、复制、镜像、旋转、对齐、阵列以及对实体进行布尔运算，编辑面、边和体等操作。在对三维图形进行操作时，为了使对象更加清晰，可以消除图形中的隐藏线来观察其效果。此外，本章还将通过具体实例介绍三维对象的尺寸标注方法。

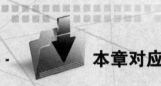 **本章对应视频**

例 11-1 三维旋转
例 11-2 三维镜像
例 11-3 三维矩形阵列
例 11-4 三维环形阵列
例 11-5 三维对齐
例 11-6 剖切实体
例 11-7 对实体修倒角和圆角

例 11-8 分解三维对象
例 11-9 标注三维对象
例 11-10 绘制餐桌实体模型
例 11-11 绘制杯子实体模型
例 11-12 绘制三维带轮模型
例 11-13 绘制锥齿轮模型

11.1 编辑三维对象

在二维图形编辑中的许多修改命令，如移动、复制、删除等，同样适用于三维对象。另外，用户可以在菜单栏中选择【修改】|【三维操作】菜单中的子命令，对三维空间中的对象进行三维阵列、三维镜像、三维旋转以及对齐位置等操作。

11.1.1 三维移动

移动三维模型指的是调整模型在三维空间中的位置，其操作方法与在二维空间中移动对象类似，区别在于前者是在三维空间中进行操作，而后者则是在二维空间中操作。

三维移动命令主要有以下几种调用方法。

➤ 选择【修改】|【三维操作】|【三维移动】命令。

➤ 在命令行中执行 3DMOVE 命令。

➤ 选择【常用】选项卡，在【修改】面板中单击【三维移动】按钮⊕。

执行【三维移动】命令时，命令行显示如下提示信息。

指定基点或 [位移(D)] <位移>:

默认情况下，当指定一个基点后，再指定第二点，即可以第一点为基点，以第二点和第一点之间的距离为位移，移动三维对象。如果选择【位移】选项，则可以直接移动三维对象。

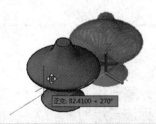

11.1.2 三维旋转

在 AutoCAD 中，用户可以通过以下几种方法旋转三维实体。使对象绕三维空间中的任意轴(X 轴、Y 轴或 Z 轴)、视图、对象或两点旋转。

➤ 选择【修改】|【三维操作】|【三维旋转】命令。

➤ 在命令行中执行 3DROTATE 命令。

➤ 选择【常用】选项卡，在【修改】面板中单击【三维旋转】按钮⊛。

【例 11-1】在 AutoCAD 将如下图所示的图形绕 X 轴旋转 90°，然后再绕 Z 轴旋转 45°。

🎬 视频+素材 (素材文件\第 11 章\例 11-1)

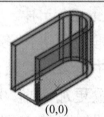

(0,0)

step 1 选择【常用】选项卡，然后在【修改】面板中单击【三维旋转】按钮⊛，最后在【选择对象:】提示下选择需要旋转的对象。

step 2 在命令行的【指定基点:】提示信息下，确定旋转的基点(0,0)。

step 3 此时，在绘图窗口中出现一个球形坐标，红色代表 X 轴，绿色代表 Y 轴，蓝色代表 Z 轴，单击【红色环型线】确认绕 X 轴旋转。

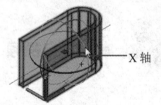

X轴

step 4 在命令行的提示信息下输入 90，并按 Enter 键，此时图形将绕 X 轴旋转 90°。

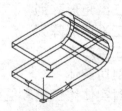

step 5 使用同样的方法，将图形绕 Z 轴旋转 45°，效果如下图所示。

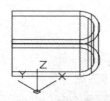

11.1.3　三维镜像

在 AutoCAD 中，用户可以通过以下几种方法镜像三维实体(在三维空间中将指定对象相对于某一平面镜像)。

▶ 选择【修改】|【三维操作】|【三维镜像】命令。

▶ 在命令行中执行 MIRROR3D 命令。

▶ 选择【常用】选项卡，在【修改】面板中单击【三维镜像】按钮%。

执行三维镜像命令，并选择需要进行镜像的对象，然后指定镜像面。镜像面可以通过 3 点确定，也可以通过对象、最近定义的面、Z 轴、视图、XY 平面、YZ 平面和 ZX 平面确定。

【例 11-2】使用三维镜像功能对图形进行镜像复制。

🔵视频+素材　(素材文件\第 11 章\例 11-2)

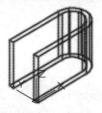

step❶ 选择【常用】选项卡，然后在【修改】面板中单击【三维镜像】按钮%，并选择如上图所示的图形。

step❷ 在命令行的【指定镜像平面 (三点) 的第一个点或[对象(O)/最近的(L)/Z 轴(Z)/视图(V)/XY 平面(XY)/YZ 平面(YZ)/ZX 平面(ZX)/三点(3)] <三点>:】提示信息下，输入 XY，以 XY 平面作为镜像面。

step❸ 在命令行的【指定 XY 平面上的点 <0,0,0>:】提示信息下，指定 XY 平面经过的点(100,0,0)。

step❹ 在命令行的【是否删除源对象? [是 (Y)/否(N)]:】提示信息下，输入 N，表示镜

像的同时不删除源对象。实体的三维镜像效果如下图所示。

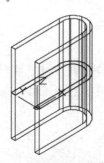

11.1.4　三维阵列

三维阵列命令与二维阵列命令类似，都可以将图形对象进行矩形阵列或环形阵列复制操作，对图形对象进行阵列复制时，使用三维阵列命令可在三维空间中快速创建指定对象的多个副本，并按指定的形式排列，通常用于大量通用性模型的复制。

三维阵列命令的调用方法主要有以下两种。

▶ 选择【修改】|【三维操作】|【三维阵列】命令。

▶ 在命令行中执行 3DARRAY 命令。

1. 矩形阵列

执行【三维阵列】命令后，在命令行的【输入阵列类型[矩形(R)/环形(P)]<矩形>:】提示信息下，选择【矩形】选项或者直接按 Enter 键，即可以矩形阵列方式复制对象。此时需要依次指定阵列的行数、列数、阵列的层数、行间距、列间距及层间距。

其中，矩形阵列的行、列、层分别沿着当前 UCS 的 X 轴、Y 轴和 Z 轴的方向。输入某方向的间距值为正值时，表示将沿相应坐标轴的正方向阵列，否则沿反方向阵列。

【例 11-3】使用三维阵列的矩形选项，对"底板"图形文件中的圆柱体执行三维阵列操作。

🔵视频+素材　(素材文件\第 11 章\例 11-3)

step❶ 打开下图所示的图形后，在命令行中输入 3DARRAY 命令，按下 Enter 键。

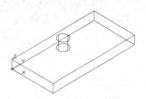

step 2 在命令行提示【选择对象:】下，选中圆柱体，按下 Enter 键。

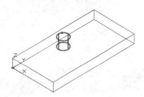

step 3 在命令行提示【输入阵列类型[矩形(R)/环形(P)]<矩形>:】下输入 R，然后按下 Enter 键。

step 4 在命令行提示【输入行数(---)<1>:】下，输入 2，然后按下 Enter 键。

step 5 在命令行提示【输入列数(|||)<1>:】下，输入 2，然后按下 Enter 键。

step 6 在命令行提示【输入层数(...)<1>:】下，输入 1，然后按下 Enter 键。

step 7 在命令行提示【指定行间距(---):】下输入 160，然后按下 Enter 键。

step 8 在命令行提示【指定列间距(|||):】下输入 160，然后按下 Enter 键。此时，阵列效果将如下图所示。

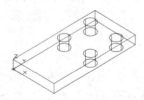

2. 环形阵列

在命令行的【输入阵列类型[矩形(R)/环形(P)]<矩形>:】提示信息下选择【环形(P)】选项，系统将依次提示：

➤ 选择对象：提示选取需要创建环形阵列的模型对象。

➤ 输入阵列中的项目数目：指定阵列项目的数量。

➤ 指定要填充的角度(+=逆时针，-=顺时针)<360>：指定环形阵列的填充角度。

➤ 旋转阵列对象?[是(Y)/否(N)]<Y>：确认是否要旋转阵列对象。

➤ 指定阵列的中心点：指定环形阵列的中线点坐标。

➤ 指定旋转轴上的第二点：指定环形阵列旋转轴上的第二点，确定旋转轴。

下面通过一个实例介绍具体的操作方法。

【例 11-4】使用三维环形阵列功能，对"垫片"图形文件中的圆柱体执行三维阵列操作。

🎬 视频+素材　(素材文件\第 11 章\例 11-4)

step 1 打开上图所示的图形后，在命令行中输入 3DARRAY 命令，按下 Enter 键。

step 2 在命令行提示【选择对象:】下，选中下图所示圆柱体为阵列对象，按下Enter键。

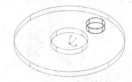

step 3 按下 Enter 键确认，在命令行提示【输入阵列类型[矩形(R)/环形(P)]<矩形>:】下，输入 P，使用【环形】选项。

step 4 在命令行提示【输入阵列中的项目数目:】下，输入 3，确定阵列项目数目。

step 5 按下 Enter 键，在命令行提示【指定要填充的角度(+=逆时针，-=顺时针)<360>:】下，输入 360。

step 6 按下 Enter 键，在命令行提示【旋转阵列对象?[是(Y)/否(N)]<Y>:】下，输入 Y，选择【是】选项。

step 7 按下 Enter 键，在命令行提示【指定阵列的中心点:】下捕捉下图中顶面圆心。

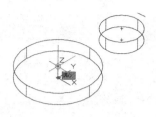

step 8 在命令行提示【指定旋转轴上的第二点:】下，捕捉下图所示的底面圆心。

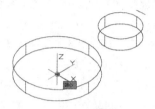

step 9 此时，即可创建下图所示的环形阵列。

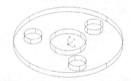

11.1.5　对齐位置

在 AutoCAD 中，用户可以通过以下几种方法对齐三维实体(即在二维或三维空间中将选定对象与其他对象对齐)。

▶ 选择【修改】|【三维操作】|【三维对齐】命令。

▶ 在命令行中执行 3DALIGN 命令。

▶ 选择【常用】选项卡，在【修改】面板中单击【三维对齐】按钮。

【例 11-5】使用【三维对齐】命令对齐实体。●视频

step 1 在命令行中输入 3DALIGN，按下 Enter 键。在命令行提示下选中棱锥体。

step 2 按下 Enter 键确认，在命令行提示下选中棱锥体上的 A 点，指定基点。

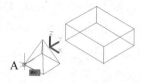

step 3 在命令行提示下选中棱锥体上的 B 点，指定第二点。

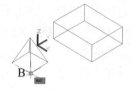

step 4 在命令行提示下选中棱锥体上的 C 点，指定第三点。

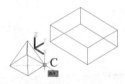

step 5 在命令行提示下依次选中长方体上的 D、E、F 点。

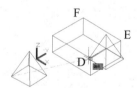

step 6 完成以上操作后，三维对齐后的棱锥体和长方体效果如下图所示。

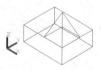

11.2　编辑三维实体

在 AutoCAD 的菜单栏中选择【修改】|【实体编辑】菜单中的子命令，或选择【常用】选项卡，在【实体编辑】面板中，单击实体编辑工具按钮，即可对三维实体进行编辑。

11.2.1　并集运算

在 AutoCAD 中执行以下命令，可以合并选定的三维实体，生成一个新实体。

▶ 选择【修改】|【实体编辑】|【并集】命令。

➤ 在命令行中执行 UNION 命令。

➤ 选择【常用】选项卡，然后在【实体编辑】面板中单击【实体，并集】按钮◎。

该命令主要用于将多个相交或相接触的对象组合在一起。当组合一些不相交的实体时，其显示效果将还是多个实体，但实际上却被当作一个合并的对象。在使用该命令时，只需要依次选择待合并的对象即可。

例如，对如下左图所示的两个长方体做并集运算，可在【功能区】选项板中选择【常用】选项卡，然后在【实体编辑】面板中单击【实体，并集】按钮◎，再分别选择两个长方体，按下 Enter 键，即可完成并集运算，效果如下右图所示。

11.2.2 差集运算

使用以下方法执行【差集】命令，可以从某实体中删除部分实体，从而得到一个新的实体。

➤ 选择【修改】|【实体编辑】|【差集】命令。

➤ 在命令行中执行 SUBTRACT 命令。

➤ 选择【常用】选项卡，然后在【实体编辑】面板中单击【实体，差集】按钮◎。

例如，若要从下左图所示的长方体 A 中减去长方体 B，可以在【功能区】选项板中选择【常用】选项卡，然后在【实体编辑】面板中单击【实体，差集】按钮◎，再单击长方体 A，将其作为被减实体，按 Enter 键，最后单击长方体 B 后按 Enter 键确认，即可完成差集运算，效果如下右图所示。

11.2.3 交集运算

使用以下方法执行【交集】命令，可以利用各实体的公共部分创建新实体。

➤ 选择【修改】|【实体编辑】|【交集】命令。

➤ 在命令行中执行 INTERSECT 命令。

➤ 选择【常用】选项卡，然后在【实体编辑】面板中单击【实体，交集】按钮◎。

例如，若要对下左图所示的两个长方体求交集。可以在【功能区】选项板中选择【常用】选项卡，然后在【实体编辑】面板中单击【交集】按钮◎，再单击所有需要求交集的长方体，按 Enter 键，即可完成交集运算，效果如下右图所示。

11.2.4 干涉检查

执行【干涉检查】命令对对象进行干涉运算的主要方法有以下几个。

➤ 选择【修改】|【三维操作】|【干涉检查】命令。

➤ 在命令行中执行 INTERFERE 命令。

➤ 选择【常用】选项卡，然后在【实体编辑】面板中单击【干涉】按钮◎。

干涉检查通过从两个或多个实体的公共体创建临时组合三维实体，用于亮显重叠的三维实体。如果定义了单个选择集，干涉检查将对比检查选择集中的全部实体。如果定义了两个选择集，干涉检查将对比检查第一个选择集中的实体与第二个选择集中的实体。如果在两个选择集中都包括了同一个三维实体，干涉检查将该三维实体视为第一个选择集中的一部分，而在第二个选择集中忽略该三维实体。

在【功能区】选项板中选择【常用】选项卡，然后在【实体编辑】面板中单击【干涉】按钮 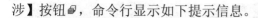，命令行显示如下提示信息。

选择第一组对象或 [嵌套选择(N)/设置(S)]:

　　默认情况下，选择第一组对象后，按
Enter 键，命令行将显示【选择第二组对象或
[嵌套选择(N)/检查第一组(K)] <检查>:】提
示信息，此时按 Enter 键，将打开【干涉检
查】对话框。

　　【干涉检查】对话框能够使用户在干涉对
象之间循环并缩放干涉对象，也可以指定关
闭对话框时是否删除干涉对象。其中，在【干
涉对象】选项区域中，显示执行【干涉检查】
命令时选中的每组对象的数目及在其间找到
的干涉数目；在【亮显】选项区域中，单击
【上一个】和【下一个】按钮，可以在循环选
取对象时亮显干涉对象；可以选中【缩放对】
复选框缩放干涉对象；单击【实时缩放】、【实
时平移】和【三维动态观测器】按钮，可以
关闭【干涉检查】对话框，并分别启动【实
时缩放】、【实时平移】和【三维动态观测器】，
进行缩放、移动和观察干涉对象。

11.3　编辑三维实体的边

　　在 AutoCAD 的【功能区】选项板中选择【常用】选项卡，然后在【实体编辑】面板中
单击相关按钮，或在菜单栏中选择【修改】|【实体编辑】子菜单中的命令，即可编辑实体的
边，如提取边、复制边、着色边等。

11.3.1　提取边

　　执行【提取边】命令可以通过在三维实
体或曲面中提取边创建线框几何体。其主要
执行方法有以下几种。

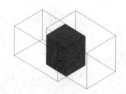

　　在命令行的【选择第一组对象或 [嵌套
选择(N)/设置(S)]:】提示信息下，选择【设置
(S)】选项，将打开【干涉设置】对话框。

　　【干涉设置】对话框用于控制干涉对象的
显示。其中，【干涉对象】选项区域用于指定
干涉对象的视觉样式和颜色，表示是亮显实
体的干涉对象，还是亮显从干涉点对中创建
的干涉对象；【视口】选项区域则用于指定检
查干涉时的视觉样式。

　　例如，对两个长方体求干涉集后，在绘
图窗口显示的干涉对象如下图所示。

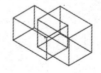

　　▶ 选择【修改】|【三维操作】|【提取
边】命令。

　　▶ 在命令行中执行 XEDGES 命令。

　　▶ 选择【常用】选项卡，然后在【实体
编辑】面板中单击【提取边】按钮。

例如，若要提取下左图所示长方体中的边。可以在【功能区】选项板中选择【常用】选项卡，然后在【实体编辑】面板中单击【提取边】按钮，最后选择长方体，按 Enter 键即可。下右图所示为提取出的一条边。

11.3.2　压印边

执行【压印边】命令，可将对象压印到选定的实体上。其主要执行方法有以下几种。

> 选择【修改】|【实体编辑】|【压印】命令。

> 在命令行中执行 IMPRINT 命令。

> 选择【常用】选项卡，然后在【实体编辑】面板中单击【压印】按钮。

例如，若要在长方体上压印圆，可以在【功能区】选项板中选择【常用】选项卡，然后在【实体编辑】面板中单击【压印】按钮，选择长方体作为三维实体，再选择圆作为需要压印的对象。若要删除压印对象，可以在命令行【是否删除源对象 [是(Y)/否(N)]<N>:】提示信息下输入 Y，然后连续按 Enter 键即可，效果如下图所示。

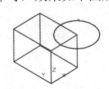

为了使压印操作成功，被压印的对象必须与选定对象的一个或多个面相交。压印对象仅限于圆弧、圆、直线、二维和三维多段线、椭圆、样条曲线、面域、体和三维实体对象。

11.3.3　着色边

执行【着色边】命令可以着色实体的边。其主要执行方法有以下两种。

> 选择【修改】|【实体编辑】|【着色边】命令。

> 选择【常用】选项卡，然后在【实体编辑】面板中单击【着色边】按钮。

用户在执行着色边命令时，选定边后，将弹出【选择颜色】对话框，在其中可以选择用于着色边的颜色。

11.3.4　复制边

执行【复制边】命令，可以将三维实体边复制为直线、圆弧、圆、椭圆或样条曲线，如下图所示。

 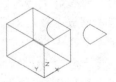

执行【复制边】命令的主要方法有以下两种。

> 选择【修改】|【实体编辑】|【复制边】命令。

> 选择【常用】选项卡，然后在【实体编辑】面板中单击【复制边】按钮。

11.4　编辑三维实体的面

在 AutoCAD 的【功能区】选项板中选择【常用】选项卡，然后在【实体编辑】面板中单击相关按钮，或在菜单栏中选择【修改】|【实体编辑】子菜单中的命令，即可对实体面进

行拉伸、移动、偏移、删除、旋转、倾斜、着色和复制等操作。

11.4.1　拉伸面

执行【拉伸面】命令，可按指定的长度或沿指定的路径拉伸实体面。其主要的执行方法有以下两种。

➢ 选择【修改】|【实体编辑】|【拉伸面】命令。

➢ 选择【常用】选项卡，然后在【实体编辑】面板中单击【拉伸面】按钮。

例如，若要将下左图所示图形中 A 处的面拉伸 40 个单位，可以在【常用】选项卡的【实体编辑】面板中，单击【拉伸面】按钮，并单击 A 处所在的面，然后在命令行的提示信息下输入拉伸高度为 20，其效果如下右图所示。

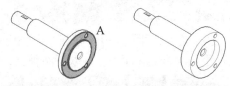

11.4.2　移动面

执行【移动面】命令，可按指定的距离移动实体的指定面。其主要执行方法有以下两种。

➢ 选择【修改】|【实体编辑】|【移动面】命令。

➢ 选择【常用】选项卡，然后在【实体编辑】面板中单击【移动面】按钮。

例如，将如下左图所示对象中点 A 处的面进行移动，指定位移的基点为(0,0,0)，位移的第 2 点为(0,20,0)，移动后的效果如下右图所示。

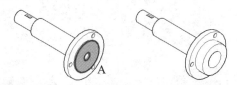

11.4.3　偏移面

在 AutoCAD 中通过以下两种方法执行【偏移面】命令，即可等距离偏移实体的指定面。

➢ 选择【修改】|【实体编辑】|【偏移面】命令。

➢ 选择【常用】选项卡，然后在【实体编辑】面板中单击【偏移面】按钮。

例如，将下左图所示对象中点 A 处的面进行偏移，并指定偏移距离为 40，偏移的效果如下右图所示。

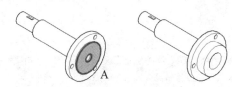

11.4.4　删除面

执行【移动面】命令，可以删除实体上指定的面。其主要执行方法有以下两种。

➢ 选择【修改】|【实体编辑】|【删除面】命令。

➢ 选择【常用】选项卡，然后在【实体编辑】面板中单击【删除面】按钮。

例如，若要删除下左图所示图形中 A 处的面，可选择【常用】选项卡，然后在【实体编辑】面板中单击【删除】按钮，并单击 A 处所在的面，最后按 Enter 键即可，效果如下右图所示。

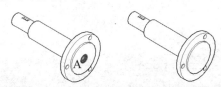

11.4.5　旋转面

执行【旋转面】命令，可以绕指定轴旋转实体的面。其主要执行方法有以下两种。

➢ 选择【修改】|【实体编辑】|【旋转面】命令。

➢ 选择【常用】选项卡，然后在【实体编辑】面板中单击【旋转面】按钮。

例如，若要将下左图中 A 处的面绕 X 轴旋转 45°，可以在【功能区】选项板中选择

【常用】选项卡，然后在【实体编辑】面板中单击【旋转面】按钮，并单击点 A 处的面作为旋转面，指定轴为 X 轴，旋转原点的坐标为(0,0,0)，旋转角度位 45°，则旋转后的效果如下右图所示。

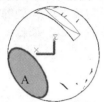

11.4.6 着色面

执行【着色面】命令，可以修改实体上单个面的颜色。其主要执行方法有以下两种。

➤ 选择【修改】|【实体编辑】|【着色面】命令。

➤ 选择【常用】选项卡，然后在【实体编辑】面板中单击【着色面】按钮。

当执行着色面命令时，在绘图窗口中选择需要着色的面，然后按 Enter 键将打开【选择颜色】对话框。在颜色调色板中可以选择需要的颜色，最后单击【确定】按钮即可。

当为实体的面着色后，可以选择【视图】|【渲染】|【渲染】命令，渲染图形，以观察其着色效果，如下右图所示。

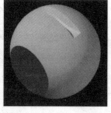

11.4.7 倾斜面

执行【倾斜面】命令，可以将实体面倾斜为指定角度。其主要执行方法有以下两种。

➤ 选择【修改】|【实体编辑】|【倾斜面】命令。

➤ 选择【常用】选项卡，然后在【实体编辑】面板中单击【倾斜面】按钮。

例如，将下左图中 A 处的面以(0,0,0)为基点，以(0,10,0)为沿倾斜轴上的一点，倾斜角度为‑45°，倾斜面后的效果如下右图所示。

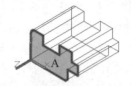
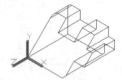

11.4.8 复制面

执行【复制面】命令，可以复制指定的实体面。其主要执行方法有以下两种。

➤ 选择【修改】|【实体编辑】|【复制面】命令。

➤ 选择【常用】选项卡，然后在【实体编辑】面板中单击【复制面】按钮。

例如，若要复制下左图中的面，可以在【功能区】选项板中选择【常用】选项卡，然后在【实体编辑】面板中单击【复制面】按钮，并单击需要复制的面，最后指定位移的基点和位移的第 2 点，按下 Enter 键即可，效果如下右图所示。

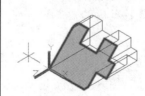
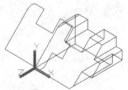

11.5 分割、清除、抽壳和检查三维实体

在 AutoCAD 的【功能区】选项板中选择【常用】选项卡，使用【实体编辑】面板中的清除、分割、抽壳和检查工具，或在菜单栏中选择【修改】|【实体编辑】子菜单中的相关命令，即可对实体进行清除、分割、抽壳和检查操作。

11.5.1 分割

执行【分割】命令，可以将不相连的三维实体对象分割成独立的三维实体对象。其主要执行方法有以下两种。

➤ 选择【修改】|【实体编辑】|【分割】命令。

➤ 选择【常用】选项卡，然后在【实体编辑】面板中单击【分割】按钮🔲。

例如，使用【分割】命令，分割如下图所示的三维实体。

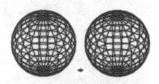

得到的效果将如下图所示。

11.5.2 清除

执行【清除】命令，可以删除共享边以及那些在边或顶点具有相同表面或曲线定义的顶点。还可以删除所有多余的边、顶点以及不使用的几何图形，但不能删除压印的边。其主要执行方法有以下两种。

➤ 选择【修改】|【实体编辑】|【清除】命令。

➤ 选择【常用】选项卡，然后在【实体编辑】面板中单击【清除】按钮🔲。

例如，使用【清除】命令，清除左图所示的三维实体，得到的效果将如右图所示。

11.5.3 抽壳

执行【抽壳】命令，可使用指定的厚度创建一个空的薄层。其具体执行方法有以下两种。

➤ 选择【修改】|【实体编辑】|【抽壳】命令。

➤ 选择【常用】选项卡，然后在【实体编辑】面板中单击【抽壳】按钮🔲。

使用【抽壳】命令进行抽壳操作时，若输入抽壳偏移距离的值为正值，表示从圆周外开始抽壳；指定为负值，表示从圆周内开始抽壳。例如，使用【抽壳】命令，对如下左图所示的三维实体抽壳后，效果如下右图所示。

实体抽壳前　　　　　实体抽壳后

11.5.4 检查

执行【检查】命令，可以检查选中的三维对象是否为有效的实体。其主要执行方法有以下两种。

➤ 选择【修改】|【实体编辑】|【检查】命令。

➤ 选择【常用】选项卡，然后在【实体编辑】面板中单击【检查】按钮🔲。

11.6 剖切实体

在 AutoCAD 的【功能区】选项板中选择【常用】选项卡，然后在【实体编辑】面板中单击【剖切】按钮，或在菜单栏中选择【修改】|【三维操作】|【剖切】命令(SLICE)，即可剖切现有实体并创建新实体。

使用剖切平面的对象可以是曲面、圆、椭圆、圆弧或椭圆弧、二维样条曲线和二维多段线线段。在剖切实体时，可以保留剖切实体的一半或全部。剖切实体不保留创建其原始形式的历史记录，仅保留原实体的图层和颜色特性。

剖切实体的默认方法是指定两个点定义垂直于当前 UCS 的剪切平面，然后选择需要保留的部分。也可以通过指定 3 个点，使用曲面、其他对象、当前视图、Z 轴，或者 XY 平面、YZ 平面或 ZX 平面定义剪切平面。

【例 11-6】执行【剖切】命令编辑下图所示的实体。

视频+素材 (素材文件\第 11 章\例 11-6)

step 1 打开图形文件后，在命令行中输入 SLICE 命令，按下 Enter 键。

step 2 在命令行提示下，选择所有图形为剖切对象。

step 3 按下 Enter 键确认，捕捉右上方的中点点 A 为第一切点。

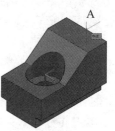

step 4 捕捉实体中象限点 B 点为第二切点。

step 5 捕捉左下角中点 C 为第三切点。在所需保留的实体上单击，剖切三维实体效果如下右图所示。

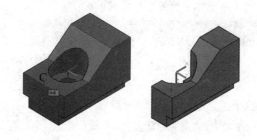

11.7 加厚实体

在 AutoCAD 的【功能区】选项板中选择【常用】选项卡，然后在【实体编辑】面板中单击【加厚】按钮，或在菜单栏中选择【修改】|【三维操作】|【加厚】命令(THICKEN)，即可通过加厚曲面从任何曲面类型创建三维实体。

例如，使用【加厚】命令，将长方形曲面加厚 50 个单位的操作方法如下。

step 1 打开图形后，在命令行中输入 THICKEN，然后按下 Enter 键。

step 2 在命令行提示下选中方形平面，然后按下 Enter 键。

step 3 在命令行【指定厚度<0.0000>】下输入 50，按下 Enter 键即可加厚实体。

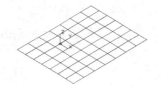

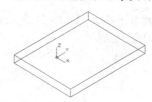

11.8　转换为实体和曲面

在 AutoCAD 中创建三维实体后，用户既可以将创建的实体转换为曲面，也可以将曲面转换为实体。

11.8.1　转换为实体

执行【转换为实体】命令的主要方法有以下几种。

> 选择【修改】|【三维操作】|【转换为实体】命令。
> 在命令行中执行CONVTOSOLID命令。
> 选择【常用】选项卡，然后在【实体编辑】面板中单击【转换为实体】按钮🖥。

执行以上命令，可以将具有厚度的统一宽度的宽多段线，闭合的或具有厚度的零宽度多段线，具有厚度的圆转换为实体。

step① 在【常用】选项卡的【实体编辑】面板中单击【转换为实体】按钮🖥。

step② 在命令行提示下，选中网格对象，如下左图所示。

step③ 按下 Enter 键确认，即可将曲面转换为实体，效果如下右图所示。

11.8.2　转换为曲面

执行【转换为曲面】命令的主要方法有以下几种。

> 选择【修改】|【三维操作】|【转换为曲面】命令。
> 在命令行中执行 CONVTOSURFACE 命令。
> 选择【常用】选项卡，然后在【实体编辑】面板中单击【转换为曲面】按钮🖥。

执行以上命令，可将二维实体、面域、开放的或具有厚度的零宽度多段线、具有厚度的直线、具有厚度的圆弧以及三维平面转换为曲面。

step① 在【常用】选项卡的【实体编辑】面板中单击【转换为曲面】按钮🖥。

step② 在命令行提示下，选中下左图所示的实体对象。

step③ 按下 Enter 键确认，即可将实体转换为曲面，效果如下右图所示。

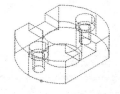
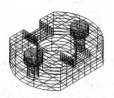

11.9　对实体修倒角和圆角

在 AutoCAD 的【功能区】选项板中选择【常用】选项卡，然后在【修改】面板中单击【倒角】按钮◁，或在菜单栏中选择【修改】|【倒角】命令(CHAMFER)，即可对实体的棱边修倒角，从而在两相邻曲面间生成一个平坦的过渡面。

【例 11-7】对图形修倒角和圆角。
🔘视频+素材（素材文件\第 11 章\例 11-7）

step① 在【功能区】选项板中选择【常用】选项卡，然后在【修改】面板中单击【倒角】按钮◁，再在【选择第一条直线或 [放弃(U)/多段线(P)/距离(D)/角度(A)/修剪(T)/方式(E)/多个(M)]:】提示信息下，单击下图中 A 处作为待选择的边。

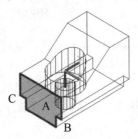

step 2 在命令行的【输入曲面选择选项 [下一个(N)/当前(OK)] <当前(OK)>:】提示信息下按 Enter 键，指定曲面为当前面。

step 3 在命令行的【指定基面的倒角距离:】提示信息下输入 5，指定基面的倒角距离为 5。

step 4 在命令行的【指定基面的倒角距离 <5.000>: 】提示信息下按 Enter 键，指定其他曲面的倒角距离也为 5。

step 5 在命令行的【选择边或 [环(L)]:】提示信息下，单击 A 处的棱边。

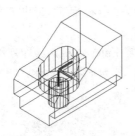

step 6 在【功能区】选项板中选择【常用】选项卡，然后在【修改】面板中单击【圆角】按钮⌂，再在命令行的【选择第一个对象或 [放弃(U)/多段线(P)/半径(R)/修剪(T)/多个(M)]:】提示信息下，单击 B 处的棱边。

step 7 在命令行的【输入圆角半径:】提示信息下输入 3，指定圆角半径，按 Enter 键。

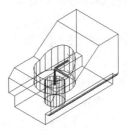

step 8 使用同样的方法，对 D 处的棱边修圆角，完成后的效果如下图所示。

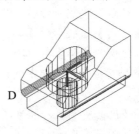

11.10 分解三维对象

在 AutoCAD 中创建的每个实体都是一个整体。若要对创建的实体中的某一个部分进行编辑操作，可以使用以下方法，将实体进行分解。

▶ 选择【修改】|【分解】命令。

▶ 在命令行中执行 EXPLODE 命令。

▶ 选择【常用】选项卡，然后在【修改】面板中单击【分解】按钮⌂。

【例 11-8】分解零件实体。

视频+素材 (素材文件\第 11 章\例 11-8)

step 1 打开图形文件后，在命令行中输入 EXPLODE 命令，按下 Enter 键。

step 2 在下图所示的命令行提示下，选中所有图形。

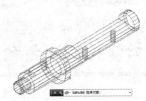

step 3 按下 Enter 键确认，即可分解三维实体，效果如下图所示。

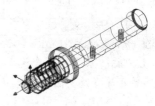

11.11　标注三维对象

在 AutoCAD 中，使用【标注】菜单中的命令或【标注】面板中的标注工具，不仅可以标注二维对象的尺寸，还可以标注三维对象的尺寸。由于尺寸标注都只能在当前坐标的 XY 平面中进行，因此为了准确标注三维对象中各个部分的尺寸，需要不断地变换坐标系。

【例 11-9】标注图形中长方体的长度、高度和宽度。

视频+素材 (素材文件\第 11 章\例 11-9)

step 1 在【功能区】选项板中选择【常用】选项卡，然后在【图层】面板中单击【图层特性】按钮，打开【图层特性管理器】选项板。新建一个【标注层】，并将该层设置为当前层。

step 2 在【功能区】选项板中选择【常用】选项卡，然后在【坐标】面板中单击【原点】按钮，将坐标系移动至下图所示的位置。

step 3 在【功能区】选项板中选择【注释】选项卡，然后在【标注】面板中单击【线性】按钮，标注长方体底面的长和宽。

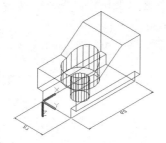

step 4 在【功能区】选项板中选择【常用】选项卡，然后在【坐标】面板中单击 Y 按钮，将坐标系绕 Y 轴旋转 90°。

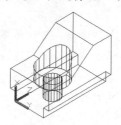

step 5 在【功能区】选项板中选择【注释】选项卡，然后在【标注】面板中单击【线性】按钮，标注长方体的高度。

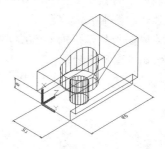

11.12　案例演练

本章的案例演练将通过实例介绍使用 AutoCAD 绘制与编辑餐桌和杯子实体模型的方法，用户可以通过练习巩固本章所学知识。

【例 11-10】绘制餐桌实体模型。

视频+素材 (素材文件\第 11 章\例 11-10)

step 1 新建一个图形文件，将视图切换为【西南等轴测】，然后在【常用】选项卡的【建模】面板中单击【长方体】按钮，在命令行提示下输入(0,0,0)。

step 2 按下 Enter 键确认，在命令行提示下输入(@600,1200)。

step 3 按下 Enter 键确认，在命令行提示下输入 50，绘制长方体。

step 4 在命令行中输入 F，按下 Enter 键，执行【圆角】命令，在命令行提示下选中长方体上的一条垂直边。

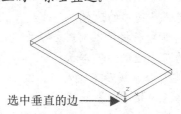

选中垂直的边 →

step 5 按下 Enter 键确认，在命令行提示下输入 50，设置圆角半径。

step 6 按下 Enter 键对长方体执行圆角操作。

step 7 重复以上操作，对长方体的其余三个角进行圆角处理。

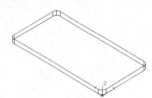

step 8 在命令行中输入 C，按下 Enter 键，执行【圆】命令，在命令行提示下输入 from。

step 9 按下 Enter 键，在命令行提示下捕捉长方体底面所示的圆心。

step 10 在命令行提示下输入((@100,100)，输入偏移距离，按下 Enter 键。

step 11 在命令行提示下输入 50，按下 Enter 键，绘制如下图所示的圆。

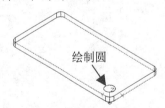

绘制圆

step 12 在命令行中输入 C，按下 Enter 键，执行【圆】命令，以半径为 50 的圆的圆心为圆心绘制一个半径为 30 的圆。

step 13 在命令行中输入 POLYGON 命令，按下 Enter 键，执行【正多边形】命令。

step 14 在命令行提示下输入 4，按下 Enter 键，指定正多边形的边数。

step 15 在命令行提示下捕捉半径为 30 的圆的圆心为正多边形的中心点。

step 16 在命令行提示下输入 I，按下 Enter 键，选择【内接于圆】选项。

step 17 在命令行中输入 50，按下 Enter 键，绘制下右图所示的正多边形。

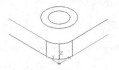
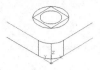

step 18 在命令行中输入 M，按下 Enter 键，执行【移动】命令。

step 19 在命令行提示下选中半径为 50 的圆。

step 20 按下 Enter 键确认，在命令行提示下选中圆的圆心为基点。

step 21 按下 Enter 键确认，在命令行提示下输入(0,0,-200)。

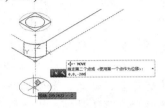

step 22 按下 Enter 键，将半径为 50 的圆向下移动 200 个单位。

step 23 重复以上操作，将半径为 30 的圆向下移动 650 个单位。

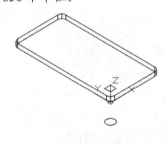

step 24 在【建模】面板中单击【放样】按钮，执行【放样】命令，分别选中半径为 30、50 的圆以及正四边形。

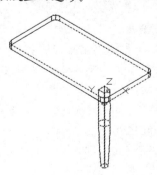

step㉕ 按下 Enter 键确认，在命令行提示下输入 S。

step㉖ 按下 Enter 键确认，打开【放样设置】对话框，选中【平滑拟合】单选按钮，单击【确定】按钮。

step㉗ 在命令行中输入 3DARRAY，按下 Enter 键，执行【三维阵列】命令。

step㉘ 在命令行提示下选中下图所示的放样图形。

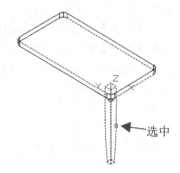

←选中

step㉙ 按下 Enter 键确认，在命令行提示下，输入 R，选择【矩形】阵列选项。

step㉚ 按下 Enter 键确认，在命令行提示下输入 2，指定阵列的行数。

step㉛ 按下 Enter 键确认，在命令行提示下输入 2，指定阵列的列数。

step㉜ 连续按下两次 Enter 键，在命令行提示下输入 900，指定阵列的行间距。

step㉝ 按下 Enter 键确认，在命令行提示下输入 300，指定阵列的列间距。

step㉞ 按下 Enter 键确认，即可创建如下图所示的餐桌模型。

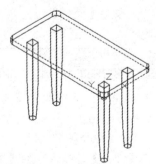

【例 11-11】绘制杯子实体模型。

视频+素材　(素材文件\第 11 章\例 11-11)

step① 新建一个图形文件，选择【视图】|【三维视图】|【西南等轴测】命令，将视图切换为【西南等轴测】。

step② 在命令行中输入 ELLIPSE，执行【椭圆】命令，然后按下 Enter 键，在命令行提示下输入 C，指定圆心中心点为(0,0)。

step③ 按下 Enter 键，在命令行提示下输入 0.5，指定椭圆图形的轴端点。

step④ 按下 Enter 键确认，在命令行提示下输入 1，指定椭圆另一长半轴长度。

step⑤ 按下 Enter 键确认，在命令行提示下输入 UCS。

step⑥ 按下 Enter 键，在命令行提示下输入 X。

step⑦ 按下 Enter 键确认，在命令行提示下输入 90，按下Enter键，将坐标系沿X轴旋转90°。

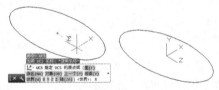

step⑧ 在命令行中输入 PLINE 命令，按下 Enter 键确认，执行多段线命令。

step⑨ 在命令行提示下输入(0,0)，按下 Enter 键，指定多段线起点。在命令行提示下输入(@-3,3)，指定多段线的下一点。

step⑩ 按下 Enter 键确认，在命令行提示下输入 A，选择【圆弧】选项。

step⑪ 按下 Enter 键确认，在命令行提示下输入 7，指定下一点的位置。

step⑫ 按下 Enter 键确认，在命令行提示下输入 3，指定一点位置。

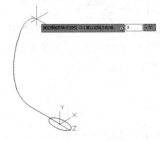

step⑬ 按下 Enter 键结束多段线的绘制。在命令行中输入 SWEEP 后，按下 Enter 键执行

【扫掠】命令。

step⑭ 在命令行提示下，依次单击绘图窗口中的椭圆和多段线，将绘制的椭圆沿着多段线路径进行扫掠。

step⑮ 在命令行中输入 UCS 后，按下 Enter 键确认。

step⑯ 在命令行提示下输入 X，按下 Enter 键。在命令行提示下输入-90，按下 Enter 键，将坐标系恢复到世界坐标系。

step⑰ 在命令行中输入 CYLINDER，按下 Enter 键确认，执行【圆柱体】命令。

step⑱ 在命令行提示下输入 2P，按下 Enter 键，选择【两点】选项。在命令行提示下，捕捉绘图窗口中如下图所示的象限点。

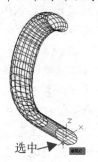

选中

step⑲ 在命令行提示下输入 15，按下 Enter 键，指定圆柱体的直径。

step⑳ 在命令行提示下输入 20，按下 Enter 键，指定圆柱体的高度，绘制圆柱体。

step㉑ 在命令行中输入 M，按下 Enter 键，执行【移动】命令，将扫掠后的实体对象沿着 Z 轴方向进行移动，距离为 5。

step㉒ 选择【常用】选项卡，在【实体编辑】面板中单击【并集】按钮⑩，执行【并集】命令，在绘图窗口中选择扫掠生成的实体和圆柱体，将其进行并集运算。

step㉓ 在命令行中输入 CYLINDER 后，按下 Enter 键，执行【圆柱体】命令，以组合体的顶面圆形为圆柱体底面圆形，绘制半径为 7，高度为-18 的圆柱体。

step㉔ 在【实体编辑】面板中单击【差集】按钮⑩，执行【差集】命令，在绘图窗口中将半径为 7 的圆柱体从经过并集运算后的组合体中减去，完成茶杯实体的绘制。

step㉕ 最后，选择【视图】|【视觉样式】|【概念】命令，使用【概念】视觉样式显示制作的三维实体。

【例 11-12】绘制三维带轮模型。

视频+素材 （素材文件\第 11 章\例 11-12）

step① 按下 Ctrl+N 组合键打开【选择样板】对话框，选择 acadiso.dwt 样板，单击【打开】按钮创建一个新的图形文件。

step② 选择【常用】选项卡，在【图层】面板中单击【图层特性】按钮，打开【图层特性管理器】选项板，创建一个名为"轮廓线"

的图层，并将该图层设置为当前图层。

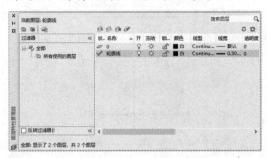

step ③ 选择【视图】|【三维视图】|【前视】命令，将视图模式设置为【前视】。

step ④ 执行【多段线】命令(PLINE)，在命令行提示下拾取绘图区域中任意一点为起点，根据命令行提示向上移动鼠标，在命令行提示下输入 10，并按下 Enter 键。

step ⑤ 在命令行提示下，向右移动鼠标，输入 3，并按下 Enter 键。

step ⑥ 在命令行提示下输入(@7<-60)，然后按下 Enter 键。

step ⑦ 在命令行提示下，向右移动鼠标，输入 4，并按下 Enter 键。

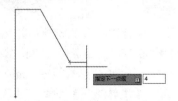

step ⑧ 在命令行提示下输入(@7<60)，按下 Enter 键。

step ⑨ 在命令行提示下，向右移动鼠标，输入 2，并按下 Enter 键。

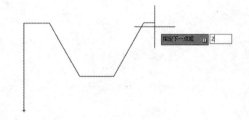

step ⑩ 重复执行以上操作，绘制效果如下图所示的多段线。

step ⑪ 执行【直线】命令(LINE)，捕捉上图所示的端点 O，绘制一条长度为 10 的直线。

step ⑫ 再次执行【直线】命令(LINE)，捕捉多段线的起点和直线的一端，然后执行【合并】命令，将绘制的图形合并。

step ⑬ 执行【偏移】命令(OFFEST)，将步骤 12 绘制的直线向下偏移 43 个单位，效果如下左图所示。

step ⑭ 重复执行【偏移】命令，将步骤 13 偏移得到的直线，分别向上偏移 5、10 个单位，效果如下右图所示。

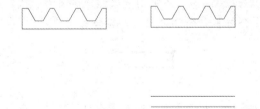

step ⑮ 执行【直线】命令(LINE)，拾取多段线上的点 A 为第一点，捕捉偏移直线上的 B 点为第二点，绘制直线。

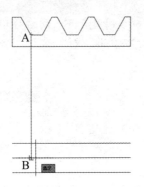

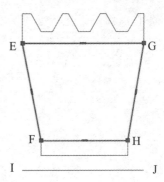

step 16 使用同样的方法，再绘制一条直线，连接图形中的 C 点和 D 点。

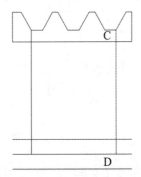

step 17 执行【修剪】命令(TRIM)，对多余的线条进行修剪。

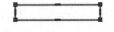

step 18 选择上图中由直线组成的矩形，执行【合并】命令(JOIN)，将其合并。

step 19 执行【多段线】命令(PLINE)，在命令行提示下，拾取图形中的 E、F、G、H 等点，绘制效果如下图所示的多段线。

step 20 在命令行中执行 REVOLVE 命令，根据命令行提示选择图形的内部轮廓、齿轮轮廓线。按下 Enter 键，根据命令行提示，选择水平直线的起点 I。按下 Enter 键，选择水平直线的终点 J。按下 Enter 键，然后根据命令行提示输入 360，并再次按下 Enter 键。

step 21 在命令行中执行 REVOLVE 命令，根据命令行提示，选中肋板，按下 Enter 键，根据命令行提示选择直线的起点和终点，根据命令行提示输入 30，按下 Enter 键，使图形效果如下左图所示。

step 22 选择【视图】|【视觉样式】|【概念】命令，图形的效果如下右图所示。

step 23 在命令行中执行 UCS 命令，在命令行提示下输入 Y，然后按下 Enter 键。在命令行提示下输入 90，然后按下 Enter 键。

step 24 执行【环形阵列】命令，拾取肋板，以中心直线的中点为旋转轴，将项目数量设置为 3，填充角度设置为 360，进行阵列。此时，完成图形的绘制，效果如下图所示。

【例 11-13】绘制锥齿轮模型。

视频+素材 (素材文件\第 11 章\例 11-13)

step 1 选择【视图】|【三维视图】|【前视】命令，将视图模式设置为【前视】。

step 2 执行【多段线】命令(PLINE)，在命令行提示下，任意选择一点为起点，向上移动鼠标，在命令行提示下输入 15。

step 3 按下 Enter 键，在命令行提示下输入(@-1,1)，按下 Enter 键，绘制效果如下左图所示的多段线。

step 4 再次执行【多段线】命令(PLINE)，以步骤 3 绘制的多段线的 A 点为起点，向右移动鼠标，输入 12，然后向上移动鼠标，输入 15。按下 Enter 键，向左移动鼠标，输入 2.5。按下 Enter 键，向上移动鼠标，输入 6。按下 Enter 键，输入(@-2,2)。按下 Enter 键，捕捉步骤 3 绘制的多段线的终点 B。

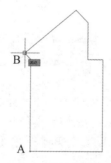

step 5 执行【合并】命令，选择绘制的两条多段线，将其合并。

step 6 选择【视图】|【三维视图】|【西南等轴测】命令，切换到西南等轴测视图。

step 7 在命令行中执行 REVOLVE 命令，然后在命令行提示下选择所有对象，按下 Enter 键，以最下面的线段为旋转轴，旋转 360°。

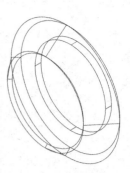

step 8 选择【视图】|【三维视图】|【前视】命令，将视图模式设置为【前视】。

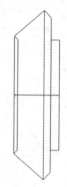

step 9 执行【直线】命令(LINE)，拾取图形中最左侧的圆上的端点，在命令行提示下输入(@-3,3)，绘制直线 C。

step 10 按下 Enter 键，重复执行【直线】命令，以图形最上方的点为起点，在命令行提示下输入(@-4,4)，绘制直线 D。

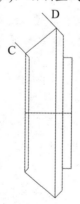

step 11 执行【直线】命令(LINE)，连接步骤 10 和步骤 9 绘制的直线的端点。

step 12 执行【合并】命令，将下图所示的 4 条直线合并。

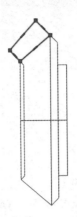

step ⑬ 在命令行中执行 REVOLVE 命令，在命令行提示下选择步骤12合并而来的图形，在命令行提示下选择水平中线为旋转轴(拾取圆心)。

step ⑭ 在命令行提示下输入 18，然后按下 Enter 键确认。

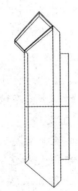

step ⑮ 选择【视图】|【三维视图】|【左视】命令，将视图模式设置为【左视】。

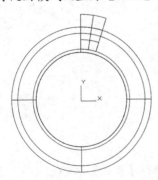

step ⑯ 执行【环形阵列】命令，在命令行提示下选择步骤 15 绘制的锯齿图形，按下 Enter 键。以圆心为中心点，根据命令行提示，输入 I，按下 Enter 键。输入 10，按下 Enter

键。输入 F，按下 Enter 键。输入 360，按下两次 Enter 键。对对象执行环形阵列，效果如下图所示。

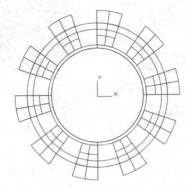

step ⑰ 执行【圆柱体】命令，以齿轮的中点为圆心，在命令行提示下输入 7，按下 Enter 键。在命令行提示下输入-12，按下 Enter 键，创建圆柱体。

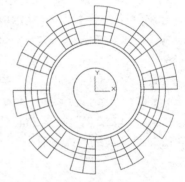

step ⑱ 在命令行中执行 SUBTRACT 命令，选择大齿轮对象，按下 Enter 键。在命令行提示下，选择步骤 17 绘制的圆柱体，按下 Enter 键执行【实体，差集】操作。

step ⑲ 切换【西南等轴测】和【概念】视觉样式，图形的效果如下图所示。

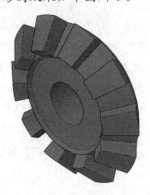

第 12 章

观察三维图形

　　使用三维观察工具，能够在图形中进行动态观察，为指定视图设置相机以及创建动画以便与其他用户共享设计。可以围绕三维模型进行动态观察、漫游和飞行，设置相机，创建预览动画以及录制运动路径动画，用户可以将其分发给其他人以从视觉上传达设计意图。

 **本章对应视频**

例 12-1　设置相机特性
例 12-2　创建运动路径动画
例 12-3　创建运动路径动画
例 12-4　使用相机观察三维模型

12.1 动态观察

在 AutoCAD 中，有 3 种动态观察工具，分别是受约束的动态观察、自由动态观察和连续动态观察。下面将逐一进行介绍。

12.1.1 受约束的动态观察

在当前视口中激活三维受约束的动态观察视图的方法有以下两种。

> 选择【视图】|【动态观察】|【受约束的动态观察】命令。

> 在命令行中执行 3DORBIT 命令。

当【受约束的动态观察】处于活动状态时，视图的目标将保持静止，而相机的位置(或视点)将围绕目标移动。虽然看起来好像三维模型正在随着光标的拖动而旋转。但是，用户可以使用该方式指定模型的任意视图。此时，显示三维动态观察光标图标。如果水平拖动光标，相机将平行于世界坐标系(WCS)的 XY 平面移动。如果垂直拖动光标，相机将沿 Z 轴移动。

12.1.2 自由动态观察

在当前视口中激活三维自由动态观察视图的方法有以下两种。

> 选择【视图】|【动态观察】|【自由动态观察】命令。

> 在命令行中执行 3DFORBIT 命令。

执行以上操作后，如果用户坐标系 UCS 图标为打开状态，则表示当前 UCS 的着色三维 UCS 图标显示在三维动态观察视图中。

三维自由动态观察视图将显示一个导航球，该导航球被更小的圆分成 4 个区域，如下图所示。

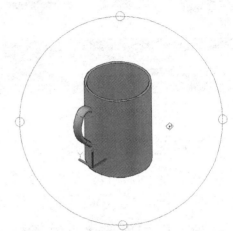

自动动态观察三维图形

12.1.3 连续动态观察

启用交互式三维视图并将对象设置为连续运动的方法有以下两种。

> 选择【视图】|【动态观察】|【连续动态观察】命令。

> 在命令行中执行 3DCORBIT 命令。

执行 3DCORBIT 命令，在绘图区域中单击并沿任意方向拖动，可以使对象沿正在拖动的方向开始移动。释放鼠标，对象在指定的方向上继续进行轨迹运动。光标移动设置的速度决定了对象的旋转速度。

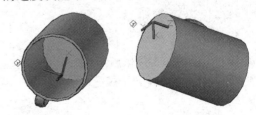

用户可以通过再次单击并拖动来改变连续动态观察的方向。在绘图区域中右击并从快捷菜单中选择相应的选项，也可以修改连续动态观察的显示。

12.2 使用相机

在 AutoCAD 中，用户可以通过在模型空间中放置相机的方法来定义三维视图，另外，用户还可根据需要调整相机的设置。

在图形中，可以通过放置相机定义三维视图；可以打开或关闭相机并使用夹点编辑相机的位置、目标或焦距；可以通过位置 XYZ 坐标，目标 XYZ 坐标和视野/焦距(用于确定倍率或缩放比例)定义相机。可以指定的相机属性如下。

➤ 位置：定义需要观察三维模型的起点。

➤ 目标：通过指定视图中心的坐标定义需要观察的点。

➤ 焦距：定义相机镜头的比例特性。焦距越大，视野越窄。

➤ 前向和后向剪裁平面：指定剪裁平面的位置。剪裁平面是定义(或剪裁)视图的边界。在相机视图中，将隐藏相机与前向剪裁平面之间的所有对象。同样也隐藏后向剪裁平面与目标之间的所有对象。

默认情况下，已保存相机的名称为 Camera1、Camera2 等。用户可以根据需要重命名相机以更好地描述相机视图。

12.2.1 创建相机

执行以下操作，可以设置相机和目标的位置，以创建并保存对象的三维透视图。

➤ 选择【视图】|【创建相机】命令。

➤ 在命令行中执行 CAMERA 命令。

通过定义相机的位置和目标，然后进一步定义其名称、高度、焦距和剪裁平面来创建新相机。执行【创建相机】命令时，当在图形中指定相机位置和目标位置后，命令行显示如下提示信息。

输入选项 [?/名称(N)/位置(LO)/高度(H)/目标(T)/镜头(LE)/剪裁(C)/视图(V)/退出(X)] <退出>：

在该命令提示下，可以指定是否显示当前已定义相机的列表、相机名称、相机位置、

相机高度、相机目标位置、相机焦距、剪裁平面以及设置当前视图以匹配相机设置。

12.2.2 修改相机特性

在图形中创建相机后，当选中相机时，将打开【相机预览】窗口。

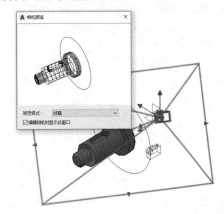

其中，预览窗口用于显示相机视图的预览效果。【视觉样式】下拉列表框用于指定应用于预览的视觉样式，如概念、三维隐藏、线框、真实等。【编辑相机时显示此窗口】复选框，用于指定编辑相机时，是否显示【相机预览】窗口。

在选中相机后，可以通过以下 3 种方式更改相机设置。

➤ 单击并拖动夹点，以调整焦距、视野大小，或重新设置相机的位置。

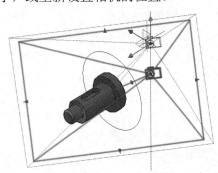

➤ 在动态输入工具栏中输入 X、Y、Z 坐标值。

➤ 打开【特性】选项板，使用【特性】选项板中的相应选项修改相机特性。

【例 12-1】使用相机观察图形。其中，设置相机的名称为 mycamera，相机位置为(0,200,0)，相机高度为 55，目标位置为(0,0,0)，焦距为 35mm。

（视频+素材）(素材文件\第 12 章\例 12-1)

step① 选择【视图】|【创建相机】命令(CAMERA)，然后在视图中通过添加相机来观察图形。

step② 在命令行的【指定相机位置:】提示信息下输入(0,200,0)，指定相机的位置。

step③ 在命令行的【指定目标位置:】提示信息下输入(0,0,0)，指定相机的目标位置。

step④ 在命令行的【输入选项 [?/名称(N)/位置(LO)/高度(H)/目标(T)/镜头(LE)/剪裁(C)/视图(V)/退出(X)] <退出>:】提示信息下输入 N，选择名称选项。

step⑤ 在命令行的【输入新相机的名称 <相机 1>:】提示信息下输入相机名称为 mycamera。

step⑥ 在命令行的【输入选项 [?/名称(N)/位置(LO)/高度(H)/目标(T)/镜头(LE)/剪裁(C)/视图(V)/退出(X)] <退出>:】提示信息下输入 H，选择高度选项。

step⑦ 在命令行的【指定相机高度 <0>:】提示信息下输入 55，指定相机的高度。

step⑧ 在命令行的【输入选项 [?/名称(N)/位置(LO)/高度(H)/目标(T)/镜头(LE)/剪裁(C)/视图(V)/退出(X)] <退出>:】提示信息下输入 LE，选择镜头选项。

step⑨ 在命令行的【以毫米为单位指定镜头长度 <50>:】提示信息下输入 35，指定镜头

的长度，单位为毫米。

step⑩ 在命令行的【输入选项 [?/名称(N)/位置(LO)/高度(H)/目标(T)/镜头(LE)/剪裁(C)/视图(V)/退出(X)] <退出>:】提示信息下按 Enter 键，完成操作。

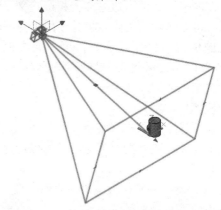

12.2.3 调整视距

在 AutoCAD 中，用户可以通过以下两种方法执行【调整视距】命令。

➤ 选择【视图】|【相机】|【调整视距】命令。

➤ 在命令行中执行 3DDISTANCE 命令。

执行以上操作后，可将光标更改为放大镜形状。单击并向屏幕顶部垂直拖动光标使相机靠近对象，可以使对象显示得更大。单击并向屏幕底部垂直拖动光标使相机远离对象，可以使对象显示得更小。

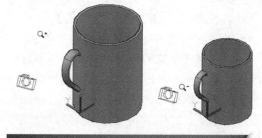

12.2.4 回旋

执行【回旋】命令的方法有以下两种。

➤ 选择【视图】|【相机】|【回旋】命令。

➤ 在命令行中执行 3DSWIVEL 命令。

此时，用户可以在拖动方向上模拟平移

相机。

或者沿 XY 平面或 Z 轴回旋视图。

12.3 运动路径动画

使用运动路径动画(如模型的三维动画穿越漫游)可以向用户形象地演示模型,还可以录制和回放导航过程,以动态方式传达设计意图。

12.3.1 控制相机运动路径动画

可以通过将相机及其目标链接至点或路径以控制相机运动,从而控制动画。若要使用运动路径创建动画,可以将相机及其目标链接至某个点或某条路径上。

如果需要相机保持原样,则将其链接至某个点。如果需要相机沿路径运动,则可将其链接至路径上。如果需要目标保持原样,则将其链接至某个点。如果需要目标移动,则将其链接至某条路径上。需要注意的是,无法将相机和目标链接至一个点。

如果需要使动画视图与相机路径一致,则应使用同一路径。在【运动路径动画】对话框中,将目标路径设置为【无】即可实现该目的。

12.3.2 设置运动路径动画参数

执行【运动路径动画】命令,设置运动路径动画参数的方法有以下两种。

➤ 选择【视图】|【运动路径动画】命令。
➤ 在命令行中执行 ANIPATH 命令。

执行以上操作后,将打开下图所示的【运动路径动画】对话框。

1. 相机

在【相机】选项区域中,可以设置将相机链接至图形中的静态点或运动路径。当选择【点】或【路径】单选按钮,可以单击【拾取】按钮,选择相机所在位置的点或沿相机运动的路径。此时,在下拉列表框中将显示可以链接相机的命名点或路径列表。

2. 目标

在【目标】选项区域中,可以设置将相机目标链接至点或路径。如果将相机链接至点,则必须将目标链接至路径。如果将相机链接至路径,则可以将目标链接至点或路径。

3. 动画设置

在【动画设置】选项区域中，可以控制动画文件的输出。

▶ 【帧率】文本框用于设置动画运行的速度，以每秒帧数为单位计量，指定范围为1~60，默认值为30。

▶ 【帧数】文本框用于指定动画中的总帧数，该值与帧率共同确定动画的长度，更改该数值时，将自动重新计算【持续时间】值。

▶ 【持续时间】文本框用于指定动画的持续时间。

▶ 【视觉样式】下拉列表框，显示可应用于动画文件的视觉样式和渲染预设的列表。

▶ 【格式】下拉列表框用于指定动画的文件格式，可以将动画保存为 AVI、MOV、MPG 或 WMV 文件格式，以便日后回放。

▶ 【分辨率】下拉列表框用于以屏幕显示单位定义生成的动画的宽度和高度，默认值为 320×240。

▶ 【角减速】复选框用于设置相机转弯时，以较低的速率移动相机。

▶ 【反向】复选框用于设置反转动画的方向。

4. 预览

在【运动路径动画】对话框中，选中【预览时显示相机预览】复选框，将显示【动画预览】窗口，从而可以在保存动画之前进行预览。单击【预览】按钮，将打开【动画预览】窗口。

在【动画预览】窗口中，可以预览使用运动路径或三维导航创建的运动路径动画。其中，通过【视觉样式】下拉列表框，可以指定【预览】区域中显示的视觉样式。

12.3.3 创建运动路径动画

认识并了解了运动路径动画的设置方法后，下面将通过一个具体实例介绍运动路径动画的创建方法。

【例 12-2】在图形上绘制一个圆，然后创建沿圆运动的动画效果。其中，目标位置为圆心，视觉样式为灰度，动画输出格式为 WMV。

🔵 视频+素材 (素材文件\第 12 章\例 12-2)

step 1 打开图形后，在某一位置(用户可以自己指定)创建一个圆，然后调整视图显示。

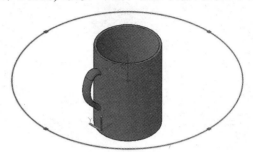

step 2 选择【视图】|【运动路径动画】命令(ANIPATH)，打开【运动路径动画】对话框。

step 3 在【相机】选项区域中选中【路径】单选按钮, 并单击【选择路径】按钮切换至绘图窗口。单击绘制的圆作为相机的运动路径，此时将打开【路径名称】对话框。保持默认名称，单击【确定】按钮，如下图所示。返回【运动路径动画】对话框。

step 4 在【目标】选项区域中选中【点】单选按钮, 并单击【拾取点】按钮。

step⑤　切换至绘图窗口。拾取绘制的圆的圆心作为相机的目标位置。

step⑥　此时，将打开【点名称】对话框。保持默认名称，单击【确定】按钮。返回【运动路径动画】对话框。

step⑦　在【动画设置】选项区域的【视觉样式】下拉列表框中选择【灰度】，然后在【格式】下拉列表框中选择 WMV。

step⑧　单击【确定】按钮，打开【另存为】对话框。保存动画文件名为wmv1.wmv。此时，即可以选择一个播放器来观看动画播放效果。

12.3.4　漫游与飞行

执行【漫游】命令的方法有以下两种。

▶　选择【视图】|【漫游和飞行】|【漫游】命令。

▶　在命令行中执行 3DWALK。

执行【漫游】命令可以交互式更改三维图形的视图，使用户就像在模型中漫游一样。

执行【飞行】命令的方法有以下两种：

▶　选择【视图】|【漫游和飞行】|【飞行】命令。

▶　在命令行中执行 3DFLY 命令。

执行【飞行】命令可以交互式更改三维图形的视图，使用户就像在模型中飞行一样。

穿越漫游模型时，将沿 XY 平面行进。飞越模型时，将不受 XY 平面的约束，所以看起来像在模型中的区域飞过。

用户可以使用一套标准的键盘和鼠标交互在图形中漫游和飞行。使用键盘上的 4 个箭头键或 W 键、A 键、S 键和 D 键进行向上、向下、向左或向右移动。若要在漫游模式和飞行模式之间切换，按 F 键即可实现。若要指定查看方向，只需沿查看的方向进行。漫游或飞行时将显示模型的俯视图。

在三维模型中漫游或飞行时，可以追踪用户在三维模型中的位置。当执行【漫游】或【飞行】命令时，打开的【定位器】选项板将显示模型的俯视图。位置指示器显示模型关系中用户的位置，而目标指示器则显示用户正在其中漫游或飞行的模型。在开始漫游模式或飞行模式之前或在模型中移动时，用户可以在【定位器】选项板中设置位置。

若要控制漫游和飞行设置，可以执行以下两种方法，打开【漫游和飞行设置】对话框。

▶　选择【视图】|【漫游和飞行】|【漫游和飞行设置】命令。

▶　在命令行中执行WALKFAYSETTINGS命令。

在【漫游和飞行设置】对话框的【设置】选项区域中，可以指定与【指令】窗口和【定位器】选项板相关的设置。其中，【进入漫游和飞行模式时】单选按钮用于指定每次进入漫游或飞行模式时均显示指令气泡。【每个任务显示一次】单选按钮用于指定当在每个 AutoCAD 任务中首次进入漫游或飞行模式时，显示指令气泡。【从不】单选按钮用于指定从不显示指令气泡。【显示定位器窗口】复选框用于指定进入漫游模式时是否打开【定位器】窗口。在【当前图形设置】选项区域中，可以指定与当前图形有关的漫游和飞行模式设置。其中，【漫游/飞行步长】文本框用于按照图形单位指定每步的大小。【每秒步数】文本框用于指定每秒发生的步数。

12.4 查看三维图形效果

在绘制三维图形时，为了能够使对象便于观察，不仅需要对视图进行缩放、平移，还需要隐藏其内部线条和改变实体表面的平滑度。

12.4.1 消隐图形

执行【消隐】命令的方法有以下两种。

➤ 选择【视图】|【消隐】命令。

➤ 在命令行中执行 HIDE 命令。

执行消隐操作之后，绘图窗口将暂时无法使用【缩放】和【平移】命令，直到在菜单栏中选择【视图】|【重生成】命令，重生成图形为止。

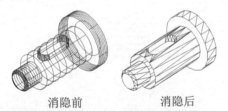

消隐前　　　　消隐后

12.4.2 改变三维图形曲面轮廓素线

当三维图形中包含弯曲面时(如球体和圆柱体等)，曲面在线框模式下将以线条的形式来显示，这些线条称为网线或轮廓素线。使用系统变量 ISOLINES 可以设置显示曲面所使用的网线条数，默认值为 4，即使用 4 条网线来表达每一个曲面。该值为 0 时，表示曲面没有网线，如果增加网线的条数，则会使图形看起来更接近三维实物。

ISOLINES=10　　　　ISOLINES=30

12.4.3 以线框形式显示实体轮廓

使用系统变量 DISPSILH 可以以线框形式显示实体轮廓。此时，需要将其值设置为 1，并使用【消隐】命令，隐藏曲面的小平面。

DISPSILH=0　　　　DISPSILH=1

12.4.4 改变实体表面的平滑度

若要改变实体表面的平滑度，可以通过修改系统变量 FACETRES 来实现。该变量用于设置曲面的面数，取值范围为 0.01~10。其值越大，曲面越平滑。

FACETRES=0　　　　FACETRES=1

如果 DISPSILH 变量值为 1，那么在执行【消隐】、【渲染】命令时并不能显示 FACETRES 的设置效果，此时必须将 DISPSILH 值设置为 0。

12.5　视觉样式

在【功能区】选项板中选择【视图】选项卡，然后在【视觉样式】面板中选择【视觉样式】下拉列表框中的视觉样式；或在菜单栏中选择【视图】|【视觉样式】子菜单中的命令，即可对视图应用视觉样式。

12.5.1　应用视觉样式

视觉样式是一组设置，用于控制视口中边和着色的显示。如果应用了视觉样式或更改了其设置，就可以在视口中查看效果。在 AutoCAD 中，有以下 6 种默认的视觉样式，各种视觉样式的功能说明如下。

➤ 二维线框：显示使用直线和曲线表示边界的对象。光栅和 OLE 对象、线型和线宽均可见。

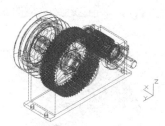

➤ 线框：显示使用直线和曲线表示边界的对象。

➤ 消隐：显示使用三维线框表示的对象并隐藏表示后向面的直线。

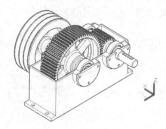

➤ 真实：显示着色多边形平面间的对象，并使对象的边平滑化。将显示已附着到对象的材质。

➤ 概念：显示着色多边形平面间的对象，并使对象的边平滑化。着色使用古氏面样式，是一种冷色和暖色之间的过渡，而不是从深色至浅色的过渡。虽然效果缺乏真实感，但是可以更方便地查看模型的细节。

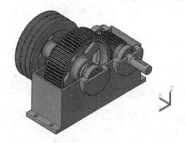

➤ 着色：在着色视觉样式中来回移动模型时，跟随视点的两个平行光源将会照亮面。该默认光源被设计为照亮模型中的所有面，以便从视觉上可以辨别这些面。另外，仅在其他光源(包括阳光)关闭时，才能使用默认光源。

12.5.2　管理视觉样式

在【功能区】选项板中选择【可视化】选项卡，然后在【视觉样式】面板中单击【视

觉样式管理器】按钮 ；或在菜单栏中选择【视图】|【视觉样式】|【视觉样式管理器】命令，将打开【视觉样式管理器】选项板。

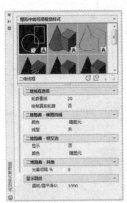

在【图形中的可用视觉样式】列表中，显示了图形中的可用视觉样式的样例图像。当选定某一视觉样式后，该视觉样式显示黄色边框，选定的视觉样式的名称将显示在面板的底部。在【视觉样式管理器】选项板的下部，将显示该视觉样式的面设置、环境设置和边设置。

在【视觉样式管理器】选项板中，使用工具栏中的工具按钮，可以创建新的视觉样式，将选定的视觉样式应用于当前视口，将选定的视觉样式输出至工具选项板，以及删除选定的视觉样式。

12.6 控制三维投影样式

在 AutoCAD 中，用户可以查看三维模型的平行和透视投影。通过定义模型的平行投影或透视投影可以在图形中创建真实的视觉效果。

12.6.1 创建平行投影

要创建平行投影，可在命令提示行中执行 DVIEW 命令。此时命令行提示如下。

选择对象或<使用 DVIEWBLOCK>:

此时，可以选择要显示的对象并按下 Enter 键，也可以直接按 Enter 键，查看用来显示当前观察角度的模型。AutoCAD 都将显示如下提示。

输入选项[相机(CA)/目标(TA)/距离(D)/点(PO)/平移(PA)/缩放(Z)/扭曲(TW)/裁剪(CL)/隐藏(H)/关(O)/放弃(U)]:

在以上命令提示下，用户可以通过指定相机的位置、新的相机的目标距离和目标点等方式来调整视图。

12.6.2 创建透视投影

要创建透视投影可以在命令行中执行 DVIEW 命令，选择要显示的对象，并根据提示调整视图，然后在命令行的提示下输入 D，AutoCAD 显示以下提示信息。

指定新的相机目标距离<4.0000>:

此时，可以使用滑块设置选定对象和相机之前的距离，或输入具体的数字。如果目标和相机点距离非常近(或将"缩放"选项设置为高)，可能只会看到一小部分图形。

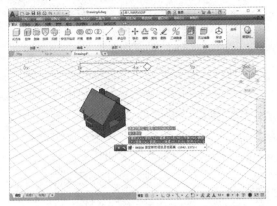

如果要关闭透视投影，将视图转换为平行投影，可在命令行中输入 DVIEW，选择要显示的对象，并在命令行的提示中输入 O 即可。

12.6.3 更改 XY 平面的视图

平面视图是从正 Z 轴上的一点指向原点

(0,0,0)的视图。这样可以获得 XY 平面上的视点。在 AutoCAD 中，可以将当前视点更改为当前 UCS 的平面视图、以前保存的 UCS 或 WCS。要更改 XY 平面的视图，可以选择【视图】|【三维视图】|【平面视图】命令中的子命令。

12.7 使用 ViewCube 和 SteeringWheel

AutoCAD 提供了 ViewCube 和 SteeringWheel 两个三维视图查看工具，使用它们可以帮助用户方便地观察三维视图。

12.7.1 使用 ViewCube

ViewCube 提供了模型当前方向的直观反馈，可以帮助用户调整模型的视点。在三维视图中要显示或关闭 ViewCube，可以执行以下两种方法。

▶ 选择【视图】|【显示】| ViewCube |【开】命令。

▶ 选择【常用】选项卡，在【视图】面板中单击【ViewCube 显示】按钮⬡。

ViewCube 所显示的方向基于模型 WCS 的北向，并显示当前 UCS 并允许用户恢复已命名 UCS，如下图所示。

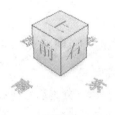

ViewCube 使用标签和指南针指示用户从什么方向查看模型。用户可以单击指南针和 ViewCube 的表面以更改模型的视点，可以通过单击 ViewCube 的曲面或 ViewCube 周围的平行三角形和弯箭头更改模型的当前视点，如下图所示。

在 ViewCube 中，如果单击 WCS 后面的三角形标志，将弹出下图所示的 UCS 菜单，可以通过在菜单中选择一个已命名 UCS 来将其恢复为当前 UCS，也可以选择【新 UCS】命令，并通过设置三个点来重新定义当前 UCS。

12.7.2 使用 SteeringWheel

SteeringWheel 用于追踪悬停在绘图窗口上的光标的菜单，通过这些菜单可以从单一界面中访问二维和三维导航工具。要显示 SteeringWheel，选择【视图】| SteeringWheel 命令即可。

SteeringWheel 分为若干个按钮，每个按钮包含一个导航工具。用户可以通过单击按钮或单击并拖动悬停在按钮上的光标来启动导航工具。SteeringWheel 共有 4 个不同的控制盘，每个控制盘均拥有其独有的导航方式。

➤ 二维导航控制盘：通过平移和缩放导航模型。

➤ 查看对象控制盘：将模型置于中心位置，并定于轴心点以使用【动态观察】工具。

➤ 巡视建筑控制盘：通过将模型视图移近或移远、环视以及更改模型视图的标高来导航模型。

➤ 全导航控制盘：将模型置于中心位置并定义轴心点以使用【动态观察】工具、漫游和环视、更改视图标高、动态观察、平移和缩放模型。

使用控制盘上的工具导航模型时，先前的视图将保存到模型的导航历史中。要从导航历史恢复视图，可以使用回放工具。通过回放工具可以恢复先前的视图。单击控制盘上的【回放】按钮并向上面移动，可以浏览导航历史以恢复先前的某个视图。

此外，在 SteeringWheel 中单击 按钮，将显示下图所示的菜单。

使用以上菜单，用户可以在 4 个不同的控制盘之间进行切换，可以转换至主视图，还可以提高或降低漫游速度。选择【SteeringWheel 设置】命令，将打开下图所示的【SteeringWheels 设置】对话框，可以设置大控制盘、小控制盘以及各种导航工具。

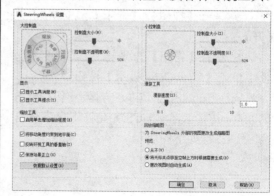

12.8 案例演练

本章的案例演练部分将通过实例介绍在图形的 Z 轴正方向绘制一个圆，然后创建沿圆运动的动画效果，以及使用相机观察三维图形的操作。用户可以通过实例操作，巩固所学的知识。

【例 12-3】创建运动路径动画。

视频+素材 (素材文件\第 12 章\例 12-3)

step 1 打开下左图所示的图形后。在 Z 轴正方向的任意位置创建一个圆，然后选择【视图】|【缩放】|【全部】命令。

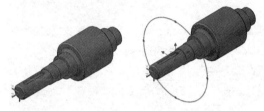

step 2 在菜单栏中选择【视图】|【运动路径动画】命令(ANIPATH)，打开【运动路径动画】对话框。

step 3 在【运动路径动画】对话框的【相机】选项区域中选中【路径】单选按钮，然后单击【选择路径】按钮，切换到绘图窗口。单击绘制的圆作为相机的运动路径。

step 4 此时，将打开【路径名称】对话框，保持默认名称，单击【确定】按钮。

step 5 返回【运动路径动画】对话框，在【目标】选项区域中选择【点】单选按钮，然后单击【拾取点】按钮。

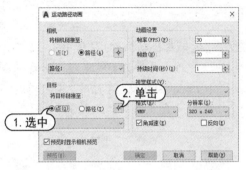

step 6 切换到绘图窗口，拾取圆的圆心作为相机的目标位置。

拾取圆心

step 7 此时，将打开【点名称】对话框，保持默认名称，单击【确定】按钮，返回【运动路径动画】对话框。

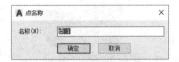

step 8 在【动画设置】选项区域的【视觉样式】下拉列表框中选择【概念】，在【格式】下拉列表框中选择 WMV。

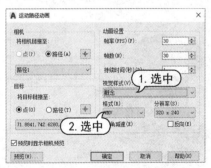

step 9 单击【预览】按钮，预览动画效果，

如下图所示。然后关闭【动画预览】窗口。

step 10 在【运动路径动画】对话框中单击【确定】按钮，打开【另存为】对话框，保存动画文件为 pathmove.wmv。这时用户就可以选择一个播放器来查看动画播放效果。

【例 12-4】使用相机观察三维模型。
📹视频+素材 (素材文件\第 12 章\12-4)

step 1 打开下图所示的素材图形后，在命令行中输入 CAMERA 命令，按下 Enter 键。

step 2 在命令行提示下输入(0,0,200)，指定相机位置。

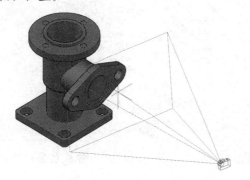

step 3 捕捉下图所示的圆心，在命令行提示下输入 LE。

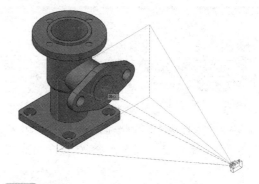

step 4 按下 Enter 键，在命令行提示下输入50，指定焦距为 50 毫米。

step 5 连续按下两次 Enter 键，即可创建相机。选择相机将打开【相机预览】对话框。

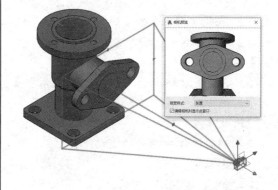

第13章

设置光源、材质和渲染

在 AutoCAD 中，用户可以通过对三维对象使用光源和材质，使图形的渲染效果更加完美。渲染可以使三维对象的表面显示出明暗色彩和光照效果，以形成逼真的图像。

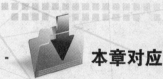 **本章对应视频**

例 13-1 对模型设置材质
例 13-2 对模型设置光源并渲染

13.1　使用光源

当场景中没有用户创建的光源时，AutoCAD 将使用系统默认光源对场景进行着色或渲染。默认光源是来自视点后面的两个平行光源，模型中所有的面均被照亮，以使其可见。用户可以控制其亮度和对比度，而无须创建或放置光源。

13.1.1　使用常用光源

AutoCAD 提供了 3 种常用的光源，即平行光、点光源和聚光灯。下面将分别介绍常用光源的属性和使用方法。

1. 点光源

创建点光源的方法主要有以下几种。

➤ 选择【视图】|【渲染】|【光源】|【新建点光源】命令。

➤ 在命令行中执行POINTLIGHT命令。

➤ 选择【可视化】选项卡，在【光源】面板中单击【创建光源】按钮旁的▼，在弹出的列表中选择【点】选项。

用户也可以使用 TARGETPOINT 命令创建目标点光源。目标点光源和点光源的区别在于可用的其他目标特性，目标点光源可以指向一个对象。将点光源的【目标】特性从【否】更改为【是】，即从点光源更改为目标点光源，其他目标特性也将会启用。

创建点光源时，当指定光源位置后，还可以设置光源的名称、强度因子、状态、光度、阴影、衰减、过滤颜色等选项，此时命令行显示如下提示信息。

输入要更改的选项 [名称(N)/强度因子(I)/状态(S)/光度(P)/阴影(W)/衰减(A)/过滤颜色(C)/退出(X)]<退出>:

在点光源的【特性】选项板中，可以查看和修改点光源的特性。

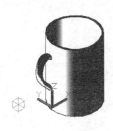

2. 聚光灯

聚光灯(如闪光灯、剧场中的跟踪聚光灯或前灯)分布投射一个聚焦光束，发射定向锥形光，可以控制光源的方向和圆锥体的尺寸。在【功能区】选项板中选择【可视化】选项卡，然后在【光源】面板中单击【聚光灯】按钮👇；或在菜单栏中选择【视图】|【渲染】|【光源】|【新建聚光灯】命令，即可创建聚光灯。

创建聚光灯时，当指定光源位置和目标位置后，还可以设置光源的名称、强度因子、状态、光度、聚光角、照射角、阴影、衰减、过滤颜色等选项。此时命令行显示如下提示信息。

输入要更改的选项 [名称(N)/强度因子(I)/状态(S)/光度(P)/聚光角(H)/照射角(F)/阴影(W)/衰减(A)/过滤颜色(C)/退出(X)]<退出>

像点光源一样，聚光灯也可以手动设置为强度随距离衰减。但是，聚光灯的强度始终还是根据相对于聚光灯的目标矢量的角度衰减。此衰减是由聚光灯的聚光角角度和照射角角度控制的。聚光灯也可用于亮显模型中的特定特征和区域。另外，聚光灯具有目标特性，可以通过聚光灯的【特性】选项板进行设置。

3. 平行光

平行光是指仅向一个方向发射统一的平

行光光线。可以在视口中的任意位置指定
FROM 点和 TO 点，以定义光线的方向。在
菜单栏中选择【视图】|【渲染】|【光源】|
【新建平行光】命令，在打开的提示对话框中
单击【运行平行光】选项即可创建平行光。

创建平行光时，当指定光源的矢量方向
后，还可以设置光源的名称、强度因子、状
态、光度、阴影、过滤颜色等选项。此时命
令行显示如下提示信息。

输入要更改的选项 [名称(N)/强度因子(I)/状态(S)/
光度(P)/阴影(W)/过滤颜色(C)/退出(X)] <退出>:

在图形中，可以使用不同的光线轮廓表
示每个聚光灯和点光源，但不会使用轮廓表
示平行光和阳光。因为该轮廓没有离散的位
置，并且也不会影响整个场景。

13.1.2　查看光源列表

成功创建光源后，用户可以通过光源列
表查看创建的光源类型。在 AutoCAD 中，
用户可以通过以下几种方法查看光源列表。

▶ 选择【视图】|【渲染】|【光源】|【光
源列表】命令。

▶ 在命令行中执行 LIGHTLIST 命令。

▶ 选择【可视化】选项卡，在【光源】
面板中单击【模型中的光源】按钮 。

执行以上命令后，将打开【模型中的光
源】选项板，在该选项板中列出了图形中的
光源。单击【类型】列表中的图标，可以指
定光源的类型(如点光源、聚光灯或平行光)，
并可以指定它们处于打开还是关闭状态；选
择列表中的光源名称便可以在图形中选择

它；单击【类型】或【光源名称】列标题可
以对列表进行排序。

13.1.3　阳光与天光模拟

在【功能区】选项板中选择【可视化】
选项卡，通过使用【阳光和位置】面板，可
以设置阳光和天光。

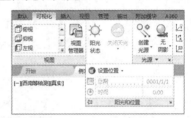

1. 阳光

太阳是模拟太阳光源效果的光源，可以用
于显示结构投射的阴影如何影响周围区域。

阳光与天光是 AutoCAD 中自然照明的
主要来源。但是，阳光的光线是平行的且为
淡黄色，而大气投射的光线来自所有方向且
颜色为明显的蓝色。

流程为光度控制流程时，阳光特性具有
更多可用的特性并且使用物理上更加精确的
阳光模型在内部进行渲染。由于将根据图形
中指定的时间、日期和位置自动计算颜色，
因此，光度控制阳光的阳光颜色处于禁用状
态。根据天空中的位置按照程序确定颜色。
流程是常规光源或标准光源时，其他阳光与
天光特性不可用。

阳光的光线相互平行，并且在任何距离
处都具有相同的强度。可以打开或关闭阴影。
若要提高性能，可在不需要阴影时将其关闭。
除地理位置以外，阳光的所有设置均由视口

保存，而不是由图形保存。地理位置则由图形保存。

在【功能区】选项板中选择【可视化】选项卡。然后在【阳光和位置】面板中单击【阳光特性】按钮，打开【阳光特性】选项板，即可设置阳光特性。

在【功能区】选项板中选择【可视化】选项卡，然后在【阳光和位置】面板中单击【阳光状态】按钮，打开【光源-视口光源模式】对话框。从中可以设置默认光源的打开状态。

由于太阳光受地理位置的影响，在使用太阳光时，还可以在【功能区】选项板中选择【可视化】选项卡；然后在【阳光和位置】面板中单击【设置位置】下拉按钮，选择【从

地图】选项，打开【地理位置】对话框。从中可以设置光源的地理位置，如纬度、经度、标高以及时区等。

另外，在【阳光和位置】面板中，还可以通过拖动【日期】和【时间】滑块，设置阳光的日期和时间。

2. 天光背景

选择天光背景的选项仅在光源单位为光度单位时可用。如果用户选择了天光背景并且将光源更改为标准(常规)光源，则天光背景将被禁用。

在【功能区】选项板中选择【可视化】选项卡，然后在【阳光和位置】面板中单击【天光背景】按钮、【关闭天光】按钮和【伴有照明的天光背景】按钮，即可在视图中使用天光背景或伴有照明的天光背景。

13.2　使用材质

对实体进行渲染，除了需要设置光源以外，还需要对材质进行设置。使用材质后，不仅可以体现实体表面的材料、纹理、颜色和透明度等显示效果，还能够增强其真实感。

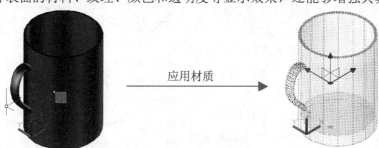

应用材质

使用材质编辑可以创建材质，并可以将新创建的材质赋予图形对象，为渲染视图提供逼真效果。在 AutoCAD 中，用户可以通过以下几种方法打开【材质浏览器】选项板。

　▶　选择【视图】|【渲染】|【材质浏览器】命令。

　▶　在命令行执行 MATERIALS 或 MATBROWSEROPEN命令。

　▶　选择【视图】选项卡，在【选项板】面板中单击【材质浏览器】按钮。

13.2.1 创建与编辑材质

在【材质浏览器】选项板中单击【在文档中创建新材质】按钮，在弹出的下拉列表中选择【新建常规材质】选项即可打开【材质编辑器】选项板创建新材质。在【材质编辑器】选项板中，用户还可以为需要创建的新材质选择材质类型和样板。

13.2.2 为对象指定材质

用户可以将材质应用到单个的面和对象上，或将其附着到一个图层上的对象上。若要将材质应用到对象或面上(曲面对象的三角形或四边形部分)，可以将材质从【材质浏览器】选项板拖动至对象中。此时，材质将添加到图形中。

13.3 使用贴图

贴图就是将二维图像贴到三维对象的表面上，从而在渲染时产生照片级的真实效果。此外，还可以将贴图和光源组合起来，产生各种特殊的渲染效果。在 AutoCAD 中不仅可以通过材质设置各种贴图，并将其附着到模型对象上，还可以通过指定贴图坐标来控制二维对象与三维模型表面的映射方式。

13.3.1 添加贴图

在 AutoCAD 中可以使用多种类型的贴图。可用于贴图的二维图像包括 BMP、PNG、TGA、TIFF、GIF、PCX 和 JPEG 等格式的文件。这些贴图在光源的作用下将产生不同的特殊效果。

1. 纹理贴图

纹理贴图可以表现物体的颜色纹理，就如同将图像绘制在对象上一样。纹理贴图与对象表面特征、光源和阴影相互作用，可以产生具有高度真实感的图像。例如，将各种木纹理应用在家具模型的表面，在渲染时便可以显示各种木质的外观。

在【材质编辑器】选项板的【常规】选项区域中展开【图像】下拉列表，在该下拉列表中选择【图像】选项；然后在打开的对话框中指定图片，返回【材质编辑器】选项

板可以发现材质球上已显示该图片，并且应用该材质的物体已应用贴图。

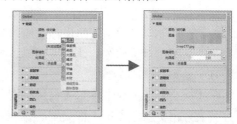

选择贴图图像后，单击【图像】区域中的图像，即可在打开的【纹理编辑器】选项板中调整图像文件的亮度、位置和比例等参数。

2. 透明贴图

透明贴图可以根据二维图像的颜色来控制对象表面的透明区域。在对象上应用透明贴图后，图像中白色部分对应的区域是透明的，而黑色部分对应的区域是完全不透明的，其他颜色将根据灰度的程度决定相应的透明

程度。如果透明贴图是彩色的，AutoCAD 将使用等价的颜色灰度值进行透明转换。

要使用透明贴图，在【材质编辑器】选项板的【透明度】选项区域的【图像】下拉列表中选择【图像】选项，在打开的对话框中指定一个图像作为透明贴图，并在【数量】文本框中设置透明度数值即可。

3. 凹凸贴图

凹凸贴图可以根据二维图像的颜色来控制对象表面的凹凸程度，从而产生浮雕效果。在对象上应用凹凸贴图后，图像中白色部分对应的区域将相对凸起，而黑色部分对应的区域则相对凹陷，其他颜色将根据灰度的程度决定相应区域的凹凸程度。如果凹凸贴图的图案是彩色的，AutoCAD 将使用等价的颜色灰度值进行凹凸转换。

要使用凹凸贴图，在【凹凸】选项区域的【图像】下拉列表中选择【图像】选项，在打开的对话框中指定一个图像作为凹凸贴图，并在【数量】文本框中设置凹凸贴图数量即可。

13.3.2　调整贴图

在 AutoCAD 中给对象或者面附着带纹理的材质后，可以调整对象或面上纹理贴图的方向。这样使得材质贴图的坐标适应对象的形状，从而使对象贴图的效果不变形，更接近真实效果。

在【材质】选项板中单击【材质贴图】下拉列表按钮，将展开 4 种类型的纹理贴图图标，其各自的贴图设置方法如下。

1. 平面贴图

平面贴图用于将图像映射到对象上，就像将其从幻灯片投影器投影到二维曲面上一样。图像不会失真，但是将会被缩放以适应对象，该贴图常用于面上。

单击【平面】按钮，并选取平面对象，此时绘图区将显示矩形线框。通过拖动夹点或依据命令行的提示输入相应的移动、旋转命令，可以调整贴图坐标。

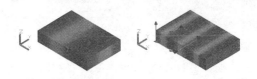

2. 柱面贴图

柱面贴图用于将图像映射到圆柱体对象上，水平边将同时弯曲，但顶边和底边不会弯曲。另外，图像的高度将沿圆柱体的轴进行缩放。

单击【柱面】按钮，选择圆柱面则显示一个圆柱体线框。默认的线框体与圆柱体重合。此时，如果依据提示调整线框，即可调整贴图。

3. 球面贴图

使用球面贴图，可以在水平和垂直两个方向上同时使图像弯曲。纹理贴图的顶边在球体的【北极】压缩为一个点；同样，底边在【南极】也压缩为一个点。

单击【球面】按钮，选择球体则显示一个球体线框，调整线框位置即可调整球面贴图。

4. 长方体贴图

长方体贴图用于将图像映射到类似长方体的实体上，该图像将会在对象的每个面上重复使用。单击【长方体】按钮，选取对象则显示一个长方体线框。此时，通过拖动夹点或依据命令行提示输入相应的命令，可以调整长方体的贴图坐标。

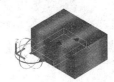

13.4 渲染对象

渲染是使用已设置的光源、已应用的材质和环境设置(如背景和雾化),为场景的几何图形着色。在【功能区】选项板中选择【渲染】选项卡,打开【渲染】面板;或在菜单栏中选择【视图】|【渲染】子菜单中的命令,即可设置渲染参数并渲染对象。

13.4.1 高级渲染设置

在【功能区】选项板中选择【可视化】选项卡,然后在【渲染】面板中单击【高级渲染设置】按钮❯;或在菜单栏中选择【视图】|【渲染】|【高级渲染设置】命令,打开【渲染预设管理器】选项板,即可设置渲染高级选项。

在【渲染预设管理器】选项板中,用户可以设置【渲染位置】、【渲染大小】、【预设信息】、【渲染持续时间】和【光源和材质】等渲染参数。完成设置后,单击选项板右上角的【渲染】按钮❯,即可开始渲染图形。

13.4.2 控制渲染

在菜单栏中选择【视图】|【渲染】|【渲染环境】命令;或在【功能区】选项板中选择【可视化】选项卡,然后在【渲染】面板中单击【渲染环境和曝光】按钮,打开【渲染环境和曝光】选项板,即可使用环境功能设置雾化效果或背景图像。

13.4.3 渲染并保存图像

默认情况下,渲染过程为渲染图形中当前视图中的所有对象。如果没有打开命名视图或相机视图,则渲染当前视图。虽然在渲染关键对象或视图的较小部分时渲染速度较快,但渲染整个视图可以让用户看到所有对象之间是如何相互定位的。

在【功能区】选项板中选择【可视化】选项卡,然后在【渲染】面板中单击【渲染到尺寸】按钮;或在菜单栏中选择【视图】|【渲染】|【高级渲染设置】命令,在打开的选项板中单击【渲染】按钮❯,打开【渲染】窗口,即可快速渲染对象。

13.5 案例演练

本章的案例演练部分将通过几个实例,介绍在实体对象上进行光源、贴图、渲染的操作方法,用户通过练习从而巩固本章所学知识。

【例 13-1】对桌子模型设置石料材质。

▶ 视频+素材 (素材文件\第 13 章\例 13-1)

step 1 打开图形后,选择【可视化】选项卡,

在【材质】面板中单击❯按钮,打开【材质浏览器】选项板,单击【在文档中创建新材质】按钮,从弹出的列表中选择【石材】选项。

step 2 打开【材质编辑器】选项板，单击【图像】选项下的文件路径。

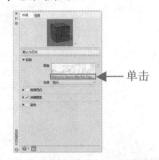

单击

step 3 打开【材质编辑器打开文件】对话框，选择一个图像文件，单击【打开】按钮。

step 4 选择【视图】|【视觉样式】|【真实】命令。在【材质浏览器】选项板中选中创建的材质，将其拖动至桌子实体模型之上。

【例 13-2】对杯子模型设置光源并渲染。

📹 视频+素材 (素材文件第 13 章\例 13-2)

step 1 打开图形文件后，选择【视图】|【视觉样式】|【真实】命令。此时，模型将转变

为【真实】显示。

step 2 选择【视图】|【渲染】|【光源】|【新建点光源】命令，打开【光源】对话框。单击【关闭默认光源】链接，返回至绘图窗口。在命令行的提示信息下，在图形窗口的适当位置单击，确定点光源的位置。

step 3 在命令行的提示信息下，输入 C。按 Enter 键，切换至【颜色】状态。再在命令行的提示信息下，输入真彩色为(150,100,250)，并按 Enter 键完成输入。

step 4 按 Enter 键，完成点光源的设置。

step 5 选择【渲染】选项卡；然后在【渲染】面板中设置渲染输出图像的大小、渲染质量等；最后在【渲染】面板中单击【渲染到尺寸】按钮📷，完成操作。

第14章

输出与共享图形

AutoCAD 提供了图形输入与输出接口,不仅可以将其他应用程序中处理好的数据传送给 AutoCAD,以显示其图形,还可以将 AutoCAD 中绘制的图形打印出来,或者将其输出为其他图形文件。

此外,为了适应互联网的快速发展,使用户可以快速、有效地共享设计信息,AutoCAD 还可以创建 Web 格式的文件,或者发布 AutoCAD 图形文件到 Web 页面。

 **本章对应视频**

例 14-1 为图形添加超链接 例 14-4 将图纸输出为 PDF 格式

例 14-2 使用电子传递功能 例 14-5 将图纸输出为 JPG 图片

例 14-3 将图形发布为 Web 页

14.1 输入与输出图形

AutoCAD 2018 除了可以打开和保存 DWG 格式的图形文件以外，还可以导入或导出其他格式的图形文件。

14.1.1 输入图形

在 AutoCAD 中执行以下两种方法，可以打开【输入文件】对话框，将图形文件输入 AutoCAD。

▶ 选择【文件】|【输入】命令。

▶ 选择【插入】选项卡，在【输入】面板中单击【输入】按钮 。

在【输入文件】对话框中的【文件类型】下拉列表中可以选择图形输入的文件类型。

14.1.2 输入与输出 DXF 文件

DXF 格式文件即图形交换文件，可以把图形保存为 DXF 格式。

1. DXF 图形文件的结构

DXF 文件是标准的 ASCII 码文本文件，由以下 5 个信息段构成。

(1) 标题段

存储图形的一般信息，由用来确定 AutoCAD 作图状态和参数的标题变量组成，而且大多数变量与 AutoCAD 的系统变量相同。

(2) 表段

表段包含以下 8 个列表，每个表中又包含不同数量的表项。

▶ 线型表：描述图形中的线型信息。

▶ 层表：描述图形的图层状态、颜色及线型等信息。

▶ 字体样式表：描述图形中字体样式信息。

▶ 视图表：描述视图的高度、宽度、中心及投影方向等信息。

▶ 用户坐标系统表：描述用户坐标系统原点、X 轴和 Y 轴方向等信息。

▶ 视口配置表：描述各视口的位置、高宽比、栅格捕捉及栅格显示等信息。

▶ 尺寸标注字体样式表：描述尺寸标注字体样式及有关标注信息。

▶ 登记申请表：该表中的表项用于为应用建立索引。

(3) 块段

描述图形中块的有关信息。例如，块名、插入点、所在图层以及块的组成对象等。

(4) 实体段

描述图中所有图形对象及块的信息，是 DXF 文件的主要信息段。

(5) 结束段

DXF 文件结束段，位于文件的最后两行。

2. DXF 文件的输入与输出

在 AutoCAD 中，可以使用以下两种方法打开 DXF 格式的文件。

▶ 选择【文件】|【打开】命令，使用【选择文件】对话框打开。

▶ 在命令行中执行 DXFIN 命令。

如果要以 DXF 格式输出图形，可以选

择【文件】|【保存】命令或选择【文件】|【另存为】命令，在打开的【图形另存为】对话框的【文件类型】下拉列表框中选择 DXF 格式。

然后单击【工具】按钮，在弹出的菜单中选择【选项】命令，打开下图所示的【另存为选项】对话框，在【DXF 选项】选项卡中设置保存格式，如 ASCII 格式或者【二进制】格式。

二进制格式的 DXF 文件包含 ASCII 格式 DXF 文件的全部信息，但它更为紧凑，AutoCAD 对它的读写速度也有很大的提高。此外，可通过此对话框确定是否只将指定的对象以 DXF 格式保存，以及是否保存微缩预览图像。如果图形以 ASCII 格式保存，还能够设置小数的保存精度。

14.2 在图形中添加超链接

超链接提供了一种简单而有效的方式，可以快速地将各种文档(如其他图形、BOM 表或工程计划)与图形相关联。

在 AutoCAD 中，用户可以通过以下两种方法，打开【插入超链接】对话框，将超链接添加到图形中，以方便跳转至特定文件或网站。

14.1.3 插入 OLE 对象

执行以下操作，可以打开【插入对象】对话框，插入对象链接或者嵌入对象。

➤ 选择【插入】|【OLE 对象】命令。

➤ 选择【插入】选项卡，在【数据】面板中单击【OLE 对象】按钮。

14.1.4 输出图形

选择【文件】|【输出】命令，可以打开下图所示的【输出数据】对话框。

在【输出数据】对话框中，用户可以在【保存于】下拉列表中设置文件输出的路径，在【文件名】文本框中输入文件名称，在【文件类型】下拉列表框中选择文件的输出类型，最后，单击【保存】按钮即可。

➤ 选择【插入】|【超链接】命令。

➤ 选择【插入】选项卡，在【数据】面板中单击【超链接】按钮🔗。

【例 14-1】为图形添加超链接 ⊙ 视频

step 1 选中绘图区域中需要添加超链接的图形对象后，选择【插入】|【超链接】命令，打开【插入超链接】对话框。

step 2 在【键入文件或 Web 页名称】文本框中输入 Web 页地址后，单击【确定】按钮，即可为选中的图形添加超链接。

step 3 将鼠标指针放置在设置超链接的图形上，将显示如下图所示的提示。

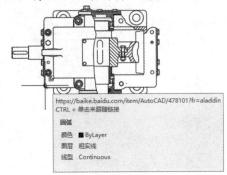

step 4 按住 Ctrl 键单击图形即可通过超链接访问指定的 Web 页面。

14.3 在 Internet 上使用图形文件

在 AutoCAD 中，可以直接从 Internet 下载和保存文件。在进入 Internet 中的某站点后，选择需要的图形文件，确认后即可下载到本地计算机中，并在 AutoCAD 绘图区中打开。然后，可对该图形进行各种编辑，再保存到本地计算机或有访问权限的任何 Internet 站点。另外，利用 AutoCAD 的 I-drop 功能，还可以直接从 Web 站点将图形文件拖动到当前图形中，作为块插入。

14.3.1 标准的文件选择对话框

选择【文件】|【打开】命令或在快速访问工具栏中单击【打开】按钮 ☞，都可以打开【选择文件】对话框。

选择【文件】|【另存为】命令，可以打开【图形另存为】对话框。

选择【文件】|【输出】命令，可以打开【输出数据】对话框。

这 3 个对话框的内容和结构都非常类似。以【选择文件】对话框为例，该对话框左侧列表框中的图标中，包括 A360、历史记录、文档、收藏夹、FTP 等多个图标。用户可以单击其中的 FTP 图标选择某个 FTP 站点，或单击 A360 图标登录 Autodesk 网站。

14.3.2　使用【浏览Web】对话框

在【选择文件】对话框中单击【搜索Web】按钮，软件将打开【浏览 Web-保存】对话框，并链接到 www.autodesk.com.cn 网址。

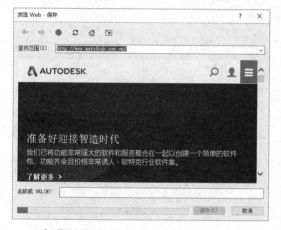

在【浏览 Web-保存】对话框中，从所加载的 HTML 页面中选定一个超链接，可以快速定位到某个具体 Internet 位置，以便打开或保存文件。当然，前提是该 Internet 位置提供文件下载或上传服务。如果是保存文件，只能通过使用 FTP 协议把 AutoCAD 文件保存到 Internet 上。如果是打开文件，在 HTML 页中单击要打开文件的超链接，则该文件路径和名称将出现在【浏览 Web-保存】对话框底部的【名称或 URL】文本框中，单击【打开】按钮，即可将该文件下载到本地计算机上，并在图形窗口中打开。

要从某个 Internet 位置打开文件而不知道其正确的 URL，或者想避免每次访问该位置时都要输入较长的 URL 时，使用此对话框就特别方便。

14.3.3　处理 Internet 外部参照

在 AutoCAD 中，可以把存储在 Internet 或 Internet 上的外部引用图形链接到存储在系统上的图形。例如，用户可能拥有一组每天都由许多外包人员修改的建筑图形。这些图形被存储在 Internet 上的一个目录中。此时，可以在当前计算机上保存一个主控图形，并将 Internet 图形作为外部引用链接到主控图形。当任何 Internet 图形得到修改时，在下次打开主控图形时，所做的变化就被包含在其中。此功能可用于开发由设计组共享的精确而最新的复合图形。

为了把外部引用链接到存储在 Internet 上的图形中，可在快速访问工具栏中选择【显示菜单栏】命令，在显示的菜单栏中选择【插入】|【外部参照】命令，打开【外部参照】选项板，单击其上方的【附着 DWG】按钮。

此时，将打开【选择参照文件】对话框，选择参照文件后，将打开【附着外部参照】对话框，利用该对话框可以将图形文件以外部参照的形式插入当前图形中。

14.4 使用电子传递

在 AutoCAD 中，使用电子传递功能可以为绘制的图形创建传递包并在 Internet 上发布或作为电子邮件的附件发送给其他用户。

【例 14-2】使用电子传递功能创建相关文件的传递包。◎视频

step 1 选择【文件】|【电子传递】命令，打开【创建传递】对话框，单击【传递设置】按钮。

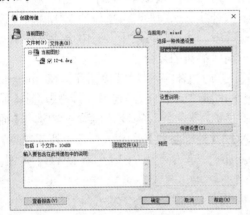

step 2 打开【传递设置】对话框，单击【新建】按钮。

step 3 打开【新传递设置】对话框，在【新传递设置名】文本框中输入"我的传递集"，单击【继续】按钮。

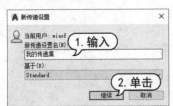

step 4 打开【修改传递设置】对话框，对传递类型、位置和传递选项进行设置。

step 5 单击【确定】按钮，返回【传递设置】对话框，单击【关闭】按钮。

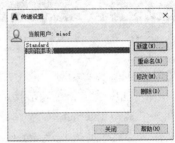

step 6 返回【创建传递】对话框，在【选择一种传递设置】选项区域中显示新建的设置，单击【添加文件】按钮。

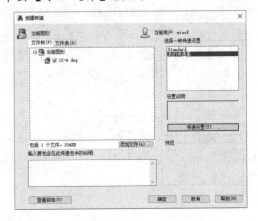

step⑦ 打开【添加要传递的文件】对话框，选择一个图形文件，单击【打开】按钮。将图形添加到【创建传递】对话框的【当前图形】列表中。

step⑧ 单击【查看报告】按钮，打开【查看传递报告】对话框，在该对话框中列出了所有传递信息。

step⑨ 单击【另存为】按钮，打开【报告文件另存为】对话框，设置保存路径。

step⑩ 单击【保存】按钮，关闭【报告文件另存为】对话框。返回【查看传递报告】对话框，单击【关闭】按钮，关闭【查看传递报告】对话框。

step⑪ 返回【创建传递】对话框，单击【确定】按钮。打开【指定 Zip 文件】对话框，设置保存路径。

step⑫ 最后，单击【保存】按钮即可。

14.5 使用网上向导创建 Web 页

在 AutoCAD 中选择【文件】|【网上发布】命令，用户即使不熟悉 HTML 代码，也可以方便、迅速地创建 Web 页。该 Web 页包含有 AutoCAD 图形的 DWF、PNG 或 JPEG 等格式的图像。一旦创建了 Web 页，就可以将其发布到 Internet。

【例 14-3】将下图所示图形发布到 Web 页。📹视频

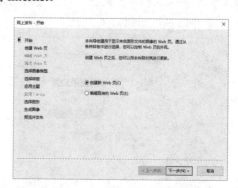

step① 打开图形后，选择【文件】|【网上发布】命令，打开【网上发布-开始】对话框。

step❷ 选中【创建新 Web 页】和【编辑现有的 Web 页】单选按钮，可以选择是创建新 Web 页还是编辑已有的 Web 页。本例选中【创建新 Web 页】单选按钮，创建新 Web 页。

step❸ 单击【下一步】按钮，打开【网上发布-创建Web页】对话框，在【指定Web页的名称】文本框中输入Web页的名称MyWeb。

step❹ 单击【下一步】按钮，打开【网上发布-选择图像类型】对话框，选择将在 Web 页上显示的图形图像的类型，即通过左侧的下拉列表框在 DWF、JPG 和 PNG 之间选择，确定文件类型后，使用对话框右侧的下拉列表可以确定 Web 页中显示图像的大小，包括【小】、【中】、【大】和【极大】这 4 个选项。

step❺ 单击【下一步】按钮，打开【网上发布-选择样板】对话框。

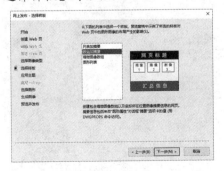

step❻ 此时，可以设置 Web 页样板，选择某个样板后，在对话框右侧的预览框中将显示相应的样板示例。

step❼ 单击【下一步】按钮，打开【网上发布-应用主题】对话框。可以在该对话框中选择 Web 页面上各元素的外观样式，如字体及颜色等。在对话框的下拉列表中选择好样式后，在预览框中将显示相应的样式。

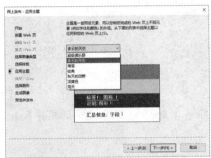

step❽ 单击【下一步】按钮，打开【网上发布-选择图形】对话框，可以确定在 Web 页上要显示成图像的图形文件。设置完成后，单击【添加】按钮，即可将文件添加到【图像列表】列表框中。

step❾ 单击【下一步】按钮，打开【网上发布-生成图像】对话框，可从中确定重新生成已修改图形的图像还是重新生成所有图像。

step ⑩ 单击【下一步】按钮，打开【网上发布-预览并发布】对话框。

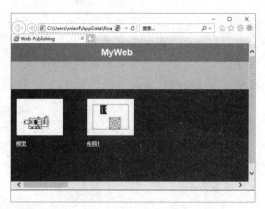

step ⑪ 单击【预览】按钮，即可预览所创建的 Web 页。

step ⑫ 单击【立即发布】按钮，则可以立即发布创建的 Web 页。

14.6　案例演练

本章的案例演练部分将通过实例讲解将图纸输出为 PDF 文件和 jpg 图片的方法，用户通过练习可以巩固本章所学知识。

【例 14-4】将图纸输出为 PDF 格式文件。

视频+素材（素材文件\第 14 章\例 14-4）

step ① 单击【菜单浏览器】按钮 A ，在弹出的菜单中选择【输出】|PDF 命令。

step ② 打开【另存为 PDF】对话框，单击【输出】选项，在弹出的列表中选择【窗口】选项。

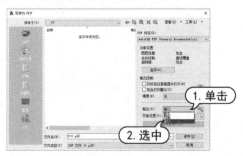

step ③ 单击【输出】选项右侧的【选择窗口】按钮 ，然后在绘图区域中选择需要输出为 PDF 文件的图形区域。

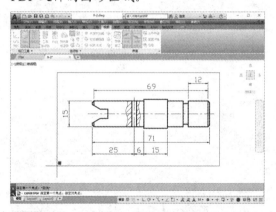

step ④ 返回【另存为 PDF】对话框，单击【页面设置】选项，在弹出的列表中选择【替代】选项，然后单击【页面设置替代】按钮。

step 5 打开【页面设置替代】对话框，在【图形方向】选项区域中设置图形的输出方向，在【图纸尺寸】选项区域中设置图形的输出尺寸，在【打印比例】选项区域中选中【布满图纸】复选框。

step 6 单击【确定】按钮，返回【另存为PDF】对话框，设置 PDF 文件的导出路径和文件名后，单击【保存】按钮即可。

【例 14-5】将图纸输出为 JPG 图片。

视频+素材 （素材文件\第 14 章\例 14-5）

step 1 选择【文件】|【打印】命令，打开【打印-模型】对话框，单击【名称】按钮，在弹出的列表中选择 PublishToWeb 选项。

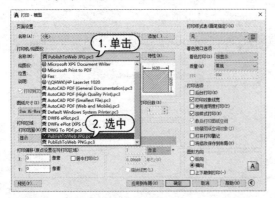

step 2 在【图纸尺寸】选项区域中设置打印图纸的尺寸，在【打印区域】选项区域中单击【打印范围】按钮，在弹出的列表中选择【窗口】选项。

step 3 在绘图区域中设置需要输出为图片的图形范围，返回【打印-模型】对话框，单击【确定】按钮。

step 4 打开【浏览打印文件】对话框，设置图片文件的输出路径和文件名，单击【保存】按钮即可。

第15章

使用模型空间、图纸空间和图纸集

　　AutoCAD 提供了工作空间和图纸空间两种绘图空间，用户可以根据需要选择一种空间。另外，用户还可以使用【图纸集管理器】管理多个图形文件。

本章对应视频

例 15-1 创建图纸集
例 15-2 创建新布局

15.1　使用模型空间

模型空间指的是用户绘制的实物(因为 1:1 绘图)，如一个零件、一栋房子。虽然还没有造出来，还只是模型，但它反映了真正的物体，所以称为"模型空间"。模型空间是放置 AutoCAD 对象的两个主要空间之一，用于创建图形。

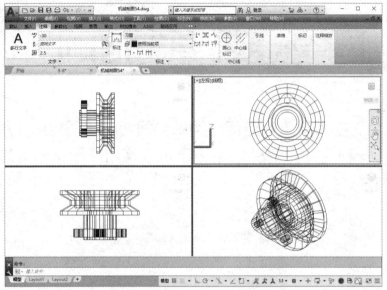

在模型空间中同时显示 4 个视图

在模型空间中建立的模型可以完成二维或三维物体的造型，并且可以根据需要用多个二维或三维视图来表示物体，同时配有必要的尺寸标注和注释完成所需的全部绘图工作。在模型空间中，用户可以创建多个不重叠的视口来展示图形的不同视图，如上图所示。

若从模型空间中绘制和打印图形，必须在打印前为注释对象应用一个比例因子。在模型空间完整绘制和打印图形，尤其对具有一个视图的二维图形很有用。在此方法中，可以应用以下步骤。

step① 确定图形的测量单位(图形单位)。

step② 指定图形单位的显示样式。

step③ 计算并设置标注、注释和块的比例。

step④ 在模型空间中按实际比例(1:1)进行绘制。

step⑤ 在模型空间中创建注释并插入块。

step⑥ 按预先确定的比例打印图形。

15.2　使用图纸空间

图纸空间是图纸布局环境，可以在此指定图纸大小、添加标题栏、显示模型的多个视图以及创建图形标注和注释等。

使用布局选项卡打印图形时，需要执行以下步骤。

step① 在【模型】选项卡上创建主体模型。

step② 切换至【布局】选项卡。

step③ 指定布局页面设置，如打印设备、图纸尺寸、打印区域、打印比例和图形方向。

step④ 将标题栏插入到布局中(除非使用已具有标题栏的图形样板)。

step⑤ 创建要用于布局视口的新图层。

step⑥ 创建布局视口并将其置于布局中。

step ⑦ 在每个布局视口中设置视图的方向、比例和图层可见性。

step ⑧ 根据需要在布局中添加标注和注释。

step ⑨ 关闭包含布局视口的图层。

step ⑩ 打印布局。

15.2.1　切换模型空间与图纸空间

在模型空间和图纸空间之间切换来执行某些任务具有多种优点。使用模型空间可以创建和编辑模型。使用图纸空间可以构造图纸和定义视图。

AutoCAD 既可以在模型空间和图纸空间中工作，也可以在模型空间和图纸空间之间切换。这由系统变量 TILEMODE 来控制。当系统变量 TILEMODE 设置为 1 时，将切换到【模型】选项卡，用户工作在模型空间中(平铺视口)。当系统变量 TILEMODE 设置为 0 时，将打开【布局】选项卡，工作在图纸空间中。

当在图形中第一次改变 TILEMODE 的值为 0 时，AutoCAD 将从【模型】选项卡切换到【布局】选项卡。而在【布局】选项卡中，既可以工作在图纸空间中，又可以工作在模型空间中(在浮动视口中)。如果在图纸空间中，AutoCAD 将显示图纸空间图标。同时，在图形窗口中，有一个矩形的轮廓框表示在当前配置的打印设备下的图纸大小。图形内的边界表示了图纸的可打印区域。

在打开【布局】选项卡后，用户可以按以下方式在图纸空间和模型空间之间切换。

▶ 通过使一个视口成为当前视口而工作在模型空间中。要使一个视口成为当前视口，双击该视口即可。要使图纸空间成为当前状态，可双击浮动视口外布局内的任何位置。

▶ 使用 MSPACE 命令从图纸空间切换到模型空间，使用 PSAPCE 命令从模型空间切换到图纸空间。

▶ 通过单击状态栏上的【模型】按钮或【图纸】按钮来切换在【布局】选项卡中的模型空间和图纸空间。当通过此方法由图纸空

间切换到模型空间时，最后活动的视口成为当前视口。

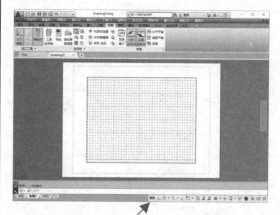

状态栏上的【模型】或【图纸】按钮

15.2.2　创建和修改布局视口

用户可以创建布满整个布局的单一布局视口，也可以在布局中创建多个布局视口。创建视口后，可以根据需要更改其大小、特性、比例并对其进行移动。

在【布局】选项卡中，选择【视图】|【视口】|【一个视口】命令，并指定新布局视图的两个角点，可以生成一个新的布局视口对象。

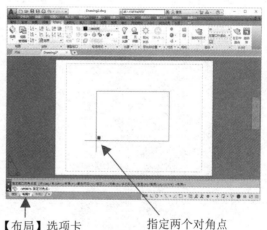

【布局】选项卡　　　　　指定两个对角点

如果要在布局中创建视口配置，可以选择【视图】|【视口】|【新建视口】命令，打开【视口】对话框，选择【新建视口】选项卡进行设置即可。

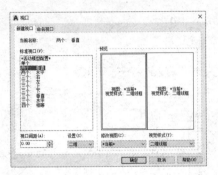

如果要修改布局视口的特性，可以右击要修改其特性的布局视口的边界，在弹出的菜单中选择【特性】命令，打开【特性】选项板，从中修改特性的参数。新的特性设置或参数将被指定给选定的布局视口。

15.2.3 控制布局视口中的视图

创建布局时，可以在模型空间中添加与窗口有类似作用的布局视口。用户可以控制在每个布局视口中显示的视图。

1. 在布局视口中缩放视图

要在打印图形中精确地缩放每个显示视图，需要设置每个视图相对于图纸空间的比例。要更改视口的视图比例，可以在图纸空间的【布局】选项卡右击要修改其比例的视口的边界，在弹出的菜单中选择【特性】命令，打开【特性】选项板，在【标准比例】下拉列表中选择某个比例即可。

在布局中工作时，布局视口中视图的比例因子代表显示在视口中的模型的实际尺寸与布局尺寸的比率。图纸空间单位除以模型空间单位即可以得到此比率。例如，对于四

分之一比例图形，比率是一个比例因子。该比例因子是一个图纸空间单位对应4个模型空间单位(1:4)。缩放或拉伸布局视口的边界不会改变视口中视图的比例。

设置视口比例后，如果不更改视口比例将无法在视口中缩放。如果先将视口的比例锁定，放大视口以查看不同层次的细节时可以保持视口比例不变。

锁定视口比例将锁定选定视口中设置的比例。锁定视口比例后，可以继续修改当前视口中的几何图形而不影响视口比例。如果打开视口比例锁定，则大多数查看命令(如VPOINT、DVIEW、3DORBIT、PLAN 或VIEW)在该视口中将不可用。要锁定视口比例，在【特性】选项板的【显示锁定】下拉列表中选择【是】选项即可。

2. 控制布局视口的可见性

在 AutoCAD 中，可以使用多种方法控制布局视口中对象的可见性。这些方法有助于突出显示或隐藏不同图形元素以及缩短屏幕重生成的时间。

(1) 冻结布局视口中的指定布局

使用布局视口的一个主要优点是：可以在每个布局视口中有选择地冻结图层。还可以为新视口和新图层指定默认可见性设置。因此，可以查看每个布局视口中的不同对象。

用户可以冻结或解冻当前和以后布局视口中的图层而不影响其他视口。冻结的图层是不可见的。它们不能被重生成或打印。

解冻图层可以恢复可见性。在当前视口

中冻结或解冻图层的最简单方法是使用图层特性管理器。使用标记为【视口冻结】的列冻结当前布局视口中的一个或多个图层。要显示【视口冻结】列，必须位于【布局】选项卡上。要指定当前布局视口，可双击边界内的任意位置。

(2) 在布局视口中淡显对象

淡显是指在打印对象时用较少的墨水。在打印图纸和屏幕上，淡显的对象显得比较暗淡。淡显有助于区分图形中的对象，而不必修改对象的颜色特性。

要指定对象的淡显值，必须先指定对象的打印样式，然后在打印样式中定义淡显值。淡显值可以为 0~100 的数字。默认设置为 100，表示不使用淡显，而是按正常的墨水浓度显示。淡显值设置为 0 时表示对象不使用墨水，在视口中不可见。

(3) 打开或关闭布局视口

重生成每个布局视口的内容时，显示较多数量的活动布局视口会影响系统性能。可以通过关闭一些布局视口或限制活动视口数量来节省时间。在图纸空间的布局选项卡上，右击要打开或关闭的视口的边界，在弹出的菜单中选择【特性】命令，打开【特性】选项板，在【开】下拉列表中选择【否】命令以关闭视口。

对于非矩形视口，在【特性】选项板中选择【全部(2)】，然后在更改视口特性之前选择【视口(1)】。

3. 在布局视口中缩放线型

用户可以通过在创建对象的空间中设置图形单位缩放线型，也可以在基于图纸空间单位的图纸空间中设置缩放线型。

可以设置 PSLTSCALE 系统变量的值，使在布局和布局视口中按不同比例显示的对象具有相同的线型缩放比例。例如，在 PSLTSCALE 设置为 1(默认值)的情况下，将当前线型设置为虚线，然后在图纸空间布局

中绘制直线。在布局中，创建缩放比例为 1X 的视口，将此布局视口置为当前，然后使用同样的虚线线型绘制直线。这两条虚线外观应该相同。如果将视口的缩放比例改为 2X，那么布局和布局视口中虚线的线型缩放比例仍然一致，而不受缩放比例的影响。

在 PSLTSCALE 命令打开时，仍可以使用 LTSCALE 和 CELTSCALE 控制虚线的长度。

要在图纸空间中全局缩放线型，可以选择【格式】|【线型】命令，打开【线型管理器】对话框，单击【显示细节】按钮，在【全局比例因子】下输入全局缩放比例值即可。

4. 在布局视口中对齐视图

可以通过对齐两个布局视口中的视图来排列图形中的元素。在命令提示下输入 MVSETUP，按下 Enter 键，此时，命令行提示以下信息。

输入选项[角度(A)/水平(H)/垂直对齐(V)/旋转视图(R)/放弃(U)]:

用户可以从命令中选择一种对齐方式。

▶ 水平：使一个视口中的点与另一个视口中的基点水平对齐。

▶ 垂直对齐：使一个视口中的点与另一个视口中的基点垂直对齐。

▶ 角度：使一个视口中的点按指定的距离和角度与另一个视口中的基点对齐。

确定对齐方式后，需要确保视图中固定的视口为当前视口，并指定基点，选择要重新对齐视图的视口，然后在该视口中指定对齐点。对于按角度对齐方式，需要指定从基点到第二个视口中对齐点的距离和位移角。

5. 在布局视口中旋转视图

在布局视口中可以使用 UCS 和 PLAN 命令，在布局视口内旋转整个视图。使用 UCS 命令，可以以任意角度绕 Z 轴旋转 XY 平面。输入 PLAN 命令时，可以设置视图旋转以匹配 XY 平面的方向。

另一种较快的旋转视图的方法是使用

MVSETUP 命令，并在命令行提示下输入 a，然后使用【旋转视图】选项，将视图旋转到 | 指定角度或使用两点旋转视图。

15.3 创建与管理图纸集

图纸集是由多个图形文件的图纸组合成的图纸集合，每一个图纸引用一个图形文件的布局。可以从任意图形中将一种布局导入一个图纸集中，作为一个编号的图纸。

在 AutoCAD 中，【图纸集管理器】选项板用于打开、组织、管理和归档图纸集。它分为上下两个部分，上面的树形窗口显示当前的图纸集或图纸，下面的详细信息窗口根据用户的选择显示所选图纸的预览或该图纸的详细信息。包括【图纸列表】、【图纸视图】和【模型视图】这 3 个选项卡，如下图所示。

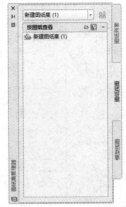

▶【图纸列表】选项卡：显示图纸集和图纸的有组织列表。

▶【图纸视图】选项卡：显示当前图纸集可用的有组织的视图。

▶【模型视图】选项卡：显示当前图纸集可用的文件夹和图形文件的位置。

15.3.1 打开图纸

执行以下命令之一，可用打开上图所示的【图纸集管理器】选项板。

▶ 选择【文件】|【打开图纸集】命令，在打开的对话框中选中一个图纸集后，单击【打开】按钮。

▶ 在命令行中执行 OPENSHEETSET 命令，在打开的对话框中选中一个图纸集后，单击【打开】按钮。

▶ 选择【视图】选项卡，在【选项板】面板中单击【图纸集管理器】按钮。

在【图纸集管理器】选项板中，可以双击图纸将其打开，也可以右击图纸，在弹出的菜单中选择【打开】命令将其打开。

15.3.2 组织图纸

【图纸集管理器】选项板将图纸和视图组织在一个树形视图中，可以管理大量的图纸。其中，使用【图纸列表】选项卡，可以将图纸层次分明地组织在【组】和【子集】集合中；使用【图纸视图】选项卡，可以将视图组织在【类别】集合中。

在【图纸集管理器】选项板中，图纸集、图纸和子集显示不同的图标。

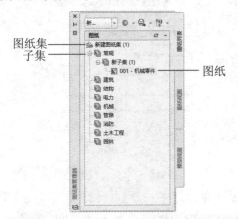

15.3.3　图纸集特性

在【图纸集管理器】选项板的【图纸列表】选项卡中右击图纸，在弹出的菜单中选择【特性】命令，将打开【图纸集特性】对话框，在其中可以查看与修改一个图纸集的详细信息。

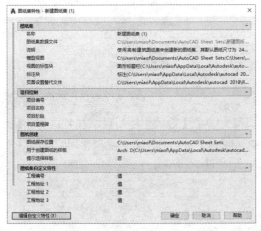

【图纸集特性】对话框中包含【图纸集】、【图纸创建】、【项目控制】和【图纸集自定义特性】等选项区域。在不同的选项区域中可以查看并修改不同的图纸使用信息。

15.3.4　锁定图纸集

当多个用户同时查看一个图纸集时，为了避免该图纸集被其他用户编辑修改，可以在 Windows【资源管理器】窗口中，将该图纸集的文件属性设置为【只读】。

当一个图纸集被设置为【只读】后，该图纸集将被锁定，此时在【图纸集管理器】中将无法对图纸集进行操作。

15.3.5　归档图纸集

在【图纸集管理器】选项板的【图纸列表】选项卡中选中一个图纸集并右击，在弹出的菜单中选择【归档】命令，将打开【归档图纸集】对话框。使用其中的【图纸】、【文件树】和【文件表】选项卡，可以选择希望归档的文件。

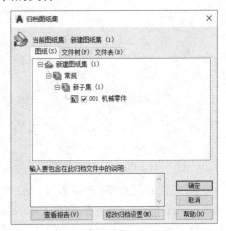

在【归档图纸集】对话框中单击【修改归档设置】按钮，将打开【修改归档设置】对话框，在该对话框中可以创建多个命名的归档设置并编辑它们的特性。

15.3.6　创建图纸集

在 AutoCAD 中，可以使用【创建图纸集】向导来创建图纸集。在向导中，既可以基于现有图形创建图纸集，也可以使用现有图纸集作为样板进行创建。使用任意一种方法，都会将一些图形文件中的布局输入到图纸集中。

【例 15-1】使用【创建图纸集】向导创建基于样例图纸集的图纸集。　▶视频

step ① 选择【文件】|【新建图纸集】命令，打开【创建图纸集-开始】对话框。

step ② 在【创建图纸集-开始】对话框中选择创建图纸集的方法，这里选择【样例图纸集】单选按钮，从一个样例图纸集创建。

step ③ 单击【下一步】按钮，打开【创建图纸集-图纸集样例】对话框，可以选择【选择一个图纸集作为样例】单选按钮，并在其下的列表框中选择图纸集样例；也可以选择【浏

览到其他图纸集并将其作为样例】单选按钮，从一个不同的文件夹查找图纸集。

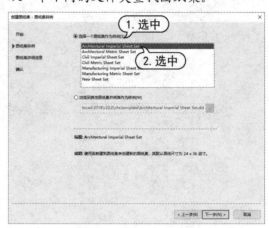

step ④ 单击【下一步】按钮，打开【创建图纸集-图纸集详细信息】对话框，可以指定图纸集的名称、说明，以及新图纸集保存的位置。

step ⑤ 单击【图纸集特性】按钮，可以打开【图纸集特性】对话框查看或者编辑图纸集特性。

step ⑥ 单击【下一步】按钮，打开【创建图

纸集-确认】对话框,在【图纸集预览】列表框中显示了新图纸集的所有详细信息,如子集、存放路径等。

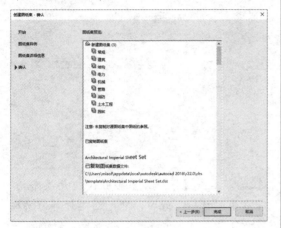

step⑦ 单击【完成】按钮,完成图纸集的创建。此时,在【图纸集管理器】选项板中将显示创建的图纸集。

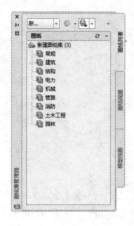

15.4　案例演练

本章的案例演练部分将通过实例介绍使用【创建布局】向导新建布局的具体操作,用户可以通过练习巩固本章所学的知识。

【例 15-2】使用【创建布局】向创建布局。

视频+素材 (素材文件\第 15 章\例 15-2)

step① 打开图形后,选择【插入】|【布局】|【新建布局向导】命令。

step② 打开【创建布局-开始】对话框,在【输入新布局的名称】文本框中输入布局的名称,如"三通模型",单击【下一步】按钮。

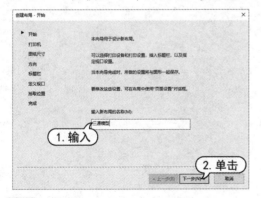

step③ 打开【创建布局-打印机】对话框,根据需要在对话框中的列表框中选择所要配置的打印机,单击【下一步】按钮。

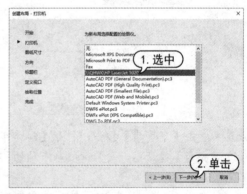

step④ 打开【创建布局-布局尺寸】对话框,选择布局在打印中所使用的纸张。

step⑤ 单击【下一步】按钮，打开【创建布局-方向】对话框，选择图纸的方向，包括【横向】和【纵向】两种方式。

step⑥ 单击【下一步】按钮，打开【创建布局-标题栏】对话框，选择布局在图纸空间所需要的边框或标题栏的样式。

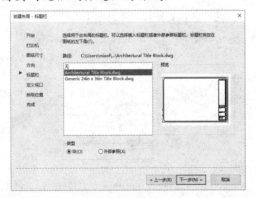

step⑦ 单击【下一步】按钮，打开【创建布局-定义视口】对话框，设置新创建布局的相应视口。

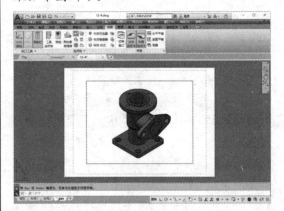

step⑧ 单击【下一步】按钮，打开【创建布局-拾取位置】对话框，单击【选择位置】按钮，

切换到布局窗口，指定两个对角点确定视口的大小和位置。

step⑨ 单击【下一步】按钮，打开【布局-完成】对话框，此时，即可创建新布局，效果如下图所示。